Stefan Röger
Frank Morelli
Antonio Del Mondo

Controlling von Projekten mit SAP R/3®

Stefan Röger
Frank Morelli
Antonio del Mondo

Controlling von Projekten mit SAP R/3®

Projektsteuerung und Investitionsmanagement mit den Modulen PS® und IM®

Die Deutsche Bibliothek – CIP-Einheitsaufnahme
Ein Titeldatensatz für diese Publikation ist bei
Der Deutschen Bibliothek erhältlich.

1. Auflage August 2000

Softcover reprint of the hardcover 1st edition 2000
Der Verlag Vieweg ist ein Unternehmen der Fachverlagsgruppe BertelsmannSpringer.

www.vieweg.de

Höchste inhaltliche und technische Qualität unserer Produkte ist unser Ziel. Bei der Produktion und Auslieferung unserer Bücher wollen wir die Umwelt schonen: Dieses Buch ist auf säurefreiem und chlorfrei gebleichtem Papier gedruckt. Die Einschweißfolie besteht aus Polyäthylen und damit aus organischen Grundstoffen, die weder bei der Herstellung noch bei der Verbrennung Schadstoffe freisetzen.

Konzeption und Layout des Umschlags: Ulrike Weigel, www.CorporateDesignGroup.de

ISBN 978-3-322-90254-2 ISBN 978-3-322-90253-5 (eBook)
DOI 10.1007/978-3-322-90253-5

Vorwort

Die SAP AG als größtes deutsches Software-Unternehmen gründet seinen Erfolg auf einer wesentlichen Idee und deren Umsetzung: Die durchgängige Abbildung aller betriebswirtschaftlichen Vorgänge eines Unternehmens. Die Standardsoftware R/3 bietet für die verschiedenen betriebswirtschaftlichen Aufgabenbereiche ein eigenes Modul an. Die verschiedenen Module sind vollständig miteinander integriert. Somit steht ein branchenneutrales ganzheitliches System zur Verfügung, das auf der Grundlage einer einheitlichen Datenbasis alle betriebswirtschaftlichen Aufgaben erfüllt.

Das Modul PS (Projektsystem) unterstützt die Planung, Durchführung und Steuerung von Projekten und ist somit für ein umfassendes Projektmanagement zuständig. Die Entwicklung eines Projektstrukturplans bis zur Ebene der Arbeitspakete und die Abbildung der zugehörigen Projektorganisation werden durch das Modul unterstützt. Die Integration des Projektsystems mit dem internen Rechnungswesen ist aus kaufmännischer Sicht am ausgeprägtesten. Dies wird dadurch verdeutlicht, dass das Projektsystem ohne den Einsatz des CO-Moduls (Controllings) nicht genutzt werden kann. Aber auch die Integration des Projektsystems mit dem IM-Modul (Investitionsmanagement) ist sehr bedeutsam.

Das Modul IM (Investitionsmanagement) unterstützt mit seinen Berichten die Verwaltung und Steuerung von übergreifenden Investitionsbudgets. Neben der projektorientierten Analyse im Modul PS eröffnet IM die Möglichkeit einer dv-gestützten, gesamtheitlichen Berichterstattung über alle Investitionsprojekte eines Unternehmens. Dabei werden nicht nur Investitionen im buchhalterischen Sinne verstanden. Im Investitionsmanagement werden alle Maßnahmen abgebildet, die zuerst Kosten verursachen und erst zu einem späteren Zeitpunkt Erträge erzielen. Solche Maßnahmen können Instandhaltungsprojekte, aber auch Projekte aus dem Bereich Forschung und Entwicklung betreffen. Zur Durchführung dieser Investitionsmaßnahmen benutzt die Anwendung über die Integration die Komponenten PS. Die Integration mit dem Modul PS ist also in der Praxis jedes Unternehmens von großer Bedeutung. Investitionscontrolling ist in vielen Fällen mit Projektcontrolling verbunden.

Noch immer fehlt in der mittlerweile umfangreichen Literatur zu R/3 eine zusammenhängende Darstellung beider Module und ihrer Integration. Der vorliegende Titel will diese Lücke mit dem Schwerpunkt auf dem Modul PS schließen. Großen Wert wurde dabei auf die praktische Anwendung des vermittelten Wissens gelegt.

Das Buch demonstriert den erfolgreichen Einsatz und das Customizing der Module PS und IM von SAP R/3 im Releasestand 4.5B, das bei der Planung, Durchführung und Steuerung von Projekten unterstützt. Anwendungsbereiche und Funktionalitäten der Module werden dargestellt und parallel die grundlegenden Begriffe und Verfahren der Projektsteuerung erklärt. Anhand eines Anwendungsbeispiels wird der Leser Schritt für Schritt an die selbständige Anwendung der Module heran geführt. Das Kapitel über Customizing zeigt, wie die Module PS und IM an die Erfordernisse einer jeden Unternehmung individuell angepasst werden können. Zudem wird auf andere Module verwiesen, die für die Projektsteuerung genutzt werden können.

Auf eine klare Darstellung wurde viel Wert gelegt. Ein speziell entwickeltes Leitsystem für das Anwendungsbeispiel ermöglicht es dem Leser, sehr schnell Lösungen für seine konkrete Problemstellung zu finden. Dabei werden die Themen in sinnvollen und praxisrelevanten Einheiten präsentiert und durch Symbole übersichtlich strukturiert. Zu jedem Thema gibt es zunächst einen Schnelleinstieg. Dieser zeigt dem fortgeschrittenen Anwendern in Kurzform die Schritte zur Problemlösung auf. Der Anfänger wird diesen Bereich überspringen und erst beim zweiten Durcharbeiten oder beim späteren Nachschlagen zu schätzen wissen. Anschließend folgt eine kurze Darstellung der theoretischen Grundlagen, die die Problemstellung in den Zusammenhang des Anwendungsbeispiels stellt. Daraufhin wird die Aufgabe konkret formuliert. Es folgt eine ausführliche Darstellung der Lösungsschritte. Screenshots aus R/3 verdeutlichen die Step-by-step-Darstellung. Am Ende jedes Themas wurden Tipps und Tricks für ein effizientes Arbeiten zusammengestellt, die unter anderem auch einen Verweis auf die für das jeweilige Kapitel notwendigen Customizing-Einstellungen enthalten. Somit ist ein chronologisches als auch ein selektives Lesen ohne Schwierigkeiten möglich.

Zu den Autoren:

Dipl. Ing. Stefan Röger und Dipl. Wirt.-Ing. Niko Dragoudakis sind Geschäftsführer der UND GmbH Stuttgart und betreuen im Wesentlichen Einführungsprojekte (SAP, Web-Applikationen, maßgeschneiderte Softwarelösungen mit Schnittstellen zu relevanten Systemen wie Browsern oder SAP R/3) im IT-Bereich. Vom Konzept über Umsetzung bis zur späteren Betreuung und der Kommunikation.
Prof. Dr. Frank Morelli lehrt und forscht am Fachbereich Wirtschaftsinformatik der Fachhochschule Pforzheim.

Inhaltsverzeichnis

1 Projektmanagement und Projektcontrolling

Dieses Kapitel gibt eine Einführung in das Projektmanagement / Projektcontrolling. Die Zielsetzung besteht darin, dem Leser sowohl grundlegende als auch aktuelle Aspekte des Projektmanagement und des Projektcontrolling zu vermitteln.

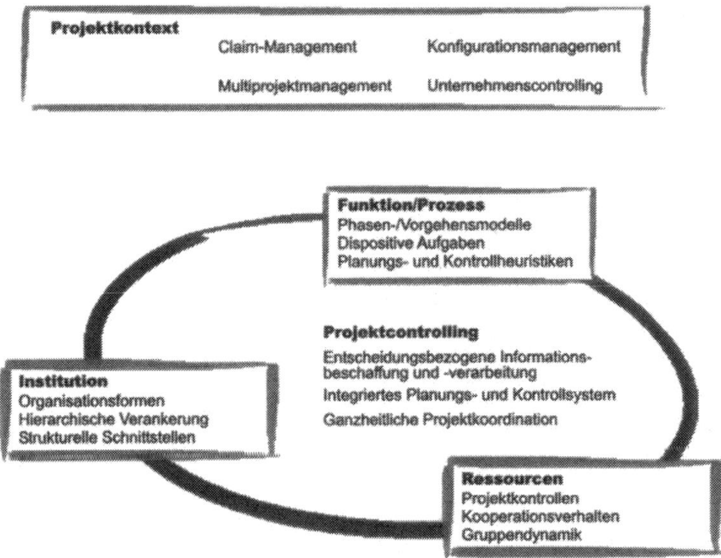

Abb. 1.1: Integriertes Projektmanagement und Projektcontrolling

1.1 Aktueller Stellenwert von Projekten und Projektcharakteristika

Neue Aufgabenstellungen und Anforderungen an Unternehmen wie Supply Chain Management, Customer Relationship Management und Business Intelligence als Wegbereiter für unternehmensübergreifende Kooperationen führen nachhaltig zu diversen Projekteinsätzen. Die internetbasierte E-Commerce-Thematik mit dem New Economy-Gedankengut (z. B. Portale, Marketplaces) als Basis der Geschäftsmodelle von Morgen lässt gar einen steigenden Bedarf an Projektabwicklungen prognostizieren. Schließlich sollen Projekte die Anpassungsfähigkeit eines Unternehmens oder Unternehmensverbundes gewährleisten.

Der Projektbegriff wird seit jeher mit äußerst unterschiedlichen Bedeutungsinhalten verknüpft. So fallen beispielsweise Projekte des Anlagenbaus wie die Errichtung von Kraftwerken oder Hochspannungsanlagen ebenso wie die Gestaltung von Multimedia-Applikationen unter diesen Sachverhalt. Während in den Bereichen der Industrie und des Gewerbes sowohl Planung als auch Ausführung im Projektbegriff enthalten sind, versteht man im Architektur und im Bauingenieurwesen ausschließlich die Planung darunter.

Generell gelten Projekte als innovative Aufgabenkomplexe bzw. als Investitionen in die Zukunft, die innerhalb eines begrenzten Zeithorizonts mit limitierten Ressourcen durchzuführen sind. Betriebliche Routinearbeiten wie Sachbearbeitertätigkeiten werden hiervon abgegrenzt. Projekte lassen sich durch zahlreiche Merkmale (z. B. Umfang, Dauer, Spezifika, Komplexität, Schwierigkeit, Bedeutung, Risiko, Kosten, Kontinuität, Intensität, Anzahl, Führungsverständnis, eingesetzte Technologie, Projektleiterpersönlichkeit, Zentralisierungsgrad der Projektleitung, Finanzierung, Internationalität, unternehmensinterner vs. –externer Bezug) charakterisieren, die typischerweise in unterschiedlicher Gewichtung auftreten und je nach ihrer Ausprägung Einfluss auf Projektorganisation und –ablauf ausüben. Die isolierte Betrachtungsweise einzelner Merkmale reicht dabei jedoch keinesfalls zur Beurteilung eines Projekts aus. Vielmehr müssen die einzelnen Merkmale in ihren wechselseitigen Zusammenhängen erfasst werden damit aus den Mosaiksteinen ein ganzheitliches Bild entsteht.

1.2 Problemfelder für das Projektmanagement

Projekte als zeitlich begrenzte, neuartige Vorhaben lassen sich nur schwer in traditionelle (Stab-/)Linienorganisationsstrukturen integrieren. Da die Schaffung einer Projektorganisationsstruktur für ein Unternehmen jedoch einen Fremdkörper darstellt, bereitet deren Integration häufig Schwierigkeiten. Die Arbeit von Projekteinheiten neben den Linieneinheiten macht Unternehmensprozesse intransparenter. „Wildwuchs" durch separat initiierte Projekte kann zu Doppelarbeiten führen und Konflikte provozieren. Eine wesentliche Problemursache für das Scheitern oder das „stille Versanden" von Projekten liegt in der mangelhaften Ausbildung von Strukturgegebenheiten. So erhält die Projektleitung in diesen Fällen typischerweise keine hinreichende Unterstützung auf der politischen Ebene oder es bestehen Unklarheiten über die Verantwortlichkeit für die Projektsteuerung. Ferner ist die Verständigung zwischen Projekt („Theoretiker") und Linie („Frontkämpfer") oft nicht gegeben und führt deshalb zu Konflikten. Organisationsprinzipien wie „mache Betroffene zu Beteiligten" bleiben in diesem Kontext unberücksichtigt.

Weitere Problemfelder im Projekt ergeben sich, wenn die Definition des Auftrags bzw. der Anforderungen unzureichend erfolgt. Fehlende, mangelhafte oder nicht akzeptierte Ziele führen zu einer unzureichenden Vorgehenssteuerung. Die inadäquate Berücksichtigung von Lebensphasen eines Projekts führt dazu, dass Vorgehensweisen zur Vereinfachung – wie das Prinzip „vom Groben zum Detail" oder die Möglichkeit zum Lernen in Iterationen (evolutionäres Detaillieren und Realisieren) - nicht genutzt werden. Ein Überangebot an (komplexen) Methoden und Werkzeugen führt schnell zu unmethodischem, zufallsbetontem Handeln. Zusätzliche Gefahren entstehen durch lückenhafte Projektdokumentationen.

Projektrisiken ergeben sich auch dann, wenn die Motivation / Qualifikation von Projektträgern und –beteiligten mit Mängeln behaftet ist. Ebenso erweist sich nur verbal vorhandene oder personenabhängige Information und Kommunikation als problematisch (Cliquenbildung).

1.3 Projektmanagement

1.3.1 Aufgaben, Charakteristika und Formen des Projektmanagement

Zur Lösung dieser Problemstellungen bedarf es einer möglichst optimalen Leitung und Steuerung von Projekten. Ein idealer Projektablauf wird im Folgenden kurz dargestellt. Zunächst werden in einer Zielvereinbarung die gewünschten Ergebnisse des Projektes definiert und in einer Leistungsbeschreibung oder einem Pflicht- und Lastenheft schriftlich fixiert. Zur Gestaltung des Aufbaus und des Ablaufs eines Projektes wird eine Aufbauorganisation installiert. Konkrete Aufgaben werden Personen zugeordnet und somit Verantwortlichkeiten und Zuständigkeiten festgelegt. Dies fördert die Motivation und die Identifikation der Projektmitarbeiter mit dem Projekt. Mit der Definition der Ablauforganisation werden Werkzeuge und Verfahren, die auf dem Weg zur Problemlösung zum tragen kommen, definiert. Funktionsgliederung und Prozessgestaltung dienen gemeinsam dazu, die Komplexität eines Projektes beherrschbar zu machen.
Die Projektlenkung umfasst die Planung, Überwachung und Steuerung des Projektes. Im Rahmen der Projektplanung werden Zwischenziele und Soll-Vorgaben in Form von Terminen und Kosten festgelegt. Dies ist keine einmalige Aufgabe sondern ein permanenter Prozess über die gesamte Laufzeit des Projektes. Zur Strukturierung der Aufgaben auf Basis der Funktionsgliederung wird ein Projektstrukturplan erstellt. Darin wird auch die logische Ablauffolge der Arbeitspakete im Rahmen einer Beziehungsstruktur definiert. Im Rahmen der Projektüberwachung und –steuerung erfolgt der kontinuierliche Abgleich der Soll-Vorgaben mit den Ist-Daten. Bei Abweichung müssen zur Erreichung der Sollvorgaben bzw. des Projektziels entsprechende Maßnahmen veranlasst werden.
Das Projektmanagement fungiert also als spezielle Führungskonstruktion zur Lösung komplexer Aufgaben- und Problemstellungen (vgl. hierzu z.B. die Definition nach DIN 69901: „Gesamtheit von Führungsaufgaben, –organisation, –techniken und –mittel für die Abwicklung eines Projekts“). Dabei kann man

grundsätzlich zwischen institutionalen, funktionalen / prozessorientierten und ressourcenorientierten Betrachtungsweisen differenzieren. Das institutionale Projektmanagement bezeichnet die Aufgabenträger, deren hierarchische Einordnung in die Unternehmensstruktur sowie deren Kompetenzen und Verantwortung. Unter dem funktionalen / prozessorientierten Projektmanagement sind die Leitungs- und Koordinationsaufgaben zur Projektplanung, -steuerung und –kontrolle im sachlogisch-zeitlichen Ablauf zu verstehen. Ressourcenorientierte Ansätze beleuchten zum einen Eigenschaften, Rollen (Experten, Champions, Sponsoren) und kapazitive Zuordnungen von internen und externen Mitarbeitern. Zum anderen geht es insbesondere um die Bereitstellung von finanziellen Ressourcen, Sachmitteln und DV-Ressourcen zur Aufgabenbewältigung.

Aufgabe des institutionalen Projektmanagement ist es, das Projekt in der bestehenden Organisationsstruktur zu verankern und Rahmenbedingungen für die Abwicklung und Führung des Projekts zu schaffen. Hierbei sind zukünftig vermehrt auch virtuelle Unternehmensstrukturen zu berücksichtigen. Als Projektorganisationsformen haben sich idealtypisch die reine Projektorganisation (Task Force), die Matrix-Projektorganisation und die Einfluss- (Stabs-) Projektorganisation herausgebildet. Der Einsatz der reinen Projektorganisation als Maximallösung erfolgt, wenn das Erreichen der Projektziele von großer Tragweite für das Gesamtunternehmen ist. Die Matrix-Projektorganisation lässt sich durch hohe interdisziplinäre Zusammenarbeit unterschiedlicher Fachbereiche charakterisieren. Die Projektorganisation eignet sich zur Schaffung von Freiräumen und Kreativität für Projekte, die den Rahmen herkömmlicher Aufgaben nicht wesentlich übersteigen.

Der Erfolg des Projektmanagement wird wesentlich dadurch beeinflusst, ob es gelingt, die Kompetenzen des Projektleiters und der Linienmanager eindeutig und verbindlich aufeinander abzustimmen. Von großer Bedeutung erweist sich zumeist die Einrichtung eines Lenkungsausschusses, an den der Projektleiter zu berichten hat. Dieses Entscheidungsgremium ist mit den betroffenen leitenden Linienverantwortlichen und mit einem Mitglied der Unternehmensleitung (als Sponsor und Garant für die Durchsetzung von Entscheidungen) zu besetzen.

Gegenstand des funktionalen / prozessorientierten Projektmanagement ist die Bewältigung der Aufgaben in der zeitlich-sachlogischen Abfolge. Zur Konzeption lassen sich vielfältige Phasen- bzw. Vorgehensmodelle (z.B. Wasserfallmodelle, evolutionäre Modelle bzw. Prototyping, Spiralmodelle, V-Modelle, HOAI) aus Wissenschaft und Praxis einsetzen. Als grundlegende dispositive Aufgaben fungieren Projektplanung, -steuerung und –kontrolle, deren Bearbeitung sich durch den Einsatz von Heuristiken charakterisieren lässt: Generell sollen bei der Planung die einzelnen Maßnahmen zur Zielerreichung zuerst nur grob geplant und dann im weiteren Verlauf, wenn detaillierte Informationen vorliegen, präzisiert werden. Die Projektsteuerung bezeichnet die Durchsetzung der geplanten Lösungen. Die Projektkontrolle umfasst die Überwachung des Projektablaufs im Hinblick auf Leistung, Qualität, Kosten und Termine. Voraussetzung hierfür ist zum einen die adäquate und aktualisierte Projektplanung nach dem Grundsatz „man kann nur so genau kontrollieren, wie zuvor geplant wurde". Zum anderen erweist sich insbesondere die korrekte Erfassung der Istdaten (z.B. Start- und Endtermine, Mittelverbrauch, Zeitaufwand) als Erfolgsfaktor.

Inhalt von ressourcenorientierten Ansätze ist die Berücksichtigung typischer Projektrollen: So bringen Experten Fachwissen in das Projekt ein und mächtige Sponsoren sorgen für das Einbringen von Ressourcen. Projekte sind aber im allgemeinen erst dann hinreichend mit Promotoren ausgestattet, wenn Champions unter Einsatz von Sozial- und Methodenkompetenz Experten und Sponsoren zu einer geschlossenen und aktiven Mannschaft integrieren. Gruppendynamische Prozesse lassen sich auf diese Weise von vornherein besser handhaben. Ferner ist zu klären, ob eher partnerschaftliche Kooperation oder Spielregeln der Führerschaft zwischen den beteiligten Projektparteien (z. B. Projektleiter, Projektgruppe, Berater) gelten sollen. Entsprechende Maßnahmen führen zu Motivationssteigerungen, zur vereinfachten Handhabung bzw. Lösung von Konflikten sowie zu einer höheren Akzeptanz bezüglich der Projektergebnisse.

Alle drei Sichten zusammen sind zu einer effektiven (i. S. v. die „richtigen" Ziele verfolgenden) und effizienten (i. S. v. die Ziele „richtig" verfolgenden) Vorgehensweise im Projekt zu verschmelzen. Unter dieser Voraussetzung eignet sich das

Projektmanagement zur Bewältigung von außergewöhnlichen Aufgaben. Die Stärke des Projektmanagement liegt zum einen in der produkt- und zielorientierten Arbeitsweise, die zu einer systemtechnischen Denkweise führt. Seine Integrationskraft ergibt sich zum anderen aus der direkten Zusammenarbeit unterschiedlicher Bereiche im Rahmen von flexibel installierbaren Organisationseinheiten.

Zur Sicherung der Verwertbarkeit der Ergebnisse sind neben den Beziehungen innerhalb eines Projektes insbesondere die Interdependenzen zwischen mehreren Projekten zu managen. In vielen Unternehmen werden mehrere Projekte oft gleichzeitig durchgeführt. Multi-Projektmanagement ist stets dann erforderlich, wenn sich diese Projekte Ressourcen teilen und / oder inhaltliche Abhängigkeiten zwischen den Projekten bestehen. Die Aufgabe eines Multi-Projektmanagement besteht hierbei in der Festlegung der Projektpolitik (insbesondere der Projektpriorisierung über Projektportfolios) als Teil der Unternehmenspolitik. Damit wird gewährleistet, dass die Projektauswahl den Zielen und Möglichkeiten eines Unternehmens entspricht. Hierbei lassen sich Lenkungsausschüsse als Koordinationsgremien einsetzen, bei denen das Projektcontrolling adäquat repräsentiert werden muss. Die Gestaltung von Richtlinien für ein einheitliches Projektmanagement (z.B. in Form des Einsatzes konkreter Projektvorgehensmodelle wie ASAP oder Global ASAP) soll für eine effektive und effiziente Projektdurchführung sorgen. Multi-Projektplanung, -steuerung und -kontrolle umfassen in diesem Zusammenhang die Koordination der Projekte untereinander (z.B. im Hinblick auf den Ressourceneinsatz und / oder auf die zeitliche Staffelung).

1.3.2 Integration von Claim Management und Konfigurationsmanagement

Die Intension eines kundenorientierten Projektmanagement führt zu einer Schnittstelle zwischen Projektmanagement und dem internen oder externen Kunden. Aus der Kundenperspektive steht die Akzeptanz nach Abschluss des Projekts im Vordergrund. Als Erfolgskriterium für die Akzeptanzsicherung fungiert der Problemlösungsbeitrag des Projekts für die Kundenzwecke. Die Zielsetzung des Kunden unterliegt jedoch in einer dynamischen Umwelt vielfachen Neudefinitionen, was teilweise

Anpassungen des Projektziels erforderlich macht. Zur Sicherung einer Zielkongruenz zwischen Projektmanagement und Kunden ist deshalb ein Implementierung eines Claim Management / Konfigurationsmanagement und / oder Änderungs- bzw. Change Management erforderlich.

Claim Management beinhaltet die Verwaltung von Ansprüchen und Gegenansprüchen, die sich aus Abweichungen zu vertraglichen Vereinbarungen zwischen Vertragspartnern oder gegen Dritte ergeben. Es entstand ursprünglich im internationalen Anlagenbau und Bauwesen als ein Managementkonzept für vertragliche Nachforderungen. Hintergrund war meist eine erhebliche Kostenüberschreitung der Kalkulation des Auftragnehmers. Abweichungen von Planvorgaben werden in diesem Konzept identifiziert und dokumentiert, um die sich daraus ergebenden Forderungen durchzusetzen und Gegenforderungen abzuwehren. Generell fallen unter diesen Sachverhalt finanzielle, terminliche und / oder sachliche Forderungen eines Partners infolge von Abweichungen oder Erschwernissen in Zusammenhang mit der Aufgabenerfüllung. Während in angloamerikanischen Unternehmen Claim Management längst ein wichtiges Instrument zur Sicherung des Projekterfolgs darstellt, haben sich in Deutschland noch keine Standards durchgesetzt.

Beim Konfigurationsmanagement handelt es sich gemäss DIN EN ISO 10007 um eine Management-Disziplin, die technische und verwaltungsmäßige Regeln auf den Produktlebenslauf einer Konfigurationseinheit von seiner Entwicklung über Herstellung und Betreuung anwendet. Als Hauptziel des Konfigurationsmanagement kann die Herstellung von Transparenz über die gegenwärtige Konfiguration eines Produkts und den Stand der Erfüllung seiner physischen und funktionellen Forderungen durch formal und inhaltlich korrektes Dokumentieren gelten. Beim V-Modell, einem generischen Vorgehensmodell zur Entwicklung von IT-Systemen, zielt beispielsweise der Einsatz von Konfigurationsmanagement darauf ab, jederzeit ein Hardware- oder Software-Produkt im Hinblick auf seine funktionellen und äußeren Merkmale identifizieren zu können. Teilweise wird in diesem Zusammenhang gesondert von Änderungs- bzw. Change Management gesprochen. Dieser Sachverhalt bezeichnet die Aufgabe, alle Änderungen zu identifizieren, zu beschreiben, zu klassifizieren, zu bewerten, zu genehmigen und einzuführen. Aus wissenschaftlicher Sicht handelt es sich hierbei jedoch um einen Teilaspekt des Konfigurationsmanagement. Ferner lässt sich aus der Zielkongruenz zwischen Claim Management und Konfigurationsmanagement ein integriertes Konzept ableiten, in dem sich der Erfassungs- und Bewertungsteil des Claim Management aus den Änderungsdaten der Konfigurationsbuchführung bedient.

1.4 Projektcontrolling

Das Projektcontrolling leistet Servicefunktionen gegenüber dem (Projekt-) Management. Seine Zielsetzung besteht darin, die informationellen Rahmenbedingungen der Projektführung zu verbessern und diese von zeitintensiven Informationsbeschaffungs- sowie –verarbeitungsaufgaben, der Gestaltung von Projektplanungs- und Kontrollsystemen und der Projektkoordination zu entlasten. Ein integriertes, system- und entscheidungsbezogenes Projektcontrolling leistet einen zentralen Beitrag zum Erfolg bzw. zur ganzheitlichen Steuerung entsprechender Projektvorhaben. Es lässt sich einerseits aus institutionaler und ressourcenorientierter Sicht sowie andererseits aus funktionaler / prozessorientierter Perspektive beschreiben.

Die Aufgaben des Projektcontrolling werden im institutionalen Sinne typischerweise nicht von den betroffenen Fachabteilungen, sondern von einer gesonderten Projektcontroller-Stelle durchgeführt. Im Hinblick auf die zweckmäßige organisatorische Verankerung gilt es, verschiedene Fragen abzuklären: So ist die hierarchische Stellung eines Projektcontrollers festzulegen. Ferner sind die fachliche und disziplinarischen Über- bzw. Unterordnungsverhältnisse zu bestimmen. Drittens hat eine Zuordnung von Kompetenzen zur Projektcontrolling-Stelle zu erfolgen. Schließlich geht es um die Regelung des Verhältnisses zum Unternehmenscontrolling, z.B. wie das Projektcontrolling auf entsprechende Leistungen des Zentral- bzw. Bereichscontrolling zugreifen kann.

Die Lösung der institutionellen Fragestellungen ist eng verknüpft mit der ressourcenorientierten Thematik, hinreichend Experten-, Sponsoren- und Champion-Potentiale in das Projekt einzubinden. Die Ausgestaltung der institutionellen Regelungen sollte dazu dienen, Landkarten für die Einbeziehung von Promotoren zu schaffen. Durch die Interaktion von zentralen und von dezentralen Controlling-Einheiten können top-down und bottom-up Unterstützungspotentiale geschaffen werden.

Projektcontrolling umfasst in einer funktionalen / prozessorientierten Sicht sowohl die auf ein Einzelprojekt bezogenen Aufgaben als auch die Bereitstellung eines Planungs- und Kontrollsystems, das die Gesamtheit der Projekte im Unternehmen steuerbar macht. Hierbei stellt sich vorrangig die Frage, wie sich ein ergebnisorientiertes Projektcontrolling unter funktionalen / prozessorientierten und institutionalen Aspekten gestaltet und sich in das permanente, nicht projektbezogene Planungs- und Kontrollsystem des Gesamtunternehmens einbetten lässt. Unter integrativen Aspekten ist die Eingliederung des Projektcontrolling in das umfassende Unternehmenscontrolling ebenso notwendig wie die Darstellung einer lebenszyklusorientierten Projektplanung und –kontrolle, welche die frühzeitige Einbeziehung sämtlicher erfolgsbezogener Effekte der Projektaktivitäten in die Projektsteuerung ermöglicht.

Der Ressourceneinsatz für ein Projekt lässt sich in der Regel per se nicht in ein periodenbezogenes Rechnungswesen des Unternehmens integrieren. Aus der wechselnden Beanspruchung der Ressourcen und der oft besonderen wirtschaftlichen Bedeutung von Projekten ergeben sich spezifische Anforderungen an ein Controlling des Projektverlaufs nach Zeit, Aufwand und Arbeitsergebnissen. Daraus folgt zum einen das Erfordernis einer integrierten Betrachtung projektbezogener Leistung, Zeit und Kosten (z. B. durch die Earned-Value-Methode). Zum anderen besteht eine Notwendigkeit zur Berücksichtigung der wertmäßigen Konsequenzen bereits in der Phase der Bereitstellung eines projektbezogenen Planungs- und Kontrollsystems. Die Verwendung leistungsfähiger ERP-Systeme ermöglicht es wiederum, Funktionen (z.B. automatische periodische Ergebnisermittlung oder Generierung von Kennzahlen zum Auftragseingang und -bestand aus projektkontierten Kundenaufträgen) für die Durchführung von Projekt-Periodenabschlüssen zur Datenintegration mit dem Unternehmenscontrolling zu nutzen.

Aufgaben und Methoden des Projektcontrolling lassen sich in Abhängigkeit von der Phase des Projektmanagement (z.B. Organisation und Konzeption, Detaillierung und Realisierung) differenzieren. In den einzelnen Aktionsphasen des Projektcontrolling kommen unterschiedliche Methoden und Verfahren zur Anwendung. Weiterhin kann zwischen einzel- und multiprojektbezogenen Controlling-Funktionen und Instrumenten unterschieden werden.

Im Mittelpunkt der Organisations- und Konzeptionsphase steht die Erarbeitung und Spezifikation der Projektziele, auf deren Basis grundsätzliche Entscheidungen im Hinblick auf die Projektinitiative erfolgen. Dem Projektcontrolling kommt hierbei die Aufgabe zu, die informationellen Grundlagen einer Beurteilung zu schaffen. Als Instrumente der quantitativen Beurteilung von Projektanträgen und –alternativen stehen insbesondere Investitionsrechnungsverfahren, Kosten-Nutzen-Analysen und Checklisten zur Verfügung. Nutzwertanalysen, die insbesondere für die Evaluation von alternativen Projekten eingesetzt werden können, lassen sich um qualitative Aspekte ergänzen.

Eine wichtige Aufgabe des Projektcontrolling stellt die Durchführung einer Risikoanalyse in der konzeptionellen Planungs- und Gestaltungsphase dar. Zur Ermittlung von Risikofaktoren bietet sich neben Expertenbefragungen und dem Aufbau eines projektbezogenen Früherkennungssystems insbesondere die Verwendung der Szenario-Technik an. Ferner sind Planungsprämissen zu dokumentieren und einer laufenden Prämissenkontrolle zu unterziehen.

Bei der Gestaltung und Implementierung eines Projektinformationssystems ist die Integration und Koordination der Einzelbestandteile und des Gesamtsystems mit dem unternehmensbezogenen Informationssystem zu gewährleisten. Zunächst muss geklärt werden, welche Informationen zu einem Dokument oder einem Bericht gehören (Informationsobjektintegration). Als relevant erweist sich in Folge die Klärung der Frage nach der jeweiligen Verantwortlichkeit für die Pflege und Bereitstellung der Dokumente bzw. Berichte (Data Ownership). Ferner sind Sicherungs- und Sicherheitsanforderungen an sowie Lebensdauer und Konsistenz von Dokumenten zu definieren. Im Sinne des Claim Management bzw. des Konfigurationsmanagement sind Versionierungen von Dokumenten durchzuführen. Zusätzlich sind Adressaten und

Kanäle für die Informationsverteilung festzulegen und gegebenenfalls durch Workflows zu automatisieren.

Eine effiziente Projektdokumentation fokussiert auf verdichteten Informationen, die für spätere Projektvorhaben als Erfahrungsgrundlage im Sinne eines organisationalen Lernens bzw. Knowledge Management genutzt werden können. Bei der Dokumentenbearbeitung sind deshalb möglichst unternehmensweit vordefinierte, vereinheitlichte Klassifikatoren (z.B. angelehnt an Business Objekt-Definitionen) zu verwenden. Weiterhin sind - im Sinne der Archivierung - Ablage und Speicherung von Informationen in geeigneten Formaten durchzuführen (Rendition).

Im Hinblick auf die Projektplanung gibt das Projektcontrolling einen Planungsrahmen vor, überwacht die Planung, ist beratend und unterstützend bei der Planerstellung tätig und sorgt für eine Koordination der dezentral erarbeiteten Teilpläne. Die Zerlegung der Projektaufgabe in einen Projektstrukturplan (PSP) bildet die Basis für Zeit-, Mengen-, Leistungs- und Kostenplanungen bzw. Ertragsanalysen, deren gewünschte Ausprägungen zu spezifizieren sind. Die Konstruktion eines PSP gestaltet sich typischerweise als Mehrschrittaufgabe in Abhängigkeit von der Verfügbarkeit relevanter Informationen. Idealerweise kann bereits zu Beginn auf generische Vorlagen (Muster-PSP) in Abhängigkeit von der Projektart (z.B. Investitionsprojekt, Kundenprojekt, Entwicklungsvorhaben) oder ähnlichen Kriterien zugegriffen werden. Der jeweils gültige PSP fungiert als Basis für die Erstellung von Machbarkeitsstudien (feasibility studies) oder Risikoanalysen, für die Aufstellung von Liquiditäts- und Finanzplänen (gegebenenfalls in Form unterschiedlicher Planversionen) sowie die Ermittlung und Festlegung von Projektbudgets. Zusammen mit den dokumentierten Zielen, Spezifikationen, Vorgehensweisen und Rahmenbedingungen liefert der PSP einen komprimierten Überblick über das Projekt (master plan). Generell ist in dieser Phase das Projektcontrolling auch für die Darstellung von Alternativen zur Erreichung der Projektziele verantwortlich (z.B. durch Make or Buy-Analysen oder durch Konzepte zur Einbindung externer Partner).

In der Detaillierungs- und Realisierungsphase liefert der jeweils gültige PSP die Grundlage für die Gestaltung eines Berichts- und Dokumentationssystems. Dabei ist zu beachten, dass die

Projektstruktur sich im Ablauf verändern kann, was die Abbildung der Projekthistorie in Form einer Projektversion erforderlich macht. Der PSP ermöglicht eine ergebnisorientierte Arbeitspaketfreigabe, repräsentiert eine Basis für die Einrichtung einer projektbezogenen Kostenrechnung und stellt den Ausgangspunkt für die Planung und Steuerung des Produktionsfaktorbedarfs dar. Aufgabe der Produktionsfaktorbedarfsplanung ist die Ermittlung der für die Projektrealisierung erforderlichen Produktionsfaktoren nach Art, Menge und Zeit. Die Faktorbedarfsplanung ist an dem Lebenszyklus des Vorhaben auszurichten und schließt die Personal- und Sachmittelplanung mit ein. Bei strategischen Projekten ist weiterhin eine Integration der Programm- und Prozessplanung erforderlich.

Im Rahmen der Prozessplanung repräsentiert die Bereitstellung und Anwendungsunterstützung von Planungsmethoden wie z.B. Netzplänen, Balkendiagrammen und Meilensteinen eine wichtige Aufgabe des Projektcontrolling. Die Bedeutung der Netzplantechnik im Rahmen des Projektmanagement resultiert zum einen primär aus der logistischen Perspektive der Zeit-, Kapaztitätsbedarfs- und Materialbedarfsplanung. Zum anderen ergeben sich durch sie integrierte Anwendungsmöglichkeiten im Hinblick auf die Struktur-, Ergebnis- und Finanzplanung. Weiterhin ermöglichen insbesondere Netzpläne in Verbindung mit Meilensteinen und Statuskonzepten den Einsatz von Workflowtechnologien zur automatisierten Steuerung der arbeitsteiligen Prozesse.

Die durch einen Kapazitätsabgleich festgestellten Über- bzw. Unterdeckungen stellen den Ausgangspunkt für Entscheidungen über die Bedarfsdeckung in qualitativer, quantitativer und zeitlicher Hinsicht dar. Die Kapazitätsbedarfsplanung hat gegebenenfalls die Abhängigkeiten zwischen einzelnen Projekten im Rahmen eines Multi-Projektmanagement zu berücksichtigen. Aufgabe eines Multiprojekt-Controlling ist es in diesem Zusammenhang, Ressourcenkonflikte aufzudecken und geeignete Koordinationsmaßnahmen vorzuschlagen.

Die groben Kostenschätzungen aus der Organisations- und Konzeptionsphase sind schrittweise zu detaillieren. Hierbei wirken sich Optionen zur Verwendung von unterschiedlichen Planungsarten (z.B. Gesamt- und Jahresplanung auf der Basis von Strukturwerten, Kostenplanung auf Kostenartenbasis oder

Einzelkostenplanung) vorteilhaft aus. Ein integriertes Projektcontrolling hat eine lebenszyklusorientierte und auf Entscheidungssachverhalte und –zeitpunkte ausgerichtete Kostenplanung zu realisieren. Durch sie wird eine „mitlaufende“ Kosten-, Ertrags- und Leistungskontrolle möglich.

Parallel zu fortschreitenden Verfeinerungen der Kosten- und Ergebnisplanung müssen Detaillierungen im Bereich der projektbezogenen Finanz- und Liquiditätsplanung vorgenommen werden. Im Rahmen einer lebenszyklusorientierten Finanz- und Liquiditätsplanung sind die projektbezogenen Ein- und Auszahlungsströme nach ihrem zeitlichen Anfall in einem gesamtunternehmensbezogenen Treasury-Management zu erfassen und gegebenenfalls Entscheidungsalternativen zur Handhabung von finanziellen Engpässen bereit zu stellen.

Als Basis für die ergebnisorientierte Projektsteuerung fungiert die integrierte und lückenlose Erfassung und Überwachung von Kosten, Leistungen und Terminen (z.B. durch die Earned-Value-Analyse) während des Projektablaufs. Neben der Erstellung von Soll-Ist-Vergleichen für einzelne Projektteilschritte und Teilgrößen erweisen sich - insbesondere für Projekte mit langen Laufzeiten - Soll-Wird-Kontrollen bzw. Forecasts als bedeutsam. Die Ergebnisse sind vom Projektcontrolling für die Adressaten aufzuarbeiten und an diese weiter zu leiten. Dies erfordert sowohl eine periodische und ereignisgesteuerte Erstellung von Berichten als auch die Implementierung eines ergebnisbezogenen Dokumentationsmanagement. Als Methoden kommen hierbei neben der Earned-Value-Analyse auch Meilensteintrend- und Kostentrend-Analysen, die Verwendung von Einzelkennzahlen sowie deren integrative Verknüpfung zu einem Kennzahlen- und Trendanalysesystem in Frage (z.B. Balanced Scorecard).

Zwischen den einzelnen Projektphasen sind Reviews zur Begutachtung der erzielten (Teil-)Ergebnisse im Sinne einer Qualitätsprüfung zu implementieren. Im Mittelpunkt steht hierbei eine lebenszyklusorientierte Erstellung von Projektberichten, die in einem Projektabschlussbericht mündet. Dieser soll systematisch gemachte Erfahrungen erfassen und wertvolle Informationen für das Management zukünftiger Projekte liefern. Als Integrationsrahmen. dient bei der Analyse der Abweichungsursachen die Bestimmung von Erfolgs- und

Misserfolgsfaktoren, die in Projektdatenbanken hinterlegt werden sollte. Auf dieser Datenbasis lässt sich mit Hilfe flexibler Auswertefunktionen ein Projekt-Benchmarking durchführen.

Für die Überwindung von Schnittstellen zwischen Projekten und der Linie, zwischen Projektphasen und einzelnen Arbeitspaketen sowie zwischen verschiedenen Projekten stehen mit der Prozesskostenrechnung, integrativen Ansätzen der Wirtschaftlichkeitsrechnung, dem Target Costing sowie Verfahren des Time-Based-Management vielfältige Controlling- und Integrationsinstrumente zur Verfügung. Strategisch ausgerichtete Informations- und Kennzahlensysteme, Früherkennungssysteme, Portfoliomethoden und Szenarioanalysen können zur Verbesserung eines Projektcontrolling führen. Hierzu erweist sich die Verwendung einer integrierten Projektmanagement-Applikation im Rahmen eines ERP-Systems als wichtiger Baustein für ein effektives und effizientes Projektmanagement.

2 Grundlagen zum Modul PS

Bei SAP R/3 handelt es sich um eine Standardsoftware, die für die verschiedenen betriebswirtschaftlichen Aufgabenbereiche ein eigenes Modul anbietet. Gleichzeitig sind die verschiedenen Module vollständig ineinander integriert. Somit steht ein ganzheitliches System zur Verfügung, das alle betriebswirtschaftlichen Aufgaben erfüllt.
Im folgenden Kapitel werden wir Sie in die Funktionalitäten des Moduls PS einführen.

2.1 Allgemeines zum Modul Projektsystem

Das Modul PS (Projektsystem) unterstützt ein umfassendes Projektmanagement und stellt somit ein wichtiges Werkzeug für ein effektives Projektcontrolling dar.
Unter Projektmanagement versteht man die Gesamtheit von Führungsaufgaben, -organisation, -techniken und -mittel für die Abwicklung eines Projektes.

2.2 Projektdefinition

Zu Beginn einer jeden Maßnahme steht die Definition und Gliederung der zur Abwicklung benötigten Strukturen und die Einbindung dieser in die vorhandene Unternehmensstruktur. Die Festsetzung eines Projektes beginnt mit der Projektdefinition.
Die Projektdefinition bildet den Rahmen für ein betriebliches Vorhaben mit einem festgelegten Ziel, das mit vorgegebenen Mitteln erreicht werden soll.
Über die Projektdefinition werden die Rahmenbedingungen eines Projektes festgelegt und dessen Zugehörigkeit zu einem bestimmten Unternehmensbereich definiert. Sie enthält Daten, die für das gesamte Projekt verbindlich sind. So werden die hier gepflegten Werte als Vorschlagswerte auf alle neu angelegten PSP-Elemente innerhalb dieses Projektes übertragen.
Zu diesem Zeitpunkt muss weder der Aufbau noch der Ablauf des Projektes bekannt sein, d. h. es muss noch kein Projektstrukturplan oder Netzplan erstellt werden.

In der Projektdefinition werden organisatorische Daten (wie Kostenrechnungskreis, Buchungskreis, Werk, Geschäftsbereich), Start- und Endtermin, Kalender, Verantwortlichkeiten bzw. Zuständigkeiten (wie verantwortliche Person) und Vorschlagswerte für das Projekt bzw. für die spätere Abwicklung hinterlegt.

2.3 Projektstrukturplan

Ein Projektstrukturplan (PSP) ist ein Modell des Projekts, das die zu erfüllenden Projektleistungen hierarchisch darstellt. Er ist ein formales Hilfsmittel, mit dem ein Projekt überschaubar wird:

- Der Projektstrukturplan bildet die Grundlage für die Organisation und Koordination im Projekt.
- Er zeigt den Arbeitsaufwand, Zeitaufwand und Kostenumfang, den ein Projekt beinhaltet.

Der Projektstrukturplan ist die operative Basis für die weiteren Planungsschritte im Projekt, z. B. für die Ablauf-, Kosten-, Termin- und Kapazitätsplanung oder die Kalkulation sowie das Projekt-Controlling.

Der Projektstrukturplan stellt somit das zentrale Instrument in der Projektplanung dar. Alle anderen Pläne leiten sich von ihm ab. Er reduziert die Projektkomplexität und bildet das Projekt ganzheitlich in einer Aufgabenhierarchie (PSP-Elemente) ab.

Im Projektstrukturplan werden die einzelnen Vorhaben und Maßnahmen, die für die Erfüllung des Projekts notwendig sind, in einzelnen Strukturelementen (Teilprojekte, Arbeitspaket, Vorgang) beschrieben und in eine hierarchische Beziehung zueinander gesetzt. Die einzelnen Strukturelemente können, abhängig von der jeweiligen Realisierungsphase des Projekts, schrittweise über einzelne Ebenen immer weiter gegliedert werden, bis der gewünschte Detaillierungsgrad erreicht ist.

Die einzelnen Strukturelemente beschreiben eine Maßnahme oder ein Vorhaben innerhalb des Projektstrukturplans. Die Strukturelemente werden im Projektsystem als Projektstrukturplanelemente (PSP-Elemente) bezeichnet. PSP-Elemente können sein:

- Aufgaben
- Teilaufgaben, die weiter untergliedert werden
- Arbeitspakete

2.4 Stammdaten/Operative Kennzeichen

2.4.1 Stammdaten

Um alle anfallenden Aufgaben in der Projektrealisierung steuern zu können, wird eine projektspezifische Organisationsform benötigt, die zwischen den betroffenen Fachbereichen angesiedelt bzw. abgestimmt sein sollte. Diese Organisationsform des Projektes versucht man über die Projektstruktur und deren **Strukturdaten (Termindaten, Organisationsdaten, Zuständigkeiten** und Steuerungsdaten) **abzubilden.**
Mit den operativen Strukturdaten wird somit der Aufbau eines Projektes festgelegt. Sie stellen die Grundlagen für die Planung, Durchführung und Steuerung eines Projektes dar. Über diese Strukturdaten (Termindaten, Organisationsdaten, Zuständigkeiten und Steuerungsdaten) wird das Projekt letztendlich beschrieben.

2.4.2 Operative Kennzeichen

So können jedem PSP-Element über die Stammdaten bestimmte betriebswirtschaftliche Eigenschaften zugewiesen und damit die Aufgabe eines PSP-Elementes im Projektverlauf festgelegt werden.
Dies wird im SAP-System mit den sogenannten operativen Kennzeichen umgesetzt. Das System unterscheidet zwischen folgenden operativen Kennzeichen:

Planungselement: Erlaubt oder verbietet die Planung von Kosten auf einem PSP-Element.

Fakturierungslement: Erlaubt bzw. verbietet die Planung und Verbuchung von Erlösen.

Kontierungselement: Erlaubt bzw. verbietet die Verbuchung von Ist-Kosten und Obligos (offene aber noch nicht abgerechnete Bestellungen).

2.4.3 Organisationsdaten

Für die Projektabwicklung sind aber noch weitere Stammdaten erforderlich bzw. sinnvoll.

Um beispielsweise Auswertungen nach bestimmten Kriterien zu realisieren, können in den Organisationsdaten, Daten wie der Kostenrechnungskreis, der Buchungskreis, das Werk, der Geschäftsbereich und Zuständigkeiten gepflegt werden.
Im Bereich der Zuständigkeiten sind Daten wie Projektleiter, Teilprojektleiter, Arbeitspaketverantwortlicher, anfordernde und verantwortliche Kostenstelle zuordenbar. Weiter können Prioritäten und zusätzliche Verdichtungs- bzw. Kategorisierungsmerkmale gesetzt werden.
Über all diese operativen Strukturdaten bzw. Stammdaten können letztlich im Projektinformationssystem Auswertungen und somit unterschiedliche Sichten erzeugt werden.

2.4.4 Benutzerfelder

Die Menge und Art der Informationen, die zu Vorgängen oder PSP-Elementen festgehalten werden sollen, variieren von Anwender zu Anwender und von Unternehmen zu Unternehmen. Informationen, die in dem einen Unternehmen wichtig sind, spielen im anderen keine Rolle. Damit sich der Anwender nicht auf die Standardfelder für die Pflege der Stammdaten beschränken muss, bietet SAP R/3 sogenannte Benutzerfelder.
Benutzerfelder dienen dazu, Daten, die in den Standardfeldern der Anwendung nicht unterzubringen sind, zu Vorgängen und PSP-Elementen zu pflegen. Die Benutzerfelder können frei definiert werden. Dies geschieht im Customizing. Generell bietet das System folgende Arten von Feldern:

Textfelder

Mengenfelder (für Mengen und deren Einheiten)

Wertfelder

Terminfelder

Ankreuzfelder als Optionsschaltflächen für Auswertungen
Die Benutzerfelder können im System zusätzlich zu den Stammdaten eines PSP-Elements gepflegt werden. Wichtig hierbei ist, dass die Felder nicht auf Richtigkeit geprüft werden, d. h. für den Inhalt sind Sie selbst verantwortlich. Es wird lediglich zwischen der alphanumerischen und der numerischen Eingabe unterschieden.
Über diese selbstdefinierten Felder können dann später Projektauswertungen über das Informationssystem erfolgen, z. B.

Auswertungen hinsichtlich der verantwortlichen Person oder Abteilung etc.

2.5 Abrechnungsvorschrift

Die Projektrechnung dient dazu, die auf einem Projekt mit den dazugehörigen Vorgängen angefallenen Istkosten periodengerecht abzurechnen und damit das Projekt zu entlasten. Zuvor müssen allerdings im Customizing des Projektsystems einige Einstellungen vorgenommen werden. Folgende Punkte sind hier notwendig:

Abrechnungskostenarten

Abrechnungsschemata

Abrechnungsprofile

Damit Sie PSP-Elemente abrechnen können, müssen Sie außerdem noch in den Stammdaten des PSP-Elements die Abrechnungsvorschriften eintragen. Die Abrechnungsvorschriften werden bei den Stammdaten des PSP-Elements eingepflegt. Bei der Abrechnungsvorschrift handelt es sich um eine Vorschrift, die festlegt, welche Anteile der Kosten auf einem Sender an welche(n) Empfänger abgerechnet werden sollen. Jedem Abrechnungssender wird hierzu eine oder mehrere Aufteilungsregel(n) zugeordnet. Pro Empfänger gibt es normalerweise eine Aufteilungsregel.

Für die Abrechnung von PSP-Elementen müssen zum einen die Abrechnungsvorschriften und zum anderen das Abrechnungsschema gepflegt werden. In der Abrechnungsvorschrift hinterlegen Sie, auf welchen Empfänger wie viele Kosten abgerechnet werden. Als Empfänger stehen bei den PSP-Elementen in der Regel Kostenstellen, Kundenaufträge und Anlagen im Bau zur Verfügung. Die Abrechnung kann zu 100 Prozent an einen einzelnen Empfänger oder auch prozentual verteilt an verschiedene Empfänger erfolgen. Außerdem können Festwerte verrechnet werden. Die Abrechnung kann periodisch erfolgen, dann werden alle Kosten periodengenau dem Empfängerobjekt zugeordnet. Bei der Gesamtabrechnung werden alle bisher angefallenen Kosten dem Empfänger in der laufenden Periode belastet. Wird das PSP-Element nach der Abrechnung weiter belastet, werden bei der nächsten Abrechnung alle neu hinzugekommenen Belastungen wiederum ohne Beachtung der Buchungsperiode auf den Empfänger abgerechnet.

Im Abrechnungsprofil definieren Sie eine Reihe von Steuerungsparameter der Abrechnung. Das Abrechnungsprofil ist Voraussetzung dafür, dass Sie später im Auftragsstammsatz für einen Sender eine Abrechnungsvorschrift erfassen können.
Ein Verrechnungsschema besteht aus einer oder mehreren Abrechnungszuordnungen. Eine Zuordnung gibt an, welche Kosten unter welcher Abrechnungskostenart an welche Empfängertypen (Kostenstelle, Auftrag etc.) abgerechnet werden sollen. In einer Abrechnungszuordnung haben Sie zwei Alternativen:

- Sie ordnen die Belastungskostenartengruppen einer Abrechnungskostenart zu.
- Sie rechnen kostenartengerecht ab d. h. Belastungskostenart = Abrechnungskostenart

In dem Verrechnungsschema ordnen Sie also einzelne Kostenarten und Kostenartengruppen einer Umlagekostenart zu. So erhalten Sie Informationen über die Zusammensetzung der Kosten auf einer verdichteten Ebene
Im Ergebnisschema legen Sie fest, welche Kostenartengruppe welchem Wertfeld der Ergebnisrechnung zugeordnet wird. Dies wird als Ergebnisschema-Zuordnung bezeichnet. Die Abrechnung ermöglicht eine Übernahme von Kosten, Erlösen, Erlösschmälerungen und Produktionsabweichungen in die Ergebnisrechnung. Das Ergebnisschema definiert, welche Mengen oder Werte eines Senders im Rahmen der Abrechnung welchen Wertfeldern der Ergebnisrechnung zugeordnet werden sollen.

2.6 Kostenplanung

Die Kostenplanung ist eine Fortsetzung und Konkretisierung der Zielplanung des Projektes, hier am Beispiel der Soll-Vorgaben der Kosten. Sie legt die Kosten fest, die bei der Durchführung eines Projektes voraussichtlich anfallen werden.
Es können folgende Planungsformen verwendet werden:

Strukturplanung
: Die Kosten werden für die PSP-Elemente eines Projektstrukturplans geschätzt.

Kostenartenplanung
: Pro PSP-Element werden die geschätzten Kosten weiter nach Kostenarten detailliert.

Einzelkalkulation

Kostenplanung für ein PSP-Element eines Projektstrukturplans erfolgt aufgrund einer detaillierten Kalkulation von Leistungen, Materialien und sonstigen Kosten.

Die verschiedenen Planungsformen können alternativ und additiv verwendet werden.

Die Kostenplanung beschäftigt sich mit den Kosten, die bei der Durchführung eines Projekts voraussichtlich anfallen.

In den verschiedenen Projektphasen hat die Kostenplanung verschiedene Zielsetzungen:

- In der Konzeption und Grobplanung dient sie zur Berechnung der Kosten, die für das Projekt anfallen werden.
- Bei der Genehmigung bildet sie die Grundlage für die Budgetvergabe.
- Während der Realisierung dient die Kostenplanung zur Überwachung und Steuerung von Kostenabweichungen.

Das Projektsystem unterstützt eine Kostenplanung bottom-up und top-down. Wenn Sie bottom-up planen, werden die Planwerte auf den unteren Planungselementen eingegeben und vom System nach oben aufsummiert. Wenn Sie top-down planen, werden die Planwerte von den oberen auf die unteren Planungselemente manuell verteilt.

Da die Kostenplanung kein einmaliger, sondern ein projektbegleitender Prozess ist, können im Modul PS die verschiedenen Kostenplanungen als Versionen abgelegt werden. Diese Planversionen können geändert, kopiert und im Informationssystem miteinander verglichen werden.

2.7 Statusverwaltung

In der Statusverwaltung wird die Bearbeitung des Projekts gesteuert. Mit einem Status wird eine Phase definiert, in der bestimmte betriebswirtschaftliche Vorgänge zu einem Projektstrukturelement erlaubt sind. Von der Systemseite sind bereits Status definiert. Zusätzlich können vom Anwender weitere Status definiert werden.

2.7.1 Systemstatus

Der Systemstatus unterteilt das Projekt in vier Phasen mit folgenden SAP-Statuskennzeichen:

EROF eröffnet: Initialstatus (keine Ist-Buchungen möglich)

FREI freigegeben: Buchungen (Rechnungen, Forschungsstunden) sollen auf PSP-Elemente erfasst werden können. Voraussetzung ist, dass die Planungsphase (Solldaten) für Kosten und Termine abgeschlossen ist. Einmal freigegebene PSP-Elemente können nicht wieder in den Status EROF zurückgesetzt werden.

TABG technisch abgeschlossen (Planwerte nicht mehr änderbar). Voraussetzung ist, dass Bestellanforderungen und Bestellungen erfasst sind. Buchungen (Rechnungen, Forschungsstunden) sind weitgehend abgeschlossen. Es können aber Rechnungen und Stunden (Ist-Daten) weiter erfasst werden. Technisch abgeschlossene PSP-Elemente können wieder freigegeben werden (TABG – FREI) durch Zurücknehmen von „technisch abgeschlossen".

ABGS abgeschlossen (keine kostenrelevanten Vorgänge mehr möglich). Voraussetzung ist, dass alle Buchungen (Rechnungen, Fakturen, Bestellungen und Forschungsstunden) und Bestellanforderungen vollständig erfasst worden sind. Es können keine Buchungen, keine Planungen und keine Bestellungen mehr erfasst werden. Abgeschlossene PSP-Elemente können wieder in den Status „Technisch Abgeschlossen" (ABGE – TABG) zurückgesetzt werden.

Beim Durchlaufen dieser Phasen wird der Status vom System gesetzt. So wird beim Anlegen eines PSP-Elementes der Initialstatus EROF gesetzt. Der Anwender hat die Möglichkeit den Status auch selbst zu setzen, zu löschen bzw. zurückzusetzen.

2.7.2 Anwenderstatus

Neben dem Systemstatus kann zusätzlich ein Anwenderstatus definiert werden. Hierüber können betriebswirtschaftliche Vorgänge während des Lebenszykluses eines Projektes individuell festgesetzt werden. Dieser Anwenderstatus wird im Statusschema hinterlegt bzw. gepflegt, welches im Customizing (siehe Kap. Projektprofil) eingetragen wird.

2.8 Verdichtungsmerkmale

Mit der Projektverdichtung können Übersichten bzw. Auswertungen nach gemeinsamen Kriterien erstellt werden, welche die organisatorischen und inhaltlichen Anforderungen zur Steuerung über mehrere Projekte hinweg abdecken. So sind Sie in der Lage, im Customizing Verdichtungsmerkmale zu definieren. Diese Merkmale können nun jedem beliebigen PSP-Element zugeordnet werden.

Auf diese Weise können Sie die Kosten aller Projekte nach den zugewiesenen Verdichtungsmerkmalen, z. B. Geschäftsbereiche, Förderprojekte, Verantwortlicher, zusammenfassen und im Informationssystem des Projektsystems auswerten.

Die einzelnen Hierarchiestufen der Verdichtungshierarchie werden über Merkmale definiert.

Unterschieden werden folgende Merkmale:

Referenzmerkmale

Beziehen sich auf Felder im Projektstammsatz, z. B. Werk, Verantwortlicher, Geschäftsbereich

Freie Merkmale

Sind frei definierbare Merkmale, die im Stammsatz im Standard nicht gepflegt werden, z. B. verantwortliche Abteilung, Förderprojekt

2.9 Realisierung

Unter Projektrealisierung versteht SAP R/3 alle Funktionen, die für die Pflege des Projektfortschritts verantwortlich sind. Dies umfasst insbesondere die Ist-Kosten, Kapazitäten und Termine. Dies kann in Form von einer Rückmeldung oder einer Buchung erfolgen. Aus den Rückmeldungen berechnen sich z. B der Abarbeitungsgrad, der Arbeitsaufwand oder die Restarbeiten. Vor allem die Rückmeldung der Stunden auf ein PSP-Element ist von zentraler Bedeutung in der Phase der Projektrealisierung.

2.10 Berichterstattung

Bestandteil eines effizienten Projektcontrollings ist ein flexibel einsetzbares Projektinformationssystem, das verlässliche Informationen als Grundlage für betriebswirtschaftliche Entscheidungen zur Verfügung stellt. Die Ergebnisse können für

eine entscheidungsorientierte Zukunftsrechnung (Fortschrittsanalyse), aber auch als Kontroll-Instrumentarium abgeschlossener Projekte (Dokumentation, Nachtragsaufbereitung, Evaluation) verwendet werden. Das Projektinformationssystem stellt umfangreiche Analysefunktionen in Form von Berichten und Grafiken zum Projektsstatus und Projektfortschritt zur Verfügung und Hilft dadurch bei der Steuerung und Nachbereitung eines Projektes den Überblick zu behalten.
Das Ziel des Informationssystems ist die Erreichung der geplanten Projektergebnisse bezüglich Terminen, Kosten und Leistungen. Mit Hilfe der Projektberichte sollen die notwendigen Entscheidungen dadurch erleichtert werden, dass alle erforderlichen Kriterien schnell zur Verfügung stehen und ihre Auswirkungen auf die Projektparameter abgeschätzt werden können.
SAP R/3 unterscheidet zwischen technischen und kaufmännischen Projektberichten:
Die technischen Projektberichte (Struktur/Termine) decken vorwiegend die Aspekte der technischen Überwachung und Steuerung im Projekt ab. Es können alle oder nur bestimmte Objekte selektiert werden, die zu einem Projekt gehören, z. B. PSP-Elemente, Netzpläne, Vorgänge, PS-Texte oder Materialkomponenten und deren aktuellen Status sowie die hierarchische Beziehung angezeigt werden. Aus den Werten, die gepflegt werden, erstellt das System eine Strukturliste. Von der Strukturliste aus können weitere Übersichten aufgerufen werden. Im Informationssystem: Struktur/Termine können darüber hinaus nicht nur Originaldaten ausgewertet werden, sondern auch Daten aus Simulations- und Projektversionen, sowie archivierte Daten.
Die kaufmännischen Projektberichte stehen vorwiegend zur Analyse und Überwachung der kaufmännischen Daten zur Verfügung. Mit diesen Auswertungen können Sie sowohl wiederkehrende standardmäßige Auswertungen durchführen als auch eigene Berichte zu speziellen Fragestellungen und Aufgaben erstellen. Sie können sämtliche Daten direkt nach der Erfassung im R/3-System interaktiv analysieren und ihre Entstehung bis auf die Belegebene verfolgen. Sie können die Daten aber auch verdichtet analysieren, z.B. nach Verantwortungsbereichen.
Die Gesamtheit aller Auswertungen wird in Form eines sogenannten Berichtsbaumes zur Verfügung gestellt. Bei diesem Berichtsbaum handelt es sich um eine frei definierbare Struktur,

die dazu dient, die Berichte des Projektinformationssystems zentral zu sammeln und hierarchisch zu gliedern. Um die unterschiedlichen Sichten bzw. Auswertungen erstellen zu können, bietet SAP R/3 eine Vielzahl von verschiedenen Berichten an.

2.10.1 Strukturübersichtsbericht

Im Strukturübersichtsbericht werden die Kosten eines Projektes auf PSP-Element-Ebene dargestellt und in Tabellenform angezeigt. Alle Objekte eines Projektes können dabei sowohl einzeln, als auch in ihrer Gesamtheit (Projektstruktur) angezeigt werden. Mit Hilfe von Filter- bzw. Selektionsfunktionen kann eine Selektion nach Status, Arbeitspaketverantwortlichen und verantwortlicher Kostenstelle vorgenommen werden, so dass die Daten dadurch eingegrenzt und gefiltert werden. Die verschiedenen Grafikfunktionen erlauben eine übersichtliche grafische Informationsaufbereitung der Auswertungen. Die Anzeige verschiedener Projektversionen, welche Kopien der Struktur und Strukturdaten zu bestimmten Zeitpunkten darstellen, erfolgt ebenfalls über den Strukturübersichtsbericht.

2.10.2 Strukturorientierter Bericht

Im strukturorientierten Bericht werden die Kosten und Erlöse für die einzelnen PSP-Elemente angezeigt. Es können darüber hinaus Informationen (z. B. Plan-Kosten, Ist-Kosten, Budgets etc.) für einzelne Jahre oder den gesamten Zeitraum dargestellt werden. Es stehen außerdem verschiedene Anzeigevarianten bereit, welche die häufigsten Informationsanfragen abdecken (z.B. Plan-/Ist-Abweichung). Innerhalb des strukturorientierten Berichts können mit Hilfe des Navigationsblocks detailliertere Informationen aufgerufen werden, wie beispielsweise die betriebswirtschaftlichen Vorgänge.

2.10.3 Kostenartenorientierter Bericht

Im kostenartenorientierten Bericht können Projekte und einzelne PSP-Elemente kostenartengerecht ausgewertet werden. Auf diese Weise können die Kosten eines Projektes aufgeschlüsselt nach Kostenarten (Kostenartenplanwert) angezeigt und analysiert werden. Im kostenartenorientierten Bericht können dabei die Auswertungszeiträume und Abgrenzungskriterien individuell definiert werden. Innerhalb dieses Berichtes sind auch

Sortierungs- und Filterfunktionen möglich, die eine gezielte Selektion ermöglichen.

2.10.4 Einzelpostenbericht

Im Einzelpostenbericht können für einzelne Projekte und Kostenarten für einen definierten Zeitraum die einzelnen Buchungssätze (Einzelposten) angezeigt werden. Einzelposten werden bei jeder Buchung von Kosten, Erlösen und Finanzen in SAP R/3 erzeugt. SAP R/3 unterscheidet hierbei zwischen Ist-Einzelpostenberichten, Plan-Einzelpostenberichten und Obligo-Einzelpostenberichten.

Ist-Einzelpostenbericht

Im Ist-Einzelpostenbericht können die gebuchten Belege zu einem PSP-Element angezeigt werden. Im Ist-Einzelpostenbericht gibt es eine Vielzahl von Filter- bzw. Auswertungsmöglichkeiten. Es besteht beispielsweise die Auswahlmöglichkeit verschiedener Anzeigevarianten, die festlegen, welche Felder in der Grundliste des Ist-Einzelpostenberichts angezeigt werden. Die Filter-Funktion schlüsselt den Bericht unter anderem nach Kostenarten, Kostenstellen, Leistungsarten und Lieferanten-Nr, auf. Darüber hinaus kann im Ist-Einzelpostenbericht die Anzeige des Originalbelegs zum Buchungsbeleg vorgenommen werden.

Plan-Einzelpostenbericht

Im Plan-Einzelpostenbericht können die Planwerte zu einem PSP-Element angezeigt werden.
SAP R/3 schreibt bei Änderungen von Planwerten jeweils einen Planungsbeleg, so dass eine Planungshistorie entseht. Über den Plan-Einzelpostenbericht kann somit jederzeit die Entwicklung der Planwerte zum Projekt nachvollzogen werden.

Obligo-Einzelpostenbericht

Im Obligo-Einzelpostenbericht können alle Obligos angezeigt werden. Unter einem Obligo versteht man eine vertragliche bzw. dispositive Verpflichtung, die buchhalterisch nicht erfasst wird, die jedoch durch verschiedene Geschäftvorfälle zu Ist-Kosten führt. In der Kostenstellenrechnung können Obligos durch Bestellanforderungen, Bestellungen und Mittelreservierung erzeugt werden.

2.11 Dokumentation

Komplexe Projekte erfordern eine umfangreiche Dokumentation und Bereitstellung von technischen Unterlagen in Form von sogenannten Projekttexten. Projekttexte werden direkt im Projekt für ein Objekt angelegt, z. B. Pflichtenheft, Leistungsbeschreibungen, Beschreibung von Arbeitspaketen, Notizen usw. Sie haben im Projektsystem die Möglichkeit, zu Vorgängen und PSP-Elementen Texte in folgender Form zu hinterlegen:
Langtexte beschreiben ein Objekt. Auf dem Bildschirm sehen Sie in der Beschreibung zum Objekt in der Regel nur die erste Textzeile. Langtexte können Sie zu allen Objekten im Projektsystem erfassen.
Textvorlagen sind Textbausteine zur arbeitsspezifischen Beschreibung von eigenbearbeiteten Vorgängen.
PS-Texte sind frei definierbare Texte zu Vorgängen und PSP-Elementen. Sie werden im PS-Textkatalog verwaltet. Innerhalb des Projektsystems können Sie beliebig viele PS-Texte einem Vorgang bzw. PSP-Element zuordnen. Ein PS-Text kann verschiedenen Projekten zugeordnet und mehrsprachig gepflegt werden.

2.12 Konsistenzprüfung

Bei der Anlage komplexer Projekte bzw. Projektstrukturen, z. B. bei Bauprojekten im Schlüsselfertigbau, ist es oft notwendig, nach der Anlage der Projektstruktur eine Konsistenzprüfung bezüglich der Projektstammdaten vorzunehmen; um sicherstellen zu können, dass die Anlage der Projektstruktur erfolgreich umgesetzt wurde. Nur dann kann eine erfolgreiche und inhaltlich korrekte Analyse bezüglich des angelegten bzw. der angelegten Projekte realisiert werden. Das Modul PS bietet hierzu einen Standardreport an, der die zu pflegenden Stammdatenfelder eines Projektes analysiert und Abweichungen bzw. evt. nicht korrekte Eingaben in Berichtsform aufzeigt.
Das Ergebnis des Stammdatenprüfprogramms ist ein Protokoll, dass Ihnen u. a. gefundene Fehler und Inkonsistenzen anzeigt.

Es besteht die Möglichkeit, direkt aus dem Protokoll heraus in das betroffene Objekt zu springen, um die Fehler zu überprüfen und ggf. zu korrigieren.

2.13 Änderungshistorie

Ein Änderungsbeleg stellt die Protokollierung von Änderungen zu einem betriebswirtschaftlichen Objekt in SAP R/3 dar. Über die Änderungsbelege werden somit automatisch alle durchgeführten Änderungen zu einem PSP-Element dokumentiert. Der Änderungsbeleg setzt sich zusammen aus dem Änderungsbelegkopf, der Änderungsbelegposition und der Änderungsbelegnummer.
Bei den Änderungsbelegen kann unterschieden werden in:

- Änderungsbelege zu den Strukturplanwerten
- Änderungsbelege zu den Stammdaten
- Änderungsbelege zu den Statusinformationen
- Änderungsbelege zu den Kostenarten- und Leistungsaufnahmeplanwerten
- Aufgrund der vorhandenen Änderungsbelege besteht nun die Möglichkeit, sich zu jedem PSP-Element eine Änderungshistorie anzeigen zu lassen. Auf diese Weise ist eine lückenlose Verfolgung aller Änderungen möglich.

2.13.1 Historie der Änderungsbelege zu den Strukturplanwerten

In der Historie der Änderungsbelege zu den Strukturplanwerten sind folgende Informationen enthalten:

- Änderungsnummer des Beleges
- Benutzername der betreffenden Person, die eine Änderung vorgenommen hat
- Betrag zum Beleg
- Erfassungsdatum

2.13.2 Historie der Änderungsbelege zu den Stammdaten

In der Historie der Änderungsbelege zu den Stammdaten sind folgende Informationen enthalten:

- Änderungsnummer des Beleges
- Benutzername der betreffenden Person, die eine Änderung vorgenommen hat
- Erfassungsdatum der Änderung

- Transaktion zur Änderung

2.13.3 Historie der Änderungsbelege zu den Statusinformationen

In der Historie der Änderungsbelege zu den Statusinformationen sind folgende Informationen enthalten:

- Benutzername der betreffenden Person, die eine Änderung vorgenommen hat
- Geänderte Statusanzeige
- Erfassungsdatum der Änderung
- Erfassungsuhrzeit der Änderung
- Transaktion zur Änderung

2.13.4 Historie der Änderungsbelege zu den Kostenarten- und Leistungsaufnahmeplanwerten

In der Historie der Änderungsbelege zu den Kostenarten- und Leistungsaufnahmeplanwerten sind folgende Informationen enthalten:

- Änderungsnummer des Belegs
- Benutzername der betreffenden Person, die eine Änderung vorgenommen hat
- Änderungsbetrag
- Erfassungsdatum zum Beleg

2.14 Planversion und Projektversion

Es wird in SAP R/3 zwischen Projektversionen und Planversionen unterschieden:

- Projektversionen sind ein Abbild des Projekts zu einem bestimmten Zeitpunkt oder zu einer bestimmten Aktion. Sie dienen als Grundlage für statistische Auswertungen und können zum Nachweis über den Projektstand in der Vergangenheit herangezogen werden.
- Planversionen werden in der Kostenrechnung erstellt und halten die verschiedenen Kostenplanungen zu einem Projekt fest, z. B. optimistische und pessimistische Planung.

2.15 Schnittstellen

Aus SAP R/3 können Daten in andere Anwendungen wie Word für Windows oder Excel heruntergeladen werden. Diesen Vorgang bezeichnet man als „Download“, der dazu dient, die SAP-Daten weiterzuleiten. Entscheidend beim Download ist die

Wahl des Dateiformates, wodurch festgelegt wird, wie und in welchen Anwendungen die Daten weiterverarbeitet werden können.

Es werden standardmäßig vier Formate von SAP R/3 angeboten: „Rich Text Format", „unkonvertiert", „Tabellenkalkulation" und „HTML Format".

Das Rich Text Format dient der Weiterverarbeitung der Daten in Word für Windows. Dabei werden nicht nur Text, sondern auch Zeichenformate, Tabellen, Rahmen und selbst Papierformate übernommen.

Bei unkonvertierten Daten wird ausschließlich Text ohne Formatierungen heruntergeladen. Leerräume in den Zeilen werden nicht mit Tabstops, sondern mit Leerzeichen aufgefüllt.

Beim Format Tabellenkalkulation werden in den Leerräumen Tabulatoren eingesetzt, die Excel und Word in Spalten umsetzen können.

Im HTML Format werden die Formatierungen durch entsprechende HTML-Tags ersetzt, die eine Darstellung auf einem Internet-Browser ermöglichen.

Im SAP Projektsystem existieren Schnittstellen zu Betriebsdatenerfassungssystemen sowie zu folgenden PC-Produkten:

- GRANEDA
- Microsoft Project (MPX)
- Microsoft Access
- PS-EPS-Schnittstelle zu externen Projektmanagement-systemen
- Tabellenkalkulationsprogramme (XXL-Listviewer, z. B. Microsoft Excel, Lotus 1-2-3 usw.)

In allen genannten PC-Produkten können Sie exportierte Daten weiterverarbeiten.

2.15.1 Schnittstelle zu Microsoft Projekt

Über Dateien im MPX-Format können Sie Daten des SAP-Projektsystems an Microsoft Project oder in andere Projektmanagement-Programme exportieren. Daten aus dem Projektsystem in PC-Programme für Projektmanagement zu exportieren lohnt sich vor allem, wenn Sie die Daten dezentral präsentieren oder weiterverarbeiten möchten.

Um mit Microsoft Project in Verbindung mit dem SAP-Projektsystem zu arbeiten, benötigen Sie Microsoft Project 3.0 oder höher unter Windows.

2.15.2 Schnittstelle zu Microsoft Access

Über die Schnittstelle zu Microsoft Access können Sie nicht nur Daten aus dem Projekt-system an Microsoft Access exportieren. Sie können vor allem auch Rückmeldungen dezentral in Microsoft Access erfassen und an das Projektsystem übertragen. Dabei werden die Rückmeldedaten aus Microsoft Access über einen Remote Function Call in das SAP-System übernommen.
Um mit Microsoft Access in Verbindung mit dem SAP-Projektsystem zu arbeiten, benötigen Sie Microsoft Access 2.0 oder höher unter Windows.

2.15.3 Schnittstelle zu Tabellenkalkulationsprogrammen

Datenübertragungen an Tabellenkalkulationsprogramme sind im Projektsystem sowohl aus der Strukturübersicht des Projektinformationssystems als auch aus den Einzelübersichten möglich. Wenn Sie in einem Tabellenkalkulationsprogramm SAP Daten aus dem Projektsystem laden, rufen Sie automatisch den XXL-Listviewer auf.
Der XXL-Listviewer ermöglicht Ihnen die Präsentation von Daten aus dem Projektsystem in verschiedenen Tabellenkalkulationsprogrammen wie z. B. Microsoft Excel oder Lotus 1-2-3. Er ist eine Sammlung von Routinen (z. B. Excel-Makros), die die Standardfunktionalität des Tabellenkalkulationsprogramms um spezifische Funktionen, sowie um eigene Menü- und Symbolleisten erweitern.

2.16 Projektplantafel

Die Projektplantafel ist ein graphisches Werkzeug zur Steuerung von Terminen und Kosten. In der Projektplantafel werden die Projektstruktur und die Terminplanung zusammengeführt. Ausgehend von der Projektplantafel kann sowohl die Projektstruktur, als auch ein Netzplan angelegt werden.

2.16.1 Anzeigebereiche

Die Projektplantafel erscheint in einem eigenen Fenster und ist in zwei Anzeigebereiche geteilt:

- Tabellenbereich (Datenblatt)

- Balkendiagrammbereich (GANTT-Diagramm)

Im Tabellenbereich werden in einer Art Datenblatt die Projektstruktur (Vorgänge) und Detaildaten (Termine, Kosten, Verantwortlichkeiten, Abarbeitungsgrad) aufgelistet.

Das GANTT-Diagramm zeigt die Vorgänge als Vorgangsbalken. Die Anordnungsbeziehungen werden durch schwarze Pfeile dargestellt. Die Zeitachse ist in Monate, Wochen und Tage untergliedert. Eine Linie zeigt das aktuelle Datum an.

Der Balken zwischen den beiden Anzeigebereichen lässt sich per Maus verschieben, und innerhalb der Anzeigebereiche kann über die Bildlaufleisten gescrollt werden.

Funktionen zur Steuerung:

- Im Tabellenbereich können direkt die Projektdefinition und-struktur mit Stammdaten angelegt und gepflegt werden.
- Die Vorgänge werden über Anordnungsbeziehungen verbunden.
- Über Vorwärts- und Rückwärtsterminierung können Termine berechnet werden.

Es werden im wesentliche drei Terminierungsformen unterschieden.

- top-down = Plantermine auf den PSP-Elementen bereits über tabellarische Eingabe durchgeführt
- bottom-up = Hochrechnung der Vorgangstermine auf die Projektstruktur
- freie Planung

2.16.2 Vorgangsplanung

Bei der Vorgangsplanung erfolgt eine Detaillierung von Projektstrukturplanungselementen in einzelne Aufgaben (Vorgänge). Dabei sind zunächst die Ecktermine als Planungstermine des PSP-Elements maßgebend für die Vorgangstermine.

Im Modul PS werden folgende Vorgangsarten unterschieden:

- Eigenbearbeitete Vorgänge
- Fremdbearbeitete Vorgänge
- Kostenvorgänge

Bei den eigenbearbeiteten Vorgängen erfolgt die Aufgabendurchführung durch eigene Kapazitäten, während fremdbearbeitete Vorgänge durch Fremdfirmen durchgeführt werden. Ablaufunabhängige Kosten, wie z. B. Reisekosten, können durch Kostenvorgänge dargestellt werden.

Anordnungsbeziehungen

- Normalfolge: Es besteht eine Ende-Anfang-Beziehung, bei welcher der nachfolgende Vorgang zum Ende des Vorgängers beginnt.
- Anfangsfolge: Es besteht eine Anfang-Anfang-Beziehung, bei welcher der Anfang des Nachfolgers mit dem Anfang des Vorgängers verknüpft ist. D. h. die Vorgänge beginnen parallel.
- Endfolge: Es besteht eine Ende-Ende Beziehung, bei welcher das Ende des Nachfolger mit dem Ende des Vorgängers in Zusammenhang steht.
- Sprungfolge. Es besteht während eines Vorgangs eine Beziehung zu einem anderen Vorgang.

2.16.3 Terminierung

Terminierung bedeutet die Ausrichtung der Vorgänge nach Dauer, Anordnungsbeziehung, Terminierungsform und Terminlage. Dabei werden zwei Terminlagen unterschieden:

- früheste Lage: Die Vorgänge werden ausgehend vom frühest möglichen Zeitpunkt angeordnet.
- späteste Lage: Die Vorgänge werden ausgehend vom spätest möglichen Zeitpunkt angeordnet.

Beim Einblenden der frühesten und der spätesten Lage erscheinen pro Vorgang zwei Terminbalken.

Ein terminierter Termin ist ein durch Vorgangsterminierung auf dem PSP-Element ermittelter Termin aus der Vorwärts- und Rückwärtsrechnung. Er wird in der Projektplantafel als Linie dargestellt.

- Vorwärtsterminierung: Terminierungsart im Netzplan, bei der ausgehend vom Eckstarttermin, die frühesten Start- und Endtermine der Vorgänge berechnet werden.
- Rückwärtsterminierung: Terminierungsart im Netzplan, bei der ausgehend vom Eckendtermin, die spätesten Start- und Endtermine der Vorgänge berechnet werden.

Pufferzeiten geben Auskunft über Zeitreserven, die für die einzelnen Vorgänge verfügbar sind. Pufferzeiten werden benutzt, um Vorgänge zwischen den frühesten und spätesten Terminen zu verschieben oder zu verlängern.

Dabei werden zwei verschiedene Pufferzeiten unterschieden:

- Freier Puffer: Der freie Puffer ist die Zeitspanne, aus der ein Vorgang ausgehend von seinen frühesten Terminen in Richtung Zukunft verschoben werden kann, ohne dass die frühesten Termine seiner Nachfolger bzw. der früheste Endtermin des Netzplans davon berührt werden. Der freie Puffer darf nicht kleiner als Null oder größer als der Gesamtpuffer sein.

- Gesamtpuffer: Der Gesamtpuffer ist die Zeitspanne, um die ein Vorgang ausgehend von seinen frühesten Terminen (früheste Lage) in Richtung Zukunft verschoben werden kann, ohne dass die spätesten Termine seiner Nachfolger, bzw. der späteste Endtermin des Netzplans davon berührt sind.
- kritischer Pfad

Terminierung von Vorgängen unter Berücksichtigung der Termine auf der Projektstruktur (Profil PSP-Terminierung)

- Übernahme der Termine auf Ecktermine
- Reduzierung der vorgegebenen Zeiträume

Terminkreise:

- Ecktermine: Um für ein Projekt effizient Termine zu kontrollieren, vergleichen Sie die Ecktermine mit den Ist-Terminen.
- Prognosetermine: Um zu erwartende Einflüsse während der Projektlaufzeit durchzuspielen, ohne die ursprüngliche Terminplanung (Ecktermine) abzuändern, steht der sogenannte Terminkreis der Prognosetermine zur Verfügung. Die geplanten Termine (Ecktermine) können auf den Terminkreis der Prognosetermine übernommen und dort beliebig geändert werden.
- Ist-Termine: erst nach Vorgangsrückmeldung darstellbar; geben Auskunft über den Stand der Bearbeitung. Sie sind die tatsächlichen Termine, die zu den PSP-Elementen manuell erfasst, oder über die Rückmeldung von Vorgängen ermittelt werden.

2.16.4 Meilensteine

Meilensteine sind terminlich fixierte Betrachtungszeitpunkte, an denen vorher inhaltlich definierte Zielkriterien mit dem zu diesem Zeitpunkt tatsächlich erreichten Ist-Stand verglichen werden. Sie liefern Anhaltspunkte für die Entscheidung über den weiteren Projektablauf. Meilensteine definieren inhaltlich Projektabschnitte, die in Bezug auf Termin- und Kostengrößen wichtige Planungs- und Steuerungsparameter zur Zielerreichung des Projektes ergeben.

2.16.5 Neuterminierung anhand von Ist-Terminen

Ist-Termine unterscheiden sich von Planterminen sowohl bezüglich der Vorgänge als auch der PSP-Elementen.
Um die Ist-Daten der Vorgänge aus der Realisierungsphase an das System rückzumelden, müssen die Vorgänge zunächst freigegeben werden. Die Freigabe erfolgt über die operativen Strukturen (Statusverwaltung), kann aber auch direkt über die Projektplantafel vorgenommen werden.
Durch die Vorgangsrückmeldung werden die geplanten Vorgänge systemseitig abgeschlossen. Mit den Ist-Terminen wird eine Neuterminierung auf Vorgangsebene durchgeführt (neue Vorgangsterminierung) und auf die Projektstruktur hochgerechnet. Die Vorgangsrückmeldung kann entweder durch Auswahl eines Vorgangs in der Projektstruktur erfolgen oder über die Eingabe der Netzplannummer. Voraussetzung ist die Freigabe des Projektes.

2.17 Terminplanung

Die Terminplanung befasst sich mit den voraussichtlichen Zeitpunkten, an denen die Projektelemente (Arbeitspakete) begonnen bzw. abgeschlossen sein sollen.
Start und Ende, Dauer und Anordnungsbeziehung stehen in gegenseitiger Abhängigkeit und können manuell festgelegt oder vom System berechnet werden.
Es werden Terminüberschreitungen und freie Zeiträume angezeigt.
Um beim weiteren Fortschreiten des Projektes den Planwerten die Ist-Termine gegenüberzustellen oder Entwicklungen durchzuspielen, stehen unterschiedliche Terminkreise zur Verfügung.
Es werden drei Planungsformen für Termine unterschieden.

Top-down: Die Ecktermine werden mit der Projektstruktur vorgegeben und als Fixtermine bei der Vorgangsterminierung berücksichtigt. Zum Beispiel wäre der früheste Zeitpunkt eines Vorgangs der Ecktermin für den Beginn des übergeordneten PSP-Elements.

Buttom-up: Die Ecktermine werden aus der Vorgangsterminierung auf die Projektstruktur hochgerechnet.

Frei: Die Termine können unabhängig voneinander eingegeben werden.

3 Anwendungsfall Modul PS

3.1 Projektdefinition

Der Schnelleinstieg

Vom Einstiegsbild SAP R/3 über die Menüfunktion ***Rechnungswesen / Projektmanagement / Operative Struktur*** zum Fenster ***Operative Projektstrukturen***.
Anschließend die Menüfunktion ***Projektstrukturplan / Projektdefinition / Anlegen*** wählen, um zum Fenster ***Projekt anlegen: Einstieg*** zu gelangen.
In das Textfeld ***Projektdefinition*** wird die neu anzulegende Projektnummer eingetragen. Über die Schaltfläche Freie Nr. besteht die Möglichkeit, nach der nächsten freien Projektnummer zu suchen.
Eingabe der Projektnummer und Klicken auf die Schaltfläche Proj.definition, um die Stammdaten zur Projektdefinition zu vervollständigen, woraufhin das Fenster ***Projektdefinition anlegen: Grunddaten*** erscheint.
Das Fenster wiederum unterteilt sich in drei Register ***Grunddaten***, ***Steuerung*** und ***Verwaltung***. Alle notwendigen Daten eingeben und abspeichern.

Die Grundlagen

Für jedes neu anzulegende Projekt muss eine Projektdefinition gepflegt werden. Sie enthält Daten wie Start- und Endtermin des Projektes, Kalender, Verantwortlichkeiten, organisatorische Daten und weitere Vorschlagswerte, die für das gesamte Projekt verbindlich sind. Über diesen ersten Teil der sogenannten Strukturdaten wird das Projekt grundlegend beschrieben.
Über die Projektdefinition werden Rahmenbedingungen festgelegt, die für alle Elemente verbindlich sind, die innerhalb eines Projektes angelegt werden. Wird beispielsweise in der

Projektdefinition Hr. Ottenbacher als Projektverantwortlicher gepflegt, so erhält jedes PSP-Element, das im Namen der Projektdefinition angelegt wird, zunächst einmal die Person Ottenbacher als Verantwortlichen. Bei diesem Wert handelt es sich um einen reinen Vorschlagswert aus der Projektdefinition, der später pro PSP-Element verändert werden kann.

Die Aufgabe

Im Folgenden wird gezeigt, wie in SAP R/3 eine neue Projektdefinition angelegt wird.

Die Lösungsschritte

Vom Einstiegsbild SAP R/3 gelangen Sie über die Menüfunktion ***Rechnungswesen / Projektmanagement / Operative Struktur*** zum Fenster ***Operative Projektstrukturen***.
Wählen Sie anschließend die Menüfunktion ***Projektstrukturplan / Projektdefinition / Anlegen***, um zum Fenster ***Projektdefinition anlegen: Einstieg*** zu gelangen.

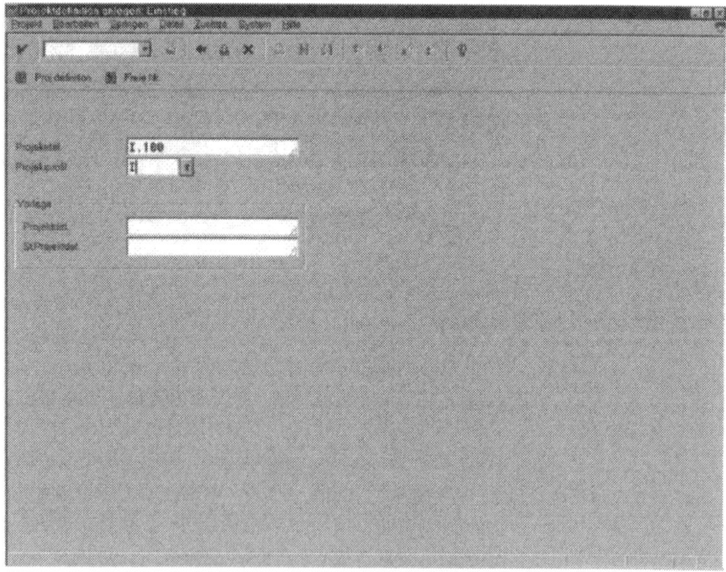

Abb. 3.1 Einstiegsfenster zur Projektdefinition

In das Textfeld Projektdefinition wird die neu anzulegende Projektnummer eingetragen. Die Regel zum Aufbau der Projektnummer bzw. die Projektcodierung der Projektdefinition der PSP-Elemente muss im Customizing als sogenannte Maske (vgl. Kap. 7.3.18 - Projektcodierung) gepflegt sein.
Die hier in unserem Anwendungsfall verwendete Maske legt folgendes fest:

- Die Projektnummer darf maximal sieben Stellen lang sein.
- Die erste Stelle der Projektnummer steht für die Projektart. In unserem Beispiel handelt es sich um ein Investitionsprojekt. Deshalb muss beim Anlegen eines Investitionsprojektes ein „I“ als erste Zeichen stehen. Die restlichen Zeichen sind frei wählbar.
- In der Projektcodierung werden vom System maximal zwei Sonderzeichen (hier der Punkt) automatisch gesetzt. Dies dient lediglich dazu, die Lesbarkeit der Nummer zu erhöhen.

Über die Schaltfläche Freie Nr besteht die Möglichkeit, nach der nächsten freien Projektnummer zu suchen, indem Sie für die neu anzulegende Projektnummer ein Suchintervall – wie abgebildet dargestellt – definieren.

Das System sucht nun selbständig innerhalb des angegebenen Intervalls nach der nächsten freien Nummer und schlägt diese vor.
Über die Feldgruppe Vorlage kann auf eine bestehende Projektstruktur zurückgegriffen und diese als Kopiervorlage verwendet werden. Diese Funktion eignet sich dann, wenn Sie sehr häufig Projekte anlegen müssen, die sich sehr stark im Aufbau ähneln. Hierdurch lässt sich der Aufwand für Routinearbeiten reduzieren. Weiter wird mit dem Gebrauch von Standardstrukturen die Prozesssicherheit erhöht und der Einsatz des Moduls vereinfacht. Hierzu muss lediglich die Projektnummer, die als Kopiervorlage dienen soll, in das dafür vorgesehene Textfeld eingetragen werden.
In das Textfeld Projektprofil ist das Projektprofil „I“ für das neu anzulegende Investitionsprojekt einzutragen. Im Projektprofil sind wesentliche Steuerungsparameter und Vorschlagswerte hinsichtlich der Stammdaten, der Organisationsdaten, der Terminierung und der Kosten-/Erlös- und Finanzplanung definiert. Das Projektprofil wird im Customizing definiert.
Tragen Sie nun in das Textfeld Projektdef. die Projektnummer ein und klicken Sie auf die Schaltfläche Proj.definition, um die

Stammdaten zur Projektdefinition zu vervollständigen, woraufhin das Fenster ***Projektdefinition anlegen*** erscheint.

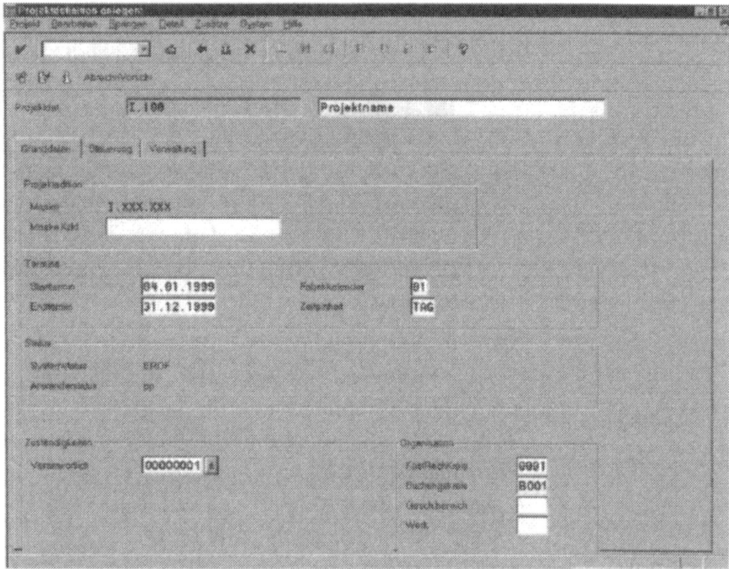

Abb. 3.2 Fenster zur Pflege der Projektdefinition

Das Fenster wiederum unterteilt sich in drei Register Grunddaten, Steuerung und Verwaltung.

Im Register Grunddaten werden alle notwendigen Stammdaten zur Projektdefinition hinterlegt.

Im Register Steuerung müssen die notwendigen Profile hinsichtlich der späteren Kosten- und Terminplanung hinterlegt werden. Sie können als Vorschlagswerte im Projektprofil hinterlegt werden – deshalb wird auf diese Profile im Zusammenhang mit Projektprofilen eingegangen.

Das Register Verwaltung enthält Angaben über die Historie, z. B. wann und von wem die Projektdefinition angelegt wurde.

Tragen Sie im Register Grunddaten die gewünschte Projektbezeichnung, hier „Investitionsprojekt", den Start und Endtermin, den Fabrikkalender „01", die Zeiteinheit „TAG", die Verantwortlichkeit und die Organisationsdaten in die vorgesehenen Textfelder ein. Diese Felder können bereits mit Werten belegt sein. Ist beispielsweise nur ein Buchungskreis – hier „B001" – im System implementiert, so kann dieser Wert als Vorschlagswert automatisch beim Anlegen eines neuen Projektes vom System gesetzt werden. Die Vorschlagswerte für die

Stammdaten der Projektdefinition müssen im Projektprofil und somit im Customizing hinterlegt werden.

In der Feldgruppe Termin werden Angaben über den geplanten Start- und Endtermin des Projektes gemacht. Diese können später bei genauerer Terminplanung überarbeitet werden.

Im Fabrikkalender sind die Arbeitstage und Feiertage definiert, z. B. sind Montag bis Freitag Arbeitstage. Samstag, Sonntag und Feiertage sind arbeitsfreie Tage. Er dient somit als Grundlage für die spätere Terminplanung.

Tragen Sie in das Textfeld Verantwortlicher den Projektverantwortlichen ein. Der Projektverantwortliche ist über seinen Namen und eine eindeutige Nummer im System definiert. In unserem Beispiel wurde für unser Projekt als Projektverantwortlicher „Kai Ottenbacher“ mit der eindeutigen Nummer „1“ gesetzt. Das Anlegen bzw. Pflegen der Namen von Projektverantwortlichen kann nur über das Customizing umgesetzt werden.

Bestätigen und sichern Sie Ihre Eingabe mit der Schaltfläche . Im Register Verwaltung wird nach dem Speichern die hier abgebildete Historie sichtbar.

Tipps und Tricks

Das einmal einem Projekt zugeordnete Projektprofil kann nicht mehr durch ein anderes Projektprofil ersetzt werden

Dieses Erscheinungsbild erhalten Sie, wenn Sie in Ihrem SAP-System folgende Customizing-Einstellungen vornehmen:

Projektprofil (siehe Kap. 7.3.1)

Verantwortlicher (siehe Kap. 7.3.19)

Projektcodierung (siehe Kap. 7.3.18)

3.2 Projektstrukturplan

Der Schnelleinstieg

Vom Einstiegsbild SAP R/3 über die Menüfunktion ***Rechnungswesen / Projektmanagement / Operative***

Struktur zum Fenster ***Operative Projektstrukturen***. Anschließend über die Menüfunktion ***Projektstrukturplan / Ändern*** zum Fenster ***Projekt ändern: Einstieg***. In das Textfeld ***Projektdefinition*** die Projektnummer eintragen. Um die Projektstruktur anzulegen, auf die Schaltfläche [Struktur] klicken. Es erscheint das Fenster ***Projekt ändern: PSP-Elementübersicht***. Neben der Projektstruktur kann hier die Pflege sämtlicher operativer Projektstrukturdaten bzw. Stammdaten erfolgen. Diese werden über Registerkarten im System verwaltet.
Im Register ***Grunddaten*** wird für jedes PSP-Element die Stufennummer, die PSP-Elementnummer und die Bezeichnung in der dafür vorgesehenen Tabelle bzw. Listanzeige gepflegt. Nach der Eingabe auf die Schaltfläche ✔ klicken. Das System führt eine Plausibilitätsprüfung der eingegebenen Daten durch.

Die Grundlagen

BASICSBASICSBAS

Eine sinnvolle Gliederung des Projektes in Teilprojekte, Arbeitspakete und Vorgänge ist eine notwendige Voraussetzung für
eine transparente Projektplanung und Ablaufkontrolle. Als wirkungsvolles Instrument dient hier der Projektstrukturplan. Hauptziel des Projektstrukturplans ist es, das Projekt in sinnvolle Einheiten aufzuteilen, die Ecktermine festzulegen und den erforderlichen Aufwand zu ermitteln. Der Projektstrukturplan gliedert das Projekt schrittweise über einzelne Ebenen in Strukturelemente. Diese Strukturelemente werden im Projektsystem als Projektstrukturplanelemente (PSP-Elemente) bezeichnet. Sie beschreiben entweder eine Aufgabe oder eine Teilaufgabe, die weiter untergliedert werden kann.
Bei der Neuanlage eines Projektstrukturplanelements werden die Organisationsdaten (z. B. Kostenrechnungskreis, Buchungskreis, Werk, Geschäftsbereich etc.), Zuständigkeiten (z. B. Projektverantwortlicher, Antragsstelle etc.) und Termine (z. B. Eckstart und Eckendtermin) von der Projektdefinition vererbt. Die Vorschlagswerte innerhalb der Projektdefinition werden wiederum im Projektprofil festgelegt. Zum vollständigen Anlegen eines PSP-Elements müssen bzw. können dann noch weitere Stammdaten gepflegt werden.

Die Aufgabe

Anlegen eines Projektstrukturplans.

Die Lösungsschritte

Vom Einstiegsmenü SAP R/3 gelangen Sie über die Menüfunktion ***Rechnungswesen / Projektmanagement / Operative Struktur*** zum Fenster ***Operative Projektstrukturen***.

Wählen Sie anschließend die Menüfunktion ***Projektstrukturplan / Ändern*** woraufhin sich das Fenster ***Projekt ändern: Einstieg*** öffnet.

Tragen Sie in das Textfeld ***Projektdefinition*** die zuvor definierte Projektnummer, hier „I.100“, ein.

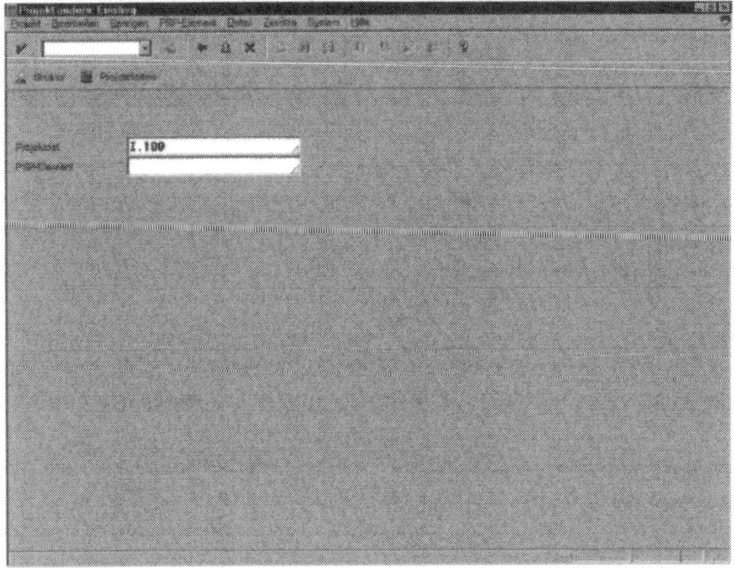

Abb. 3.3 Einstiegsfenster zum Anlegen eines Projektstrukturplans

Um nun die eigentliche Projektstruktur anzulegen, klicken Sie auf die Schaltfläche Struktur.

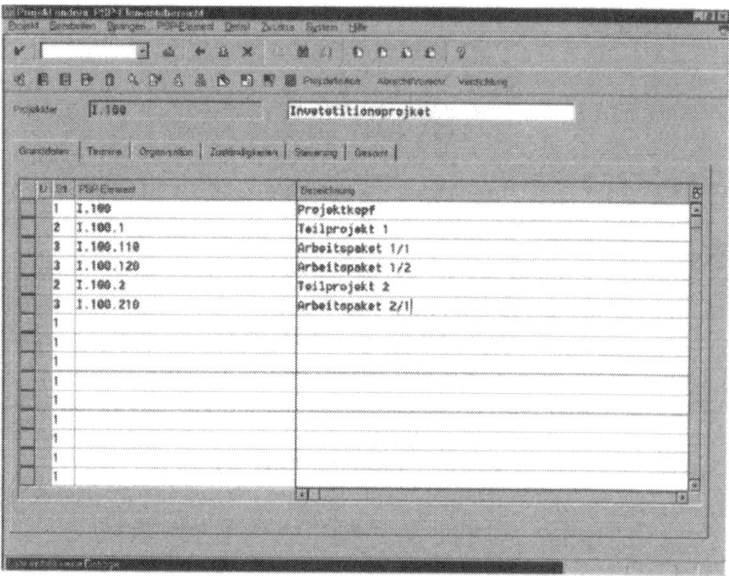

Abb. 3.4 Projektstrukturplan in Listform

Es erscheint das Fenster ***Projekt ändern: PSP-Elementübersicht***.

In diesem Fenster kann neben der Projektstruktur die Pflege sämtlicher operativer Projektstrukturdaten bzw. Stammdaten erfolgen. Diese sind unter sinnvollen Oberbegriffen zusammengefasst und werden über Registerkarten im System verwaltet, wie z. B. Grunddaten, Termindaten, Organisationsdaten, Zuständigkeiten und Steuerungsdaten. Im Folgenden wollen wir uns mit dem Anlegen der Projektstruktur beschäftigen.

Im Register Grunddaten wird zunächst für jedes PSP-Element die Stufennummer, die PSP-Elementnummer und die Bezeichnung in der dafür vorgesehenen Tabelle bzw. Listanzeige gepflegt. Die Aufbauorganisation des Projektstrukturplans wird nicht über Nummerik der PSP-Elementnummer, sondern über die Stufennummer und die Lage des PSP-Elements innerhalb der Tabelle bzw. Listanzeige bestimmt. Die Stufe bezeichnet die Hierarchietiefe, an der das PSP-Element in der Projektstruktur steht. Die PSP-Elementnummer ist von der Syntax bzw. von der Eingabeform im Customizing festgelegt bzw. definiert. In unserem Beispiel haben wir im Customizing die folgende Maske für die Projektcodierung hinterlegt: „I.XXX.XXX“. Die Projektcodierung muss mit einem „I“ beginnen. Der Platzhalter „X“ steht für beliebige alphanumerische Zeichen. Der Punkt als Sonderzeichen soll die Lesbarkeit der Codierung verbessern.

Klicken Sie nach Ihrer Eingabe auf die Schaltfläche . Das System führt nun eine Plausibilitätsprüfung hinsichtlich Ihrer Eingabe durch. So z. B. die Prüfung hinsichtlich der Projektcodierung.

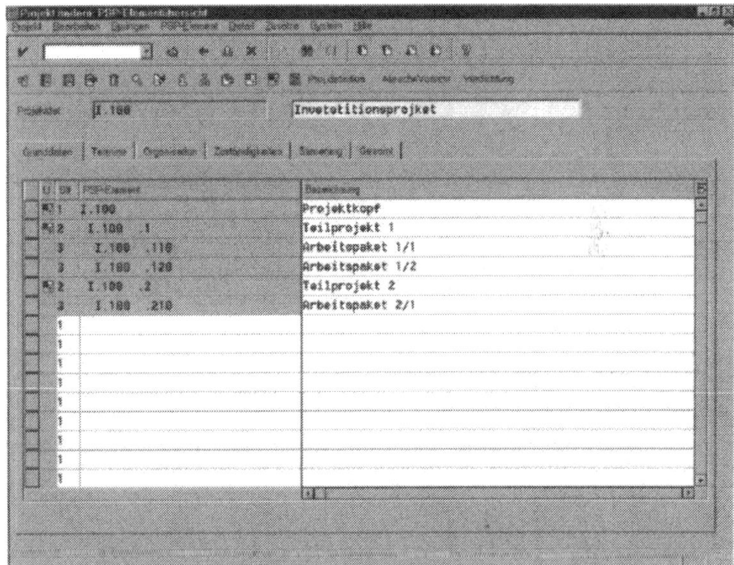

Abb. 3.5 Projektstrukturplan in Listform

Um schließlich Ihre Eingabe bzw. Ihren Projektstrukturplan zu sichern, klicken Sie auf die Schaltfläche .

Tipps und Tricks

Als Eingabehilfe für die PSP-Elementnummer kann im Customizing ein Ersatzzeichen definiert werden, hier in unserem Beispiel „*“, mit dem Sie in der Lage sind, die Eingabe der Projekt- bzw. PSP-Elementnummer zu vereinfachen. Wenn Sie beispielsweise ein neues PSP-Element mit Unterstützung der Eingabehilfe pflegen, so wird das Sonderzeichen durch den Schlüssel des in der Hierarchiestufe übergeordneten PSP-Elements ersetzt. In unserem konkreten Beispiel wäre folgende Eingabe denkbar:

2	I.100.2
3	*10
3	*20

Nach Bestätigung der Eingabe ergibt sich die folgende Darstellung:

2	I.100.2
3	I.100.210
3	I.100.220

Dieses Erscheinungsbild erhalten Sie, wenn Sie in Ihrem SAP-System folgende Customizing-Einstellungen vornehmen:

Projektcodierung (siehe Kap. 7.3.18)

3.3 Stammdaten/ Operative Kennzeichen

Der Schnelleinstieg

Operative Kennzeichen pflegen:
Vom Einstiegsmenü SAP R/3 über die Menüfunktion ***Rechnungswesen / Projektmanagement / Operative Struktur*** zum Fenster ***Operative Projektstrukturen***. Über die Menüfunktion ***Projektstrukturplan / Ändern*** erscheint das Fenster ***Projekt ändern: Einstieg***. Im Textfeld ***Projektdefinition*** die Projektnummer eintragen. Um die operativen Kennzeichen zur Projektstruktur anzulegen, auf die Schaltfläche [Struktur] klicken. Es erscheint das Fenster ***Projekt ändern. PSP-Element-übersicht***. Im Register ***Grunddaten*** können für die einzelnen PSP-Elemente die operativen Kennzeichen gepflegt werden. Dazu über die Bildlaufleiste die Spalten der operativen Kennzeichen auf dem Bildschirm einblenden. Eingabe mit der Schaltfläche sichern.

Projektverantwortlichen pflegen:
Vom Einstiegsmenü SAP R/3 über die Menüfunktion ***Rechnungswesen / Projektmanagement / Operative Struktur*** zum Fenster ***Operative Projektstrukturen***. Über die Menüfunktion ***Projektstrukturplan / Ändern*** erscheint das Fenster ***Projekt ändern: Einstieg***. Im Textfeld ***Projektdefinition*** die entsprechende Projektnummer eintragen. Auf die Schaltfläche [Struktur] klicken, um die Zuständigkeiten zur Projektstruktur anzulegen. Es erscheint das Fenster ***Projekt ändern: PSP-Elementübersicht***. Im Register ***Zuständigkeiten*** können PSP-Verantwortliche, der Kostenrechnungskreis und die verantwortliche Kostenstelle gepflegt werden. Eingabe mit der Schaltfläche sichern.

Mit den operativen Strukturdaten wird der strukturelle Aufbau eines Projektes festgelegt. Über die Stammdaten (Termindaten, Organisationsdaten, Zuständigkeiten und Steuerungsdaten) wird das Projekt dann konkret beschrieben.

Stammdaten sind allgemeine Daten wie z. B. operative Kennzeichen, Zuständigkeiten, Organisationsdaten, Benutzerfelder, Verdichtungsmerkmale, die für ein PSP-Element über einen längeren Zeitraum verwendet werden.

In unserem Beispiel soll folgende projektspezifische Organisationsform abgebildet werden:

Die letzte Hierarchiestufe (hier die dritte Ebene) stellt in der Projektstruktur das Kontierungsobjekt dar.

Alle Ebene darüber sind reine Verdichtungsebenen. In der Verdichtungshierarchie wird die Organisationsstruktur der Unternehmung abgebildet. Durch Zuweisung von Verdichtungsmerkmalen aus der Verdichtungshierarchie sollen später projektübergreifende Auswertungen bezogen auf die Unternehmensorganisation möglich sein.

3.3.1 Operative Kennzeichen

Operative Kennzeichen sind betriebswirtschaftliche Eigenschaften, die einem Strukturplanelement für die Projektdurchführung zugeordnet werden.

Folgende operative Kennzeichen können vergeben werden:

Planungselement, Kennzeichen für die Planung von Kosten. Im Customizing kann das Kennzeichen Planungselement gesetzt werden. Mit diesem Kennzeichen bestimmen Sie, ob auf allen PSP-Elementen z. B. Kosten geplant werden dürfen oder nur auf explizit gekennzeichneten PSP-Elementen.

Fakturierungselement, Kennzeichen für die Verbuchung von Erlösen.

Kontierungselement, Kennzeichen für die Verbuchung von Ist-Kosten und Obligos (offene Posten).

Die Aufgabe

Operative Kennzeichen zu den PSP-Elementen pflegen.

Die Lösungsschritte

Vom Einstiegsmenü SAP R/3 gelangen Sie über die Menüfunktion ***Rechnungswesen / Projektmanagement / Operative Struktur*** zum Fenster ***Operative Projektstrukturen***.
Wählen Sie anschließend die Menüfunktion ***Projektstrukturplan / Ändern***, woraufhin sich das Fenster ***Projekt ändern: Einstieg*** öffnet.
Tragen Sie in das Textfeld ***Projektdefinition*** die zuvor definierte Projektnummer, hier „I.100“, ein.

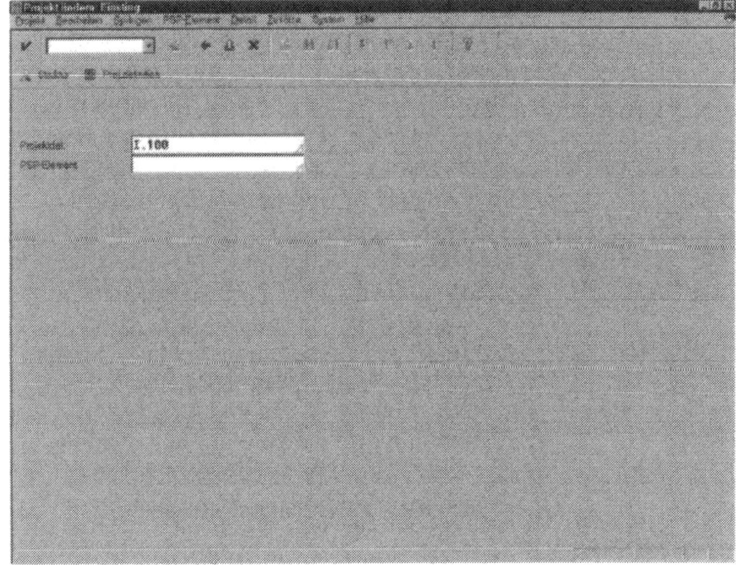

Abb. 3.6 Einstiegsfenster zum Aufruf des Projektstrukturplans

Um nun die operativen Kennzeichen zur Projektstruktur „I.100“ anzulegen, klicken Sie auf die Schaltfläche Struktur.
Es erscheint das Fenster ***Projekt ändern: PSP-Elementübersicht***.

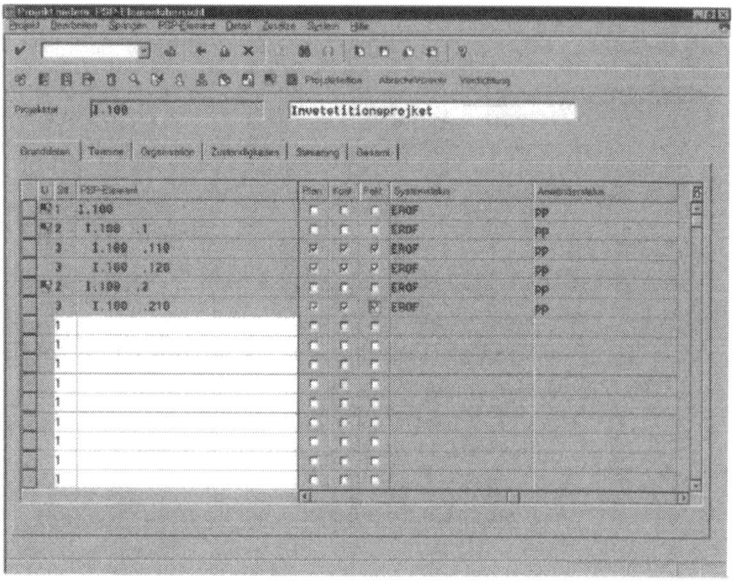

Abb. 3.7 Pflege der operativen Kennzeichen

Im Register Grunddaten können nun für die einzelnen PSP-Elemente die operativen Kennzeichen gepflegt werden. Klicken Sie auf die horizontale Bildlaufleiste, um den sichtbaren Ausschnitt des Fensters soweit nach links zu verschieben bis die Spalten der operativen Kennzeichen bearbeitet werden können. In unserem Anwendungsbeispiel wurden wie gefordert nur auf unterster Ebene (3. Ebene) die operativen Kennzeichen (Planungs-, Kontierungs- und Fakturierungselement) gesetzt. Somit können später im Projektverlauf nur auf der dritten Ebene Kosten und Erlöse geplant und Ist-Werte und Obligos gebucht werden. Die erste und zweite Ebene stellen somit reine Konsolidierungsebenen dar.

Sichern Sie Ihre Eingabe mit der Schaltfläche .

3.3.2 Zuständigkeiten/Verantwortlichkeiten

Des Weiteren können Zuständigkeiten bzw. Verantwortlichkeiten den einzelenen PSP-Elementen beispielsweise in Form eines Projektverantwortlichen oder einer verantwortlichen Kostenstelle zugewiesen werden.

Die Aufgabe

Projektverantwortlichen pflegen.

Die Lösungsschritte

Vom Einstiegsmenü SAP R/3 gelangen Sie über die Menüfunktion ***Rechnungswesen / Projektmanagement / Operative Struktur*** zum Fenster ***Operative Projektstrukturen***.

Wählen Sie anschließend die Menüfunktion ***Projektstrukturplan / Ändern*** woraufhin sich das Fenster ***Projekt ändern: Einstieg*** öffnet.

Tragen Sie in das Textfeld ***Projektdefinition*** die zuvor definierte Projektnummer, hier „I.100", ein.

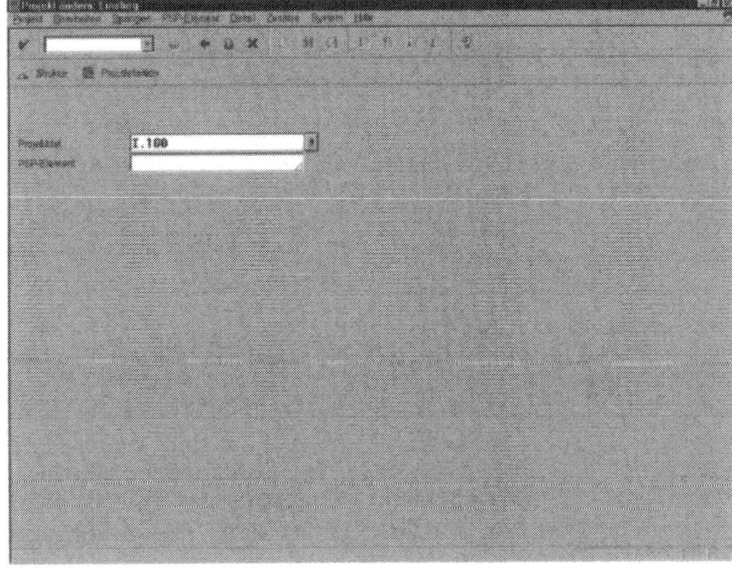

Abb. 3.8 Einstiegsfenster zum Aufruf des Projektstrukturplans

Um nun die Zuständigkeiten zur Projektstruktur „I.100" anzulegen, klicken Sie auf die Schaltfläche Struktur.

Es erscheint das Fenster ***Projekt ändern: PSP-Elementübersicht***.

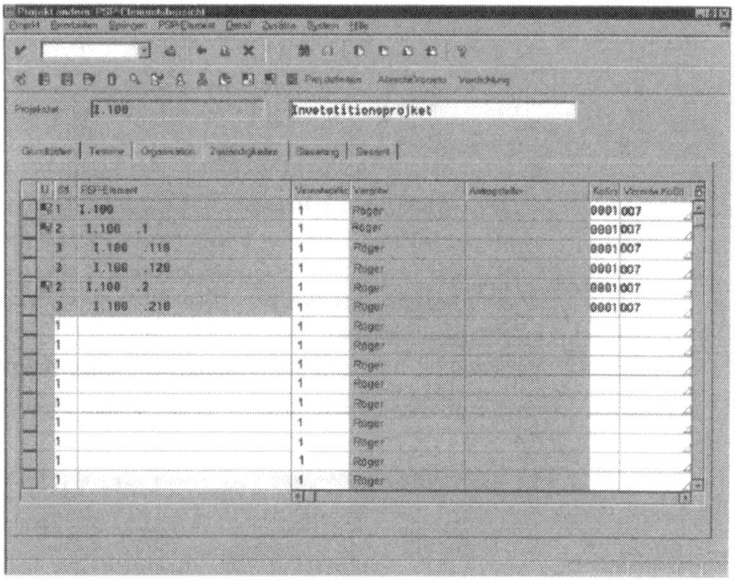

Abb. 3.9 Pflege von Zuständigkeiten

Im Register Zuständigkeiten können nun für die einzelnen PSP-Elemente der PSP-Verantwortliche, der Kostenrechnungskreis und die verantwortliche Kostenstelle gepflegt werden. Tragen Sie nun beim PSP-Verantwortlichen die Nummer des Verantwortlichen ein, wenn diese nicht schon in der Projektdefinition gepflegt wurde und somit als Vorschlagswert bereits in der Liste existiert. Hier wurde der PSP-Verantwortliche „Röger“ mit der Nummer „1“ gepflegt. Diese Zuständigkeiten sind jederzeit im System änderbar. Das Anlegen von Namen, die im System später als Verantwortliche gesetzt werden können, muss im Vorfeld im Customizing gepflegt werden. Bei der verantwortlichen Kostenstelle wird die Kostenstelle eingetragen, die für die Gesamtleistung des PSP-Elements verantwortlich ist. Auch hier müssen die Kostenstellen, die verwendet werden sollen, im Vorfeld im Customizing definiert worden sein.

Sichern Sie Ihre Eingabe mit der Schaltfläche .

Tipps und Tricks

Im Register Gesamt können in einer Übersicht alle Stammdaten auf einmal gepflegt werden. Es muss hier nicht zwischen den einzelnen Themen bzw. Registern gewechselt werden.

Über die Schaltfläche [Symbol] können die Registerkarten bzw. Listen Ihren Bedürfnissen angepasst werden, d. h. Spalten an eine andere Position verschoben oder ausgeblendet werden. Die angepassten Listen können benutzerspezifisch gespeichert werden, so dass Sie nach jedem Anmelden im System mit Ihrer persönlichen Listendarstellung arbeiten können
Dieses Erscheinungsbild erhalten Sie, wenn Sie in Ihrem SAP-System folgende Customizing-Einstellungen vornehmen:

Planprofil: Planungselement als Vorschlagswert setzen (siehe Kap. 7.3.9)

Projektcodierung für Projekte festlegen (siehe Kap. 7.3.18)

Sonderzeichen für Projekte festlegen (siehe Kap. 7.3.18)

Darstellungsform des Erscheinungsbildes (siehe Kap. 7.3.18)

Verantwortliche anlegen (siehe Kap. 7.3.19)

Kostenstellen anlegen (siehe Kap. 7.2.4)

3.4 Die Pflege der Benutzerfelder

Der Schnelleinstieg

Vom SAP-Einstiegsbild über ***Rechnungswesen / Projektmanagement / Operative Struktur*** zum Fenster ***Operative Projektstrukturen***.
Anschließend über ***Projektstrukturplan / Ändern*** zum Fenster ***Projekt ändern: Einstieg***.
Projektnummer in das entsprechende Feld eintragen und mit [Struktur] bestätigen.
Im Fenster ***Projekt ändern: PSP-Elementübersicht*** alle PSP-Elemente markieren, denen Benutzerfelder zugeordnet werden sollen. Über ***Detail / Allgemein*** oder die Schaltfläche zum Fenster ***PSP-Element ändern***.
Auf das Register „Benutzerfelder" klicken und in der Feldgruppe ***Allgemeine Felder*** das gewünschte Feld pflegen.
Über die Navigations-Schaltflächen zum nächsten PSP-Element wechseln.
Alternativ:
In ***Projekt ändern: PSP-Elementübersicht*** auf das Register „Grunddaten" klicken und den sichtbaren Ausschnitt des Fensters mit der horizontalen Bildlaufleiste verschieben bis die Benutzerfelder bzw. das gewünschte Benutzerfeld als eigenständige Spalte sichtbar ist.
Gewünschtes Benutzerfeld pflegen.

Die Grundlagen

BASICSBASICSBAS

Die Benutzerfelder können im System zusätzlich zu den Stammdaten eines PSP-Elements gepflegt werden. Sie dienen dazu, Daten zu Vorgängen und PSP-Elementen zu pflegen, die in den Standardfeldern der Anwendung nicht unterzubringen sind. Die Benutzerfelder können im Customizing frei definiert werden.

Die Aufgabe

Im Folgenden werden wir am Beispiel der verantwortlichen Abteilung darstellen, wie Benutzerfelder praktisch gepflegt werden.

Die Lösungsschritte

Starten Sie vom SAP-Einstiegsbild und wählen Sie die Menüfunktion ***Rechnungswesen / Projektmanagement / Operative Struktur***, um zum Fenster ***Operative Projektstrukturen*** zu gelangen.

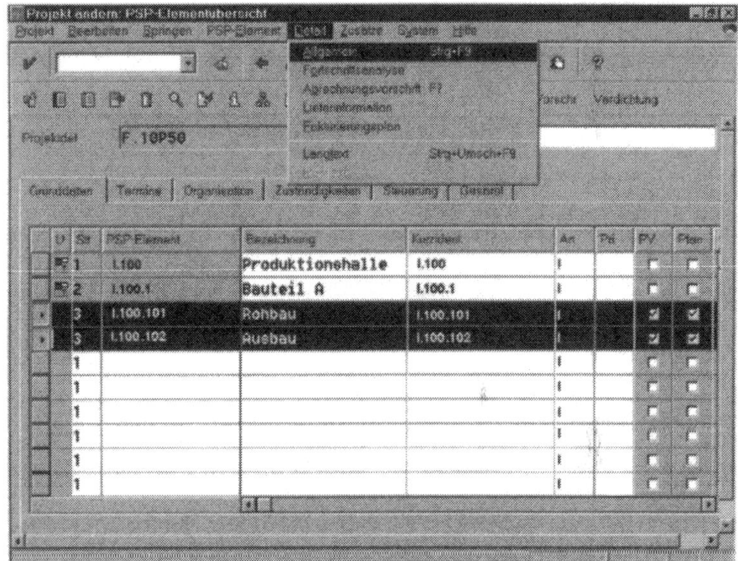

Abb. 3.10 Projektstrukturplan in Listform

Wählen Sie anschließend die Menüfunktion ***Projektstrukturplan / Ändern***. Es erscheint das Fenster ***Projekt ändern: Einstieg***.

Tragen Sie in das hierfür vorgesehene Textfeld die entsprechende Projektnummer ein und bestätigen Sie Ihre Eingabe mit der Schaltfläche Struktur.

Es erscheint das Fenster ***Projekt ändern: PSP-Elementübersicht***. Markieren Sie in der Listanzeige der Projektstruktur alle PSP-Elemente, denen Benutzerfelder – hier die verantwortliche Abteilung, zugeordnet werden sollen. Wählen

Sie anschließend die Menüfunktion ***Detail/Allgemein*** oder klicken Sie auf die Schaltfläche .
Es erscheint das Fenster ***PSP-Element ändern***.

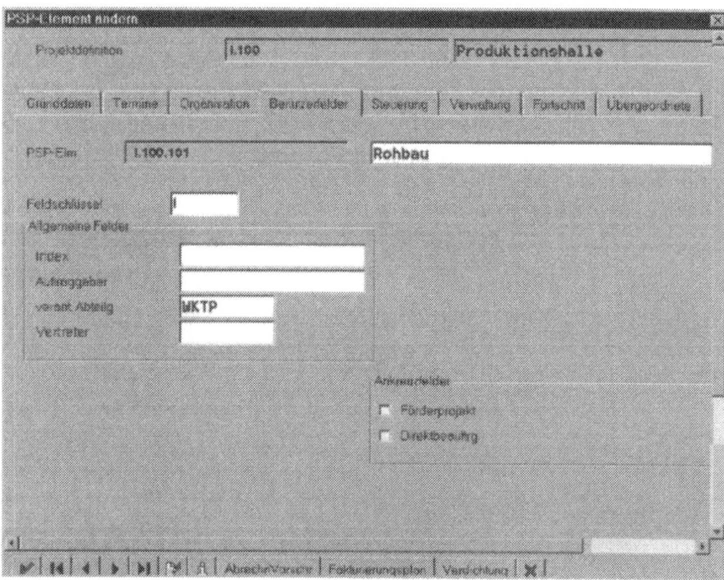

Abb. 3.11 Pflege von Benutzerfeldern

Klicken Sie anschließend auf das Register „Benutzerfelder". In der Feldgruppe ***Allgemeine Felder*** kann jetzt hier für das PSP-Element die verantwortliche Abteilung gepflegt werden.
Für die weitere Eingabe bzw. Pflege der Benutzerfelder kann über die Navigations-Schaltflächen zum nächsten PSP-Element gewechselt werden.

3.4.1 Alternative Möglichkeit zur Pflege der Benutzerfelder

Eine weitere Möglichkeit Benutzerfelder zu pflegen stellt die Eingabe über die Listanzeige im Fenster ***Projekt ändern: PSP-Elementübersicht*** dar.

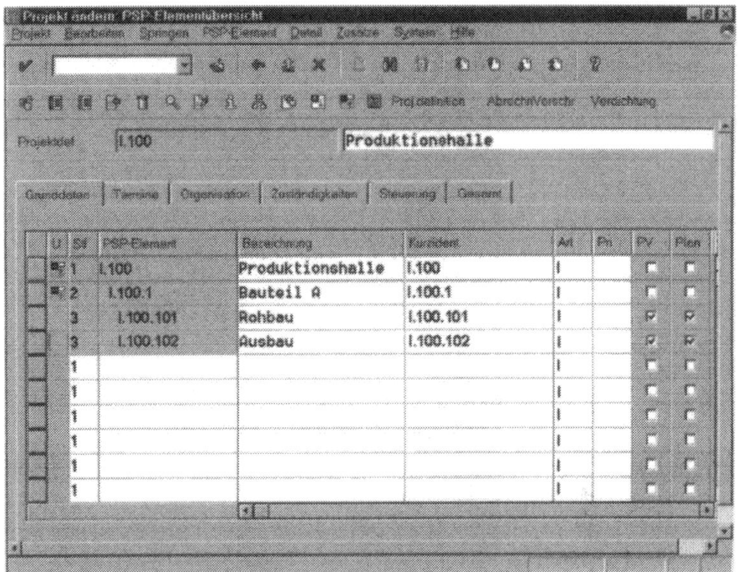

Abb. 3.12 Projektstrukturplan in Listform

Klicken Sie hierzu auf das Register „Grunddaten“ und verschieben Sie anschließend den sichtbaren Ausschnitt des Fensters mit der horizontalen Bildlaufleiste bis die Benutzerfelder bzw. das Benutzerfeld verantwortliche Abteilung als eigenständige Spalte sichtbar wird.

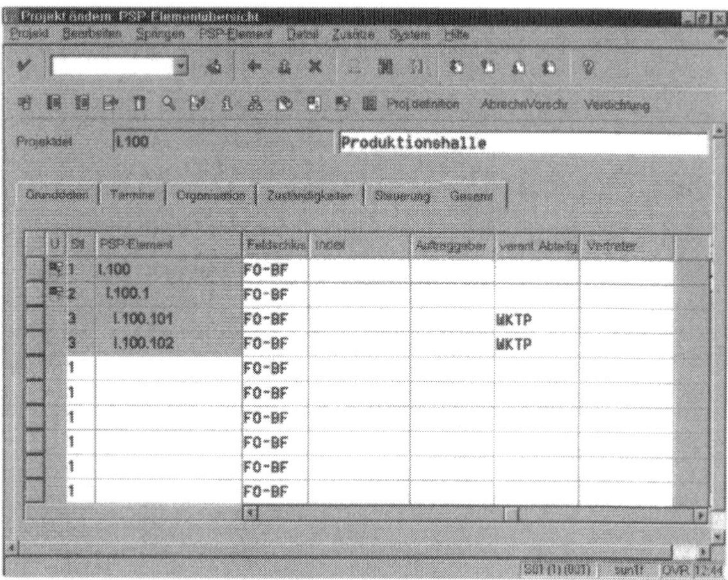

Abb. 3.13 Projektstrukturplan in Listform

Tragen Sie nun hier die verantwortliche Abteilung in die dafür vorgesehene Spalte ein.

Tipps und Tricks

Folgende Eigenschaften des Systems führen bei der Pflege von Benutzerfeldern in der Praxis immer wieder zu Fehlern, die eine sinnvolle Auswertungen unmöglich machen:

Das System unterscheidet zwischen Groß- und Kleinschreibung. Das heißt, für das System besteht ein Unterschied zwischen XYZ und Xyz.

Das System führt keinerlei Plausibilitätskontrollen bei der Eingabe durch. Es wird – im Gegensatz zur Pflege der Stammdaten – nicht geprüft, ob eine Eingabe überhaupt sinnvoll ist.

Dieses Erscheinungsbild erhalten Sie, wenn Sie in Ihrem SAP-System folgende Customizing-Einstellungen vornehmen:

Benutzerfelder (siehe Kap. 7.5.16)

3.5 Abrechnungsvorschrift

Der Schnelleinstieg

Vom SAP R/3 Einstiegsbild über die Menüfunktion ***Rechnungswesen / Projektmanagement / Operative Strukturen*** zum Fenster ***Operative Projektstrukturen***. Anschließend über die Menüfunktion ***Projektstrukturplan / ändern*** in das Fenster ***Projekt ändern: Einstieg***. Eingabe der Projektdefinition und anschließend auf die Schaltfläche [Struktur] klicken, um in das Fenster ***Projekt ändern: PSP-Elementübersicht*** zu gelangen. Betreffendes PSP-Element markieren und dann auf die Schaltfläche [AbrechnVorschr] klicken, um in das Fenster ***Abrechnungsvorschrift pflegen: Aufteilungsregeln*** zu gelangen. Festlegen der gewünschten Sicht (Ist- oder Plandarstellung). Eingabe des Abrechnungsempfängers, der Aufteilungsregel und der Gültigkeitsdauer für die Abrechnungsvorschrift. Anschließend noch das Abrechnungsschema für das PSP-Element pflegen, indem Sie die Menüfunktion ***Springen / Abrechnungsparameter*** auswählen, um in das ***Fenster Abrechnungsvorschrift pflegen: Parameter*** zu gelangen. Daten eingeben und Eingabe mit der Schaltfläche sichern.

Die Grundlagen

Bei der Abrechnung werden die unter primären bzw. sekundären Kostenarten angefallenen Kosten auf einen Sender (z. B. PSP-Element) unter einer Abrechnungskostenart an einen oder mehrere Empfänger (z. B. Kostenstelle) abgerechnet. Ein Abrechnungsschema besteht aus einer oder mehreren Abrechnungszuordnungen. In einer Abrechnungszuordnung haben Sie zwei Alternativen:

- Sie ordnen die Belastungskostenartengruppen einer Abrechnungskostenart zu.
- Sie rechnen kostenartengerecht ab.

Dies bietet sich beispielsweise an, wenn die erforderlichen Investitionen für eine selbsterstellte Anlage als Kosten verfolgt werden. Diese Kosten werden bei Jahresende bzw. nach Abschluss des Vorhabens an ein Bestandskonto der Anlagenbuchhaltung abgerechnet.

Die Aufgabe

Im Folgenden wird am Beispiel der Planwerte das Anlegen einer Abrechnungsvorschrift gezeigt.

Die Lösungsschritte

Wählen Sie im SAP R/3 Einstiegsmenü die Menüfunktion ***Rechnungswesen / Projektmanagement / Operative Strukturen***.

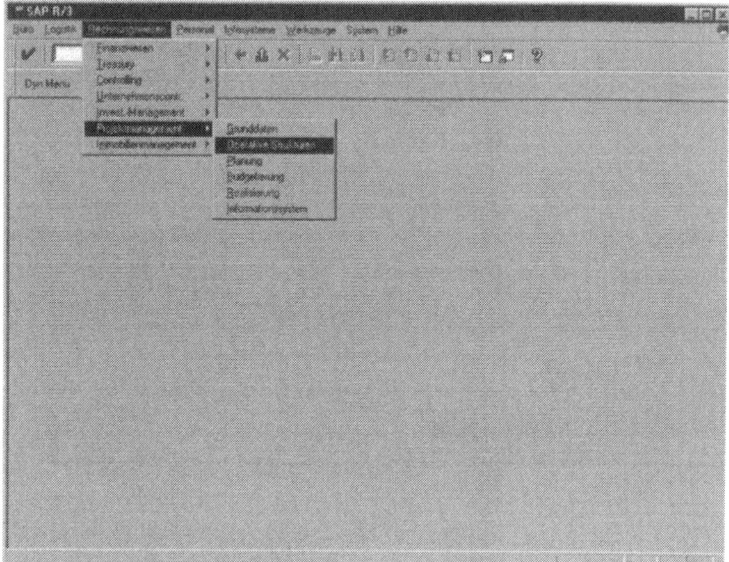

Abb. 3.14 Einstiegsfenster SAP R/3

Es erscheint das Fenster ***Operative Projektstrukturen***.

Wählen Sie im Fenster ***Operative Projektstrukturen*** die Menüfunktion ***Projektstrukturplan / ändern***.

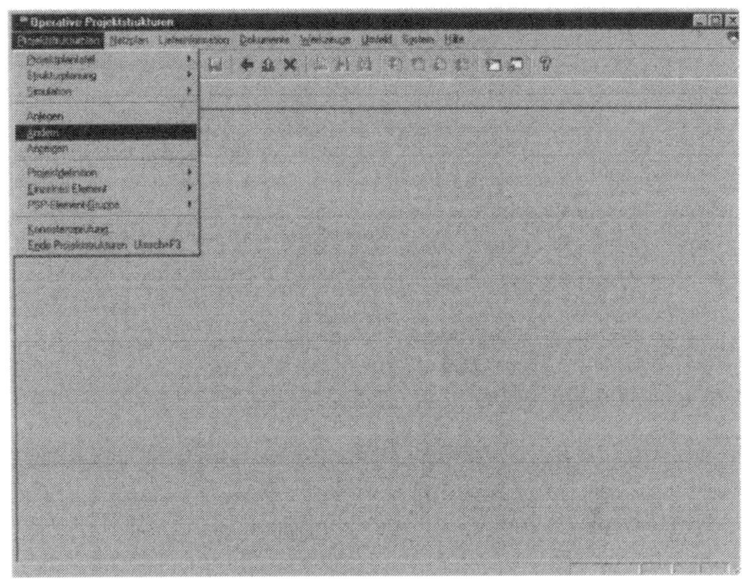

Abb. 3.15 Operative Projektstrukturen

Es erscheint das Fenster ***Projekt ändern: Einstieg***.

Wählen Sie die gewünschte Projektdefinition aus und klicken Sie dann auf die Schaltfläche Struktur, um sich die Struktur zum Projekt anzeigen zu lassen.

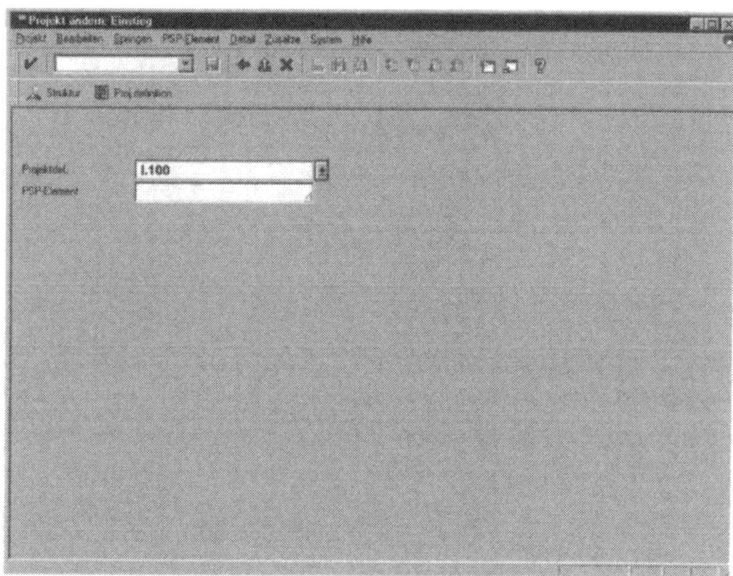

Abb. 3.16 Einstiegsfenster zum Aufruf des Projektstrukturplans

Es erscheint das Fenster ***Projekt ändern: PSP-Elementübersicht***.

Markieren Sie das gewünschte PSP-Element und klicken Sie anschließend auf die Schaltfläche AbrechnVorschr, um die Abrechnungsvorschrift zu dem zuvor markierten PSP-Element einzugeben.

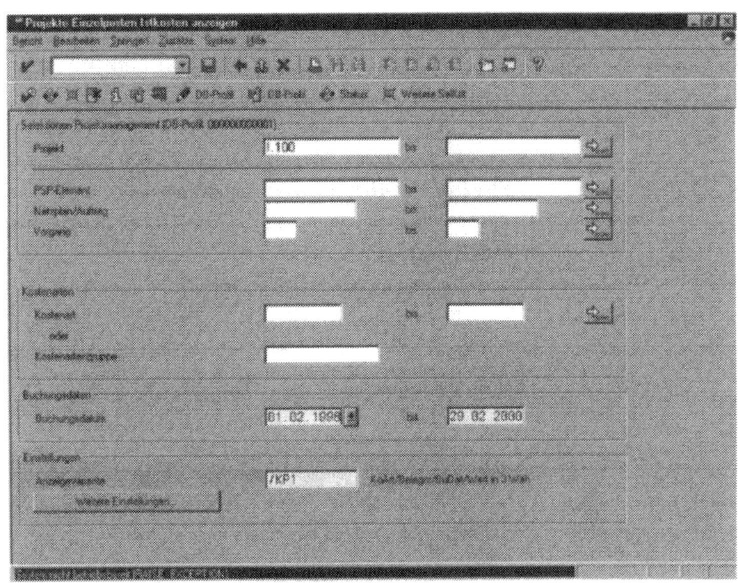

Abb. 3.17 Projektstrukturplan in Listform

Es erscheint das Fenster ***Abrechnungsvorschrift pflegen: Übersicht***.

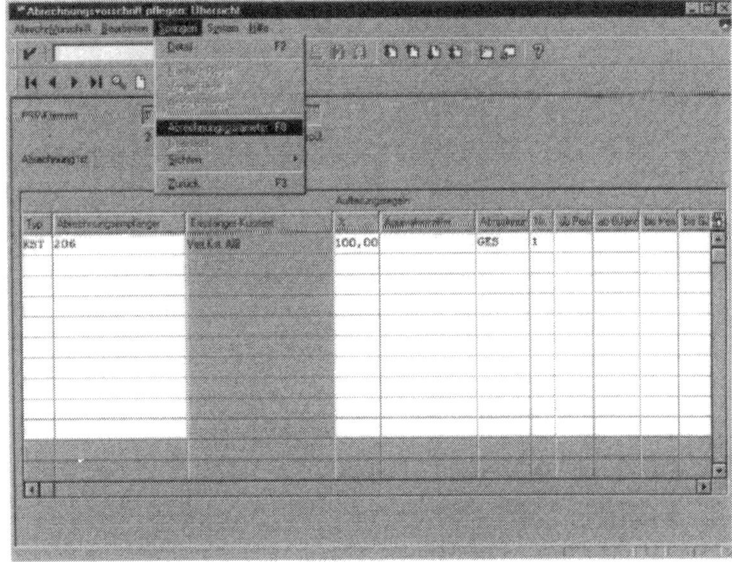

Abb. 3.18 Pflege der Abrechnungsvorschrift

Tragen Sie den Abrechnungsempfänger, die Aufteilungsregel und die Gültigkeitsdauer der Abrechnungsvorschrift in die dafür vorgesehenen Textfelder ein.

Für das PSP-Element muss noch ein Abrechnungsschema gepflegt werden. Wählen Sie hierzu die Menüfunktion ***Springen/Abrechnungsparameter*** aus.

Es erscheint das Fenster ***Abrechnungsvorschrift pflegen: Parameter***.

Tragen Sie das entsprechende Abrechnungsschema ein, springen Sie mit der Schaltfläche [Zurück] zurück und speichern Sie die Eingabe dann mit der Schaltfläche [Sichern] ab.

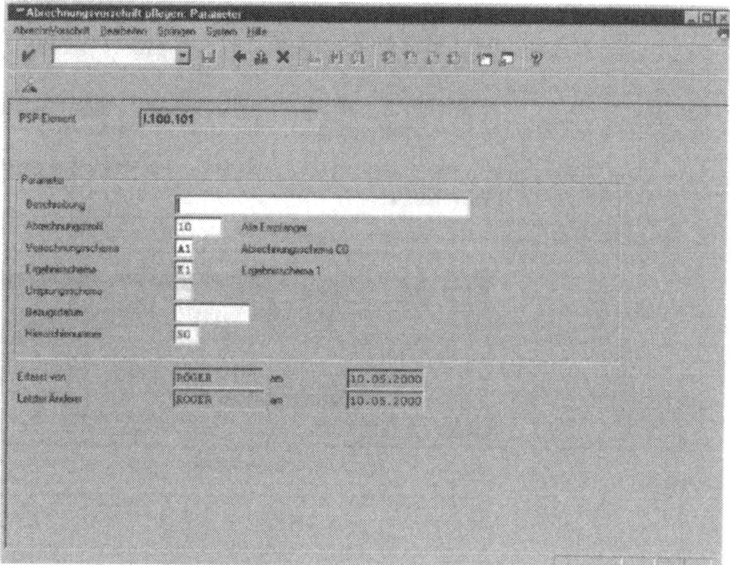

Abb. 3.19 Pflege der Abrechnungsvorschrift

Tipps und Tricks

Die Abrechnungsvorschrift bzw. Aufteilungsregel kann nur geändert werden, wenn sie noch nicht ausgeführt bzw. benutzt wurde. Ansonsten muss vor der gewünschten Änderung der Abrechnungsvorschrift eine Stornierung angestoßen werden. Sie sollten für die Stornierung einer Abrechnung den gleichen Abrechnungszeitraum verwenden, wie bei der ursprünglich verwendeten Abrechnung.

Mit Hilfe der Schaltfläche Abrechnung Ist können Sie die Sicht von der Plan-Darstellung auf die Ist-Darstellung umstellen.

Mit Hilfe der Schaltfläche Abrechnung Plan können Sie die Sicht von der Ist-Darstellung auf die Plan-Darstellung umstellen. Dieses Erscheinungsbild erhalten Sie, wenn Sie in Ihrem SAP-System folgende Customizing-Einstellungen vornehmen:

Abrechnungsprofil (siehe Kap. 7.3.21)

Verrechnungsschema (siehe Kap. 7.3.22)

Ergebnisschema (siehe Kap. 7.3.23)

3.6 Kostenplanung

Der Schnelleinstieg

Vom Einstiegsbild SAP R/3 über die Menüfunktion ***Rechnungswesen / Projektmanagement / Planung*** zum Fenster ***Projektplanung***. Über die Menüfunktion ***Kosten / Erlöse / Kosten ändern*** zum Fenster ***Kostenplanung ändern: Einstieg***. Tragen Sie in das Textfeld ***Projektdef.*** die Projektnummer bzw. die PSP-Elementnummer ein, die Sie beplanen wollen. Tragen Sie evt. die Planversion ein. Klicken Sie auf die Schaltfläche ✔. Es erscheint das Fenster ***Kostenplanung ändern: PSP-Elementübersicht*** in dem Sie Ihre Planwerte setzen können.

Um die Planwerte hochzusummieren, wählen Sie im Fenster ***Kostenplanung ändern: PSP-Elementübersicht*** die Menüfunktion ***Bearbeiten / Hochsummieren***. Es erscheint das Dialogbox ***Hochsummieren wird angezeigt***. Wählen Sie, ob Sie Jahres- und/oder Gesamtwerte hochsummieren wollen und bestätigen Sie mit der Schaltfläche Weiter.

Um die Sicht der Planwerte zu ändern, wählen Sie im Fenster ***Kostenplanung ändern: PSP-Elementübersicht – Sicht Kostenartenplanung*** die Menüfunktion ***Sicht / kumuliert***. Wählen Sie die gewünschte Sicht.

Um Jahreswerte für ein Projekt zu planen, starten Sie vom Fenster ***Kostenplanung ändern: PSP-Elementübersicht***. Markieren Sie das entsprechende PSP-Element und wählen Sie anschließend die Menüfunktion ***Springen / Jahresübersicht***. Es erscheint das Fenster ***Kostenplanung ändern: Jahresübersicht***. Tragen Sie Kostenverteilung für ein PSP-Element bezüglich der Jahre ein und bestätigen Sie Ihre Eingabe mit der Schaltfläche ✔.

Um die Planwerte zu prüfen, wählen sie im Fenster ***Kostenplanung ändern: PSP-Elementübersicht*** die Menüfunktion ***Planwerte / Prüfen***. Im Falle eines Fehlers erscheint die Dialogbox ***Strukturplanung: Nachrichten anzeigen***. Das Fehlerprotokoll zeigt die fehlerhaft beplanten PSP- bzw. Planungselemente. Über die Funktion Langtext oder

Doppelklick auf eine Zeile des Protokolls rufen Sie einen erklärenden Text auf. Sichern Sie Ihre Eingabe mit der Schaltfläche .

Um Primärkosten auf ein Projekt zu planen, wählen Sie im Einstiegsmenü SAP R/3 die Menüfunktion ***Rechnungswesen / Projektmanagement / Planung***. Es erscheint das Fenster ***Projektplanung***. Wählen Sie die Menüfunktion ***KoArten / LstAufnahmen / Ändern***, um zum Fenster ***Planung Kostenarten LstAufnahmen Ändern: Einstieg*** zu gelangen.

Tragen Sie in das die Planversion, den zu beplanenden Zeitraum, die zu beplanende PSP-Elementnummer und die Kostenart in die dafür vorgesehenen Textfelder ein. Bestätigen Sie Ihre Eingabe mit der Schaltfläche . Es erscheint das Fenster ***Planung Kostenarten LstAufnahmen / Erlöse ändern: Übersichtsbild***. Tragen Sie in das Textfeld ***Plankosten gesamt*** und ***Planverbrauch gesamt*** die voraussichtlich anfallenden Kosten pro Kostenart und PSP-Element ein und bestätigen Sie Ihre Eingabe mit der Schaltfläche .

Um Sekundärkosten auf ein Projekt zu planen, wählen Sie im Einstiegsmenü SAP R/3 die Menüfunktion ***Rechnungswesen / Projektmanagement / Planung***. Es erscheint das Fenster ***Projektplanung***. Über die Menüfunktion ***KoArten / LstAufnahmen / Ändern*** gelangen Sie zum Fenster ***Planung Kostenarten LstAufnahmen Ändern: Einstieg öffnet***. Über die Menüfunktion ***Planung / Planerprofil*** gelangen Sie zur Dialogbox ***Planerprofil setzen***. Tragen Sie das Planerprofil für die Leistungsaufnahmeplanung ein und bestätigen Sie Ihre Eingabe mit der Schaltfläche . Es erscheint wieder das Fenster ***Planung Kostenarten LstAufnahmen Ändern: Einstieg***.

Tragen Sie in das Textfeld Version einen Kennung ein, unter der Sie die Planversion abspeichern möchten. Geben Sie in die folgenden drei Textfelder den Zeitraum ein, in dem Sie planen möchten.

Tragen Sie das zu beplanende PSP-Element, die sogenannte Senderkostenstelle, von der die Leistung abgegeben werden soll, und schließlich die Leistungsart ein.

Über die Schaltfläche gelangen Sie dann zum Fenster ***Planung Kostenarten / LstAufnahmen / Erlöse ändern:***

Übersichtsbild. In das Textfeld ***Planverbrauch*** tragen Sie die voraussichtliche anfallenden Stunden pro Leistungsart und PSP-Element ein.

3.6.1 Kostenplanung nach Projektstrukturplan

Die Grundlagen

BASICSBASICSBAS

Die Kostenplanung nach Projektstruktur ist die einfachste Art der Kostenplanung. Sie ist eine kostenartenunabhängige Planungsform, bei der die Planwerte hierarchisch erfasst und dargestellt werden. Die zu erwartenden Kosten werden für ein Projekt oder Planungselement geschätzt, den Kosteninformationen aus Vergleichsobjekten entnommen oder aus Erfahrungswerten abgeleitet etc. Die Kostenplanung nach Projektstruktur stellt somit eine reine kostenartenunabhängige Planungsform dar.
Das Erscheinungsbild dieser Planungsform können Sie im wesentlichen über das Planprofil im Customizing festlegen.
Im Planungsverlauf wird die auf Schätzwerten beruhende Kostenplanung zu ungenau. Es stehen mehr Informationen zur Verfügung, die auch eine genauere Planung erlauben. Die Strukturplanung ist somit die „Plattform" für die detaillierte Projektkostenplanung (z. B. der Kostenartenplanung).
Die strukturorientierte Kostenplanung ist eine Planungsform, bei der der erwartete Aufwand kostenartenunabhängig und hierarchisch auf den Planungselementen des Projektstrukturplans (PSP) erfasst wird.

Im Folgenden wird beschrieben, wie Sie

- die Gesamtkosten für ein Projekt planen
- die Planwerte hochsummieren
- die Sichten der Planwerte ändern
- die Jahreswerte für ein Projekt planen
- Ihre Kostenplanung prüfen

Damit Sie die Gesamtkosten für ein Projekt planen können, müssen Sie einen Projektstrukturplan angelegt haben.

Die Aufgabe

Gesamtkosten für ein Projekt planen.

Die Lösungsschritte

Starten Sie vom Einstiegsmenü SAP R/3. Über die Menüfunktion ***Rechnungswesen / Projektmanagement / Planung*** erreichen Sie das Fenster ***Projektplanung***.

Wählen Sie anschließend die Menüfunktion ***Kosten / Erlöse / Kosten ändern***, um zum Fenster ***Kostenplanung ändern: Einstieg*** zu gelangen.

Tragen Sie in das Textfeld Projektdef. die zuvor definierte Projektnummer ein, die Sie beplanen wollen. Wenn Sie eine Teilhierarchie eines Projektstrukturplans beplanen wollen, tragen Sie die Nummer des entsprechenden PSP-Elementes ein. Wenn Sie für ein Projekt erstmalig eine Kostenplanung durchführen, geben Sie in das Feld nichts ein. Das System legt automatisch die Planversion „0“ an.

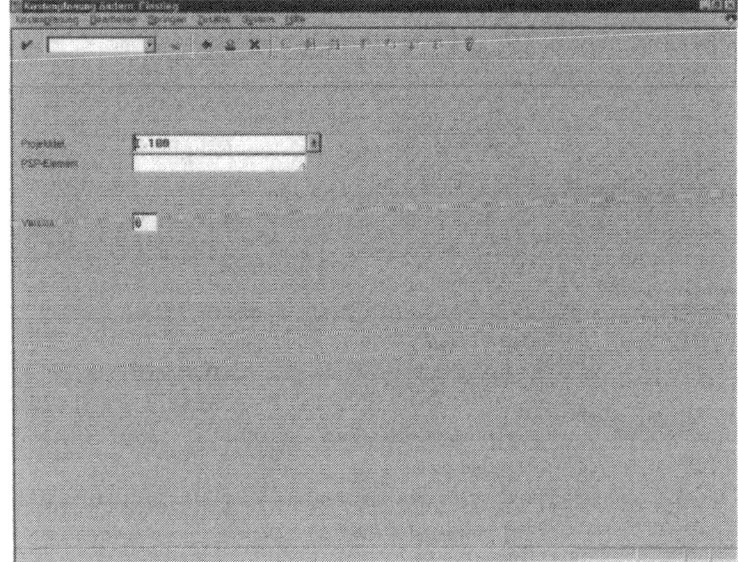

Abb. 3.20 Einstiegsfenster zur Kostenplanung

Um nun die Gesamtplanung zur Projektstruktur „I.100“ anzulegen, klicken Sie auf die Schaltfläche ✔.

Es erscheint das Fenster ***Kostenplanung ändern: PSP-Elementübersicht***.

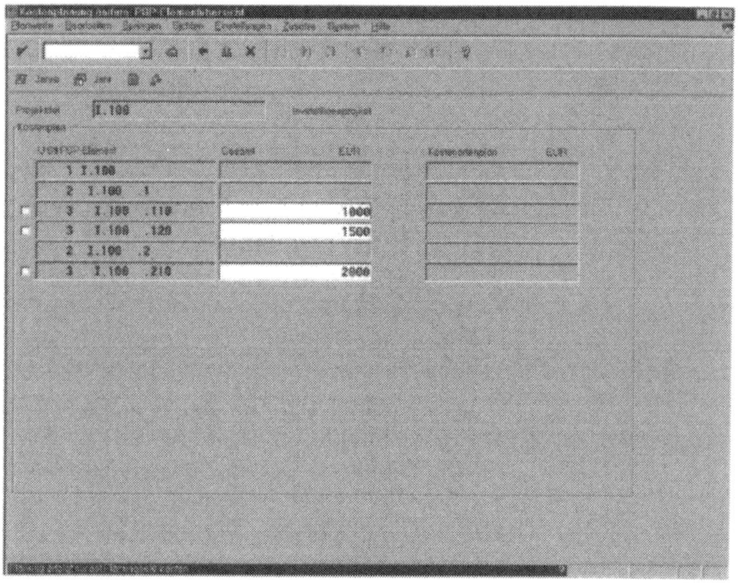

Abb. 3.21 Gesamtplanung zum Projekt

Die Gesamtplanung von Kosten auf die Projektstruktur stellt eine Grobplanung dar. Die Planung der Kosten erfolgt unabhängig von den Kostenarten und bezieht sich auf die Gesamtlaufzeit des Projektes. In der Spalte Gesamt werden die Gesamtplanwerte zum Projekt eingegeben.

Da wir als Stammdaten lediglich auf der dritten Ebene unserer PSP-Elemente die operativen Kennzeichen gepflegt haben, ist nur auf dieser Ebene eine Kostenplanung möglich, d. h. alle anderen Ebenen in unserer Projekthierarchie sind reine Konsolidierungsebenen und lassen somit auch keine Planung (bspw. von Kosten, Erlösen) zu. Sie sind im System deshalb grau unterlegt.

In unserem Beispiel wurden für das PSP-Element „I.100.110" „1000 Euro", für das PSP-Element „I.100.120" „1500 Euro" und für das PSP-Element „I.100.210" „2000 Euro" als Gesamtplanwert gesetzt.

Das Erscheinungsbild der Gesamtplanung wird im Customizing im Planprofil bestimmt.

Hier wird festgelegt, ob eine Kostenplanung auf allen PSP-Elementen oder nur auf solchen möglich ist, die als Planungselemente definiert wurden, wie in unserem Fallbeispiel als Customizingeinstellungen gepflegt wurden.

Planwert hochsummieren

Wenn dezentral, also von unten nach oben geplant wird (bottom-up), benötigt der Planungsverantwortliche einen Überblick über die Planung. Da die Planwerte in einer hierarchischen Beziehung stehen, sollten sie übereinstimmen.
Eine Kostenplanung ist letztlich nur dann korrekt, wenn die Planwerte einer untergeordneten Stufe nicht die der übergeordneten Stufe übersteigen. Die Planwerte müssen dazu hochsummiert werden.

Die Aufgabe

Planwerte hochsummieren.

Die Lösungsschritte

Wählen Sie im Fenster ***Kostenplanung ändern: PSP-Elementübersicht*** die Menüfunktion ***Bearbeiten / Hochsummieren***.
Es erscheint das Dialogbox ***Hochsummieren wird angezeigt***.
Wählen Sie, ob Sie Jahres- und/oder Gesamtwerte hochsummieren wollen. Bestätigen Sie Ihre Eingabe mit der Schaltfläche ✔.
Es wurden die Kostenplanwerte der dritten Ebene in den darüberliegenden Ebenen verdichtet. Die Funktion Hochsummieren können Sie zu jedem Zeitpunkt der Planung auslösen.

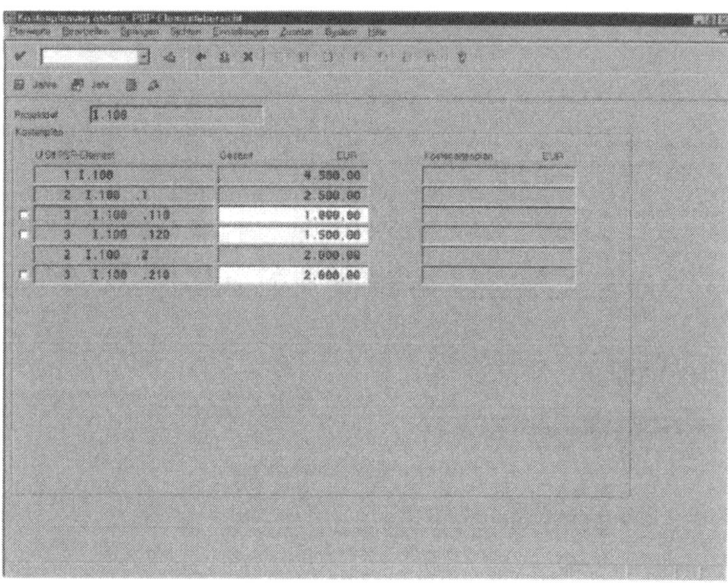

Abb. 3.22 Gesamtplanung zum Projekt

Sicht der Planwerte ändern

Die Aufgabe

Sicht der Planwerte ändern – Sicht kumuliert.

Die Lösungsschritte

Wählen Sie im Fenster ***Kostenplanung ändern: PSP-Elementübersicht – Sicht Kostenartenplanung*** die Menüfunktion ***Sicht / kumuliert***.

Hier können unterschiedliche Sichten (Verteilt, Verteilbar, Plansumme, Einzelkalkulation, Kostenartenplanung, Auftrags-/Netzplan, kumuliert, Rest, Vorjahr) der Planwerte umgesetzt werden.

So wird beispielsweise in der Spalte Kostenartenplanung die Summe der Kostenartenplanwerte (Primärkosten + Sekundärkosten) angezeigt. In der Spalte ***kumuliert*** hingegen werden die nach Jahren und Kostenarten geplanten Kosten dargestellt.

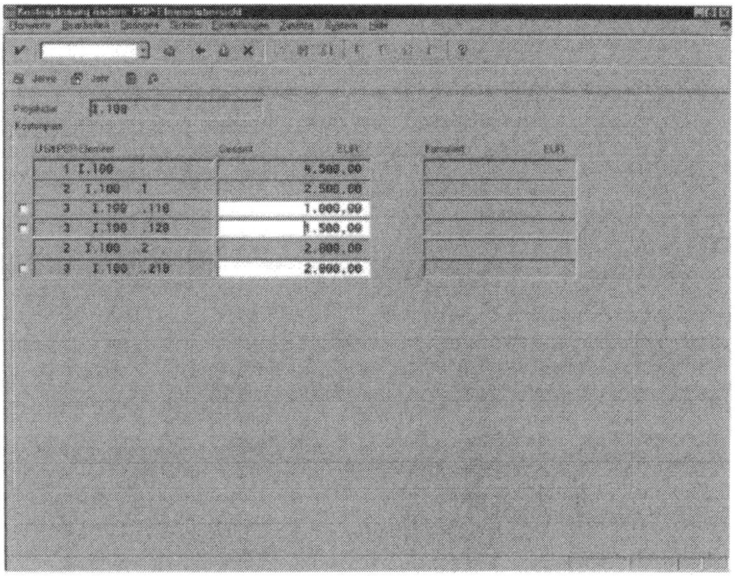

Abb. 3.23 Gesamtplanung zum Projekt

Welche Werte Sie standardmäßig beim Einstieg in die Kostenplanung neben dem Planwert angezeigt bekommen, wird im Customizing im Planprofil durch den Parameter Sicht festgelegt.

In unserem Beispiel kann noch kein Wert in der Spalte Kostenartenplanung existieren, da bisher noch keine Primär- oder Sekundärkostenplanung für unser Beispiel-Projekt umgesetzt wurde.

Jahreswerte für ein Projekt planen

Die Jahresplanwerte werden wie die Gesamtplanwerte kostenartenunabhängig erfasst. Hier werden die PSP-Elemente jahresbezogen beplant.

Die Aufgabe

Jahresplanwerte für PSP-Elemente erfassen.

Die Lösungsschritte

Starten Sie vom Fenster ***Kostenplanung ändern: PSP-Elementübersicht***. Markieren Sie hier das entsprechende PSP-Element, für das eine Jahresplanung erfasst werden soll.
Wählen Sie anschließend die Menüfunktion ***Springen / Jahresübersicht***. Es erscheint das Fenster ***Kostenplanung ändern: Jahresübersicht***.

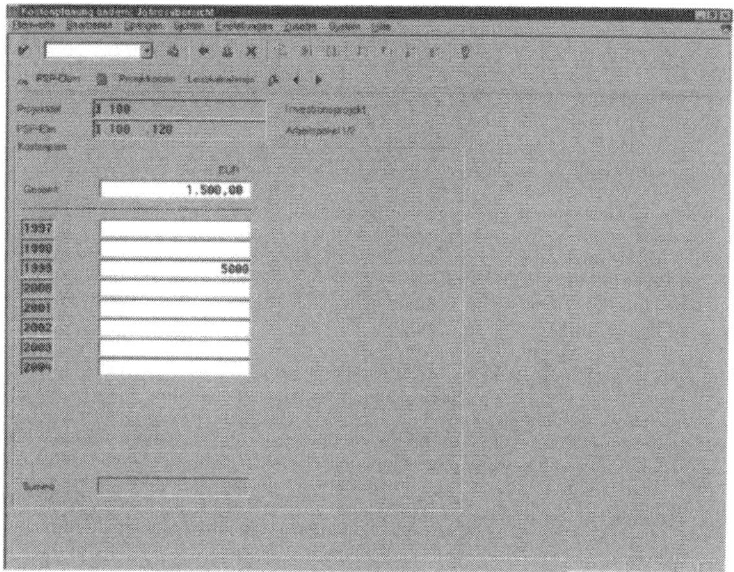

Abb. 3.24 Jahresplanung zum Projekt

Hier kann nun die Kostenverteilung für ein PSP-Element bezüglich der Jahre eingegeben werden. In unserem Beispiel ging man bei dem PSP-Element „I.100.120“ von einer Gesamtplanung von „1500 Euro“ aus. In der Jahresplanung wurde für 1999 ein Wert von „5000 Euro“ vorgesehen.

Bestätigen Sie Ihre Eingabe mit der Schaltfläche .
Das Erscheinungsbild dieser Planungsform wird im Customizing im Planprofil durch den Parameter Zeithorizont festgelegt.

Kostenplanung prüfen

Nach der Planung der Kosten können Sie Ihre Planung vom System automatisch prüfen lassen. Hierbei wird geprüft, ob die Plansummen einer untergeordneten Stufe des PSP-Elements den Planwert der übergeordneten Stufe überschreiten und ob die Summe der Jahresplanwerte und der Kostenartenplanwerte, hier

im System dargestellt in der Spalte kumuliert, den Gesamtplanwert übersteigt. Im Fehlerfall werden die fehlerhaft beplanten Elemente des Projektstrukturplans markiert und können wenn gewünscht korrigiert werden.
Wenn kein Fehler vom System in der Planung festgestellt wurde, wird folgende Meldung als Statusmeldung ausgegeben: „Prüfen beendet: Es wurden keine Fehler festgestellt." Im Falle eines Fehlers wird ein Fehlerprotokoll ausgegeben.

Die Aufgabe

Kostenplanung prüfen.

Die Lösungsschritte

Wählen sie im Fenster ***Kostenplanung ändern: PSP-Elementübersicht*** die Menüfunktion ***Planwerte / Prüfen***.
Im Falle eines Fehlers erscheint die Dialogbox ***Strukturplanung: Nachrichten anzeigen***.

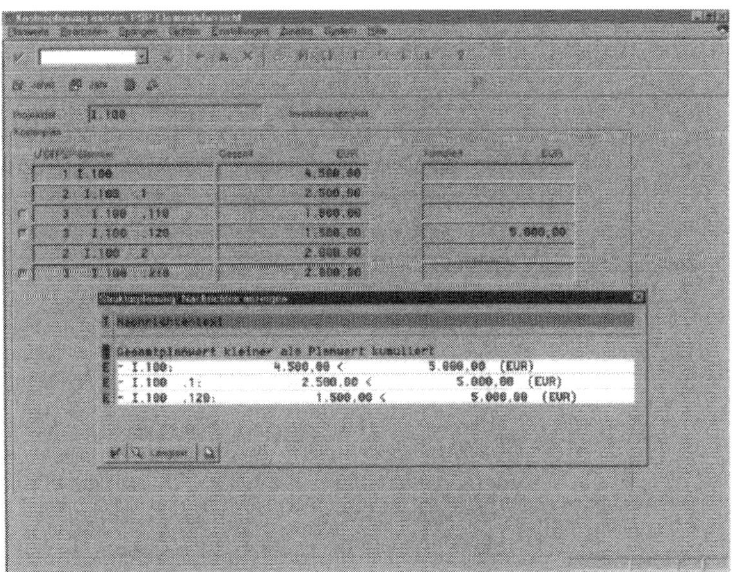

Abb. 3.25 Fehlerprotokoll

Das Fehlerprotokoll weist die fehlerhaft beplanten PSP- bzw. Planungselemente mit der Gegenüberstellung von Plan- und

Verteilt-Werten auf. Über die Funktion Langtext oder Doppelklick auf eine Zeile des Protokolls können Sie einen erklärenden Text aufrufen.

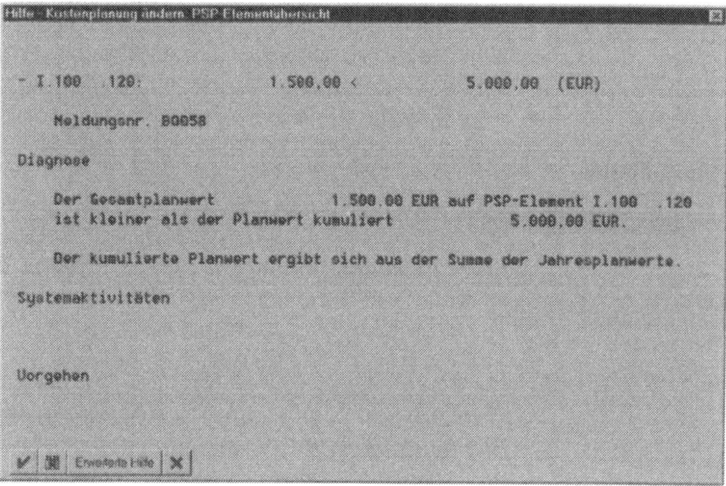

Abb. 3.26 Langtext zum Fehlerprotokoll

Sichern Sie Ihre Eingabe zum Schluss mit der Schaltfläche .

3.6.2 Kostenplanung nach Kostenarten

Die Kostenplanung nach Kostenarten (Detailplanung) wird eingesetzt, wenn genaue Informationen vorliegen. Sie umfasst die kostenartengerechte Planung von Primärkosten, Erlösen, Leistungsaufnahmen und statistischen Kennzahlen.

Bei der Primärkostenplanung werden die Kosten erfasst, die durch den Verbrauch von Gütern und Dienstleistungen entstanden sind, welche dem Unternehmen von außen zugeführt wurden. Die Planung von Leistungsaufnahmen ist hingegen die mengenmäßige Planung sekundärer Kostenarten auf einem Projekt, das von einer Senderstelle Leistungen beansprucht.

Abhängig vom Planungszeitpunkt und dem damit verbundenen Informationsstand wird die auf Schätzwerte bzw. Erfahrungswerte beruhende Kostenplanung auf Projektstruktur (Gesamtplanung bzw. Jahresplanung) zu ungenau. Denn im Planungsverlauf wächst die Menge an Informationen über das Projekt, so dass eine genauere Planung möglich wird.

Im Folgenden wird beschrieben, wie Sie

- Planwerte als Primärkosten für PSP-Elemente erfassen

- Planwerte als Leistungsaufnahmen für PSP-Elemente erfassen

Primärkosten

Im Folgenden planen wir Verbrauch von Gütern und Leistungen pro Kostenart, z. B. Rohstoffe, Löhne und Mieten für PSP-Elemente.

Die Aufgabe

Primärkosten für ein Projekt planen.

Die Lösungsschritte

Wählen Sie im Einstiegsmenü SAP R/3 die Menüfunktion ***Rechnungswesen / Projektmanagement / Planung***. Es erscheint das Fenster ***Projektplanung***.
Wählen Sie anschließend die Menüfunktion ***KoArten / LstAufnahmen / Ändern***, um zum Fenster ***Planung Kostenarten LstAufnahmen Ändern: Einstieg*** zu gelangen.

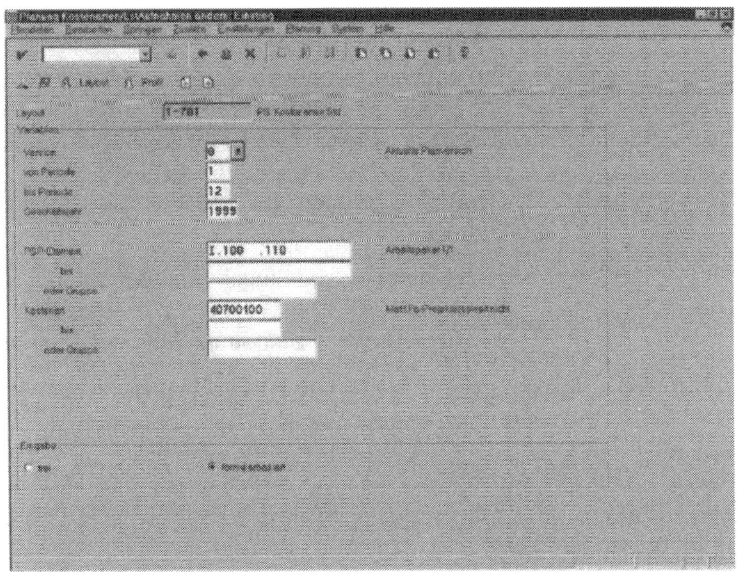

Abb. 3.27 Einstiegsfenster zum Aufruf einer Primärkostenplanung

Achten Sie darauf, dass es sich hier um das Planerprofil „101" bzw. die Eingabemaske zur Primärkostenplanung handelt. Dies ist erkenntlich an der Führungszeile

Tragen Sie in das Textfeld Version die Planversion ein, in der Sie die Planwerte ändern bzw. erfassen möchten. Standardmäßig schlägt Ihnen das System immer die aktuelle Planversion vor, hier Planversion „0".

In der Planungs- und Realisierungsphase ändert sich der Kenntnisstand bzw. die Ausgangssituation zu einem Projekt, seiner Struktur, die geplante Dauer, die geplanten Kosten, die benötigten Kapazitäten etc. Diese Änderungen können in SAP innerhalb des Projektverlaufs dokumentiert werden, d. h. SAP ist in der Lage, verschiedene Projektstände zu archivieren. Somit können Sie eine in sich schlüssige Dokumentation zum Projektverlauf bzw. zur Projektabwicklung anlegen.

Tragen Sie weiter den zu beplanenden Zeitraum ein, hier Monat und Jahr. Tragen Sie letztlich die zu beplanende PSP-Elementnummer und die Kostenart in die dafür vorgesehenen Textfelder ein. Hier in unserem Beispiel wird das PSP-Element „I.100.110" mit der Kostenart „40700100" beplant.

Sie können nicht nur einzelne Kostenarten beplanen, sondern Sie können zum Beplanen auch eine Kostenartengruppe angeben. Diese Kostenartengruppen werden im Modul CO definiert. Sie enthalten eine definierte Menge an Kostenarten, die über den Namen der Kostenartengruppe aufgerufen werden können.

Bestätigen Sie Ihre Eingabe mit der Schaltfläche .

Es erscheint das Fenster ***Planung Kostenarten / LstAufnahmen / Erlöse ändern: Übersichtsbild***.

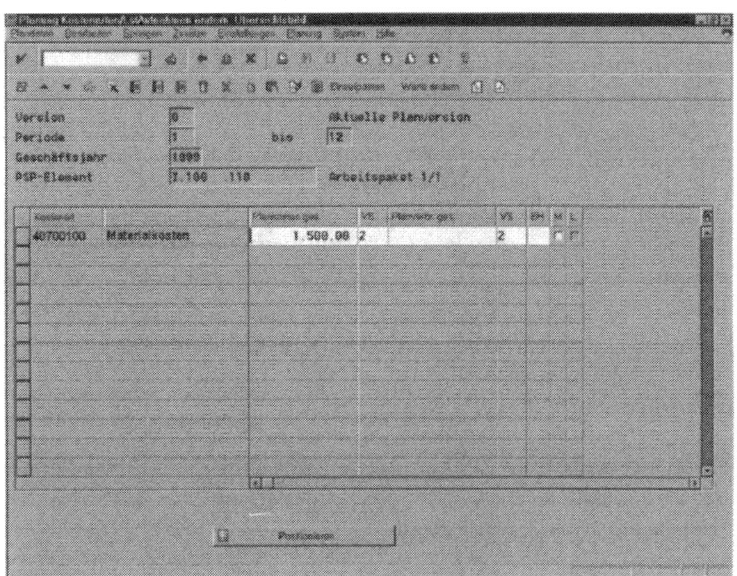

Abb. 3.28 Primärkostenplanung zum PSP-Element

Tragen Sie in das Textfeld ***Plankosten gesamt*** und ***Planverbrauch gesamt*** die voraussichtlich anfallenden Kosten pro Kostenart und PSP-Element ein.

Bestätigen bzw. sichern Sie Ihre Eingabe mit der Schaltfläche  – die Daten werden somit gebucht.

Sekundärkosten

Sekundärkosten entstehen bei der Verrechnung innerbetrieblicher Leistungen, die von bestimmten Kostenstellen, wie z. B. Kantine, Fuhrpark oder Kraftzentrale, für andere Kostenstellen erbracht werden.

Mit der Leistungsaufnahmenplanung wird für ein Empfängerobjekt (z. B. Kostenstelle, Auftrag, Geschäftsprozess, PSP-Element) die Aufnahme von Leistungen geplant. Hier in unserem Beispiel handelt es sich um eine Leistungsaufnahmeplanung für ein PSP-Element. Dabei wird die empfangene Leistung mit dem Tarif der sendenden Kostenstelle bewertet. Das sendende Objekt (Kostenstelle) wir entlastet das empfangende Objekt (PSP-Element) belastet.

Die Aufgabe

Sekundärkosten für ein Projekt planen.

Die Lösungsschritte

Wählen Sie im Einstiegsmenü SAP R/3 die Menüfunktion ***Rechnungswesen / Projektmanagement / Planung***. Es erscheint das Fenster ***Projektplanung***.

Über die Menüfunktion ***KoArten / LstAufnahmen / Ändern*** gelangen Sie zum Fenster ***Planung Kostenarten LstAufnahmen Ändern: Einstieg.***

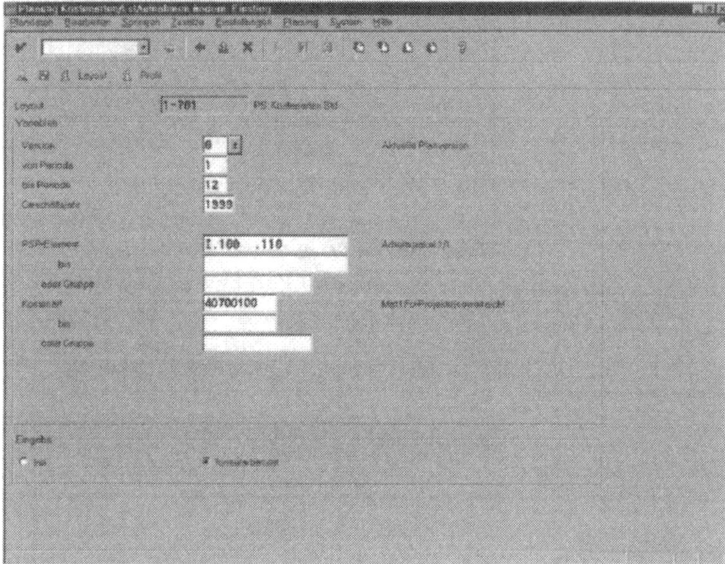

Abb. 3.29 Einstiegsfenster zum Aufruf einer Primärkostenplanung

Hier handelt es sich noch um das Planerprofil „101" der Primärkostenplanung. Über die Menüfunktion ***Planung/Planerprofil*** gelangen Sie zur Dialogbox ***Planerprofil setzen***. Das Planerprofil ist eine spezifische Erfassungsmaske, die individuell gestaltet werden kann. In unserem Beispiel wird ein Planerprofil eingesetzt, das im Auslieferungsumfang von SAP R/3 unterstützt wird.

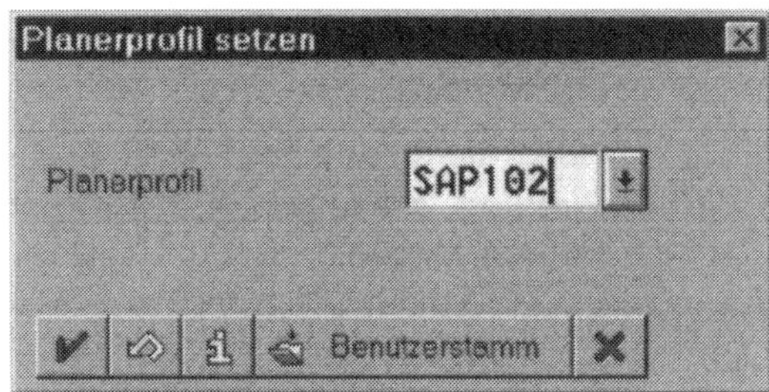

Abb. 3.30 Setzen des Planerprofils

Tragen Sie hier nun das Planerprofil „102" für die Leistungsaufnahmeplanung ein und bestätigen Sie Ihre Eingabe mit der Schaltfläche .

Es erscheint wieder das Fenster ***Planung Kostenarten LstAufnahmen Ändern: Einstieg***.

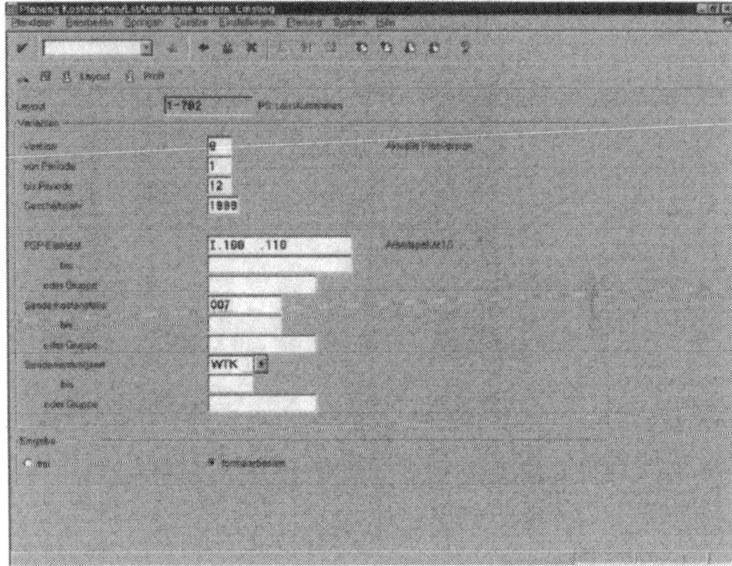

Abb. 3.31 Einstiegsfenster zum Aufruf einer Sekundärkostenplanung

Tragen Sie in das Textfeld Version eine Kennung ein, unter der Sie die Planversion abspeichern möchten. Geben Sie in die folgenden drei Textfelder den Zeitraum ein, in dem Sie planen möchten.

Tragen Sie das zu beplanende PSP-Element, hier „I.100.110", die sogenannte Senderkostenstelle, von der die Leistung abgegeben werden soll, hier „007“, und schließlich die Leistungsart, hier „WTK“, ein.

Über die Schaltfläche gelangen Sie dann zum Fenster ***Planung Kostenarten / LstAufnahmen / Erlöse ändern: Übersichtsbild***.
In das Textfeld Planverbrauch können Sie die voraussichtliche anfallenden Stunden pro Leistungsart und PSP-Element pflegen. Wir planen in unserem Beispiel von der Kostenstelle „007“ mit der Leistungsart „WTK“ 10 Stunden für das PSP-Element „I.100.110“.

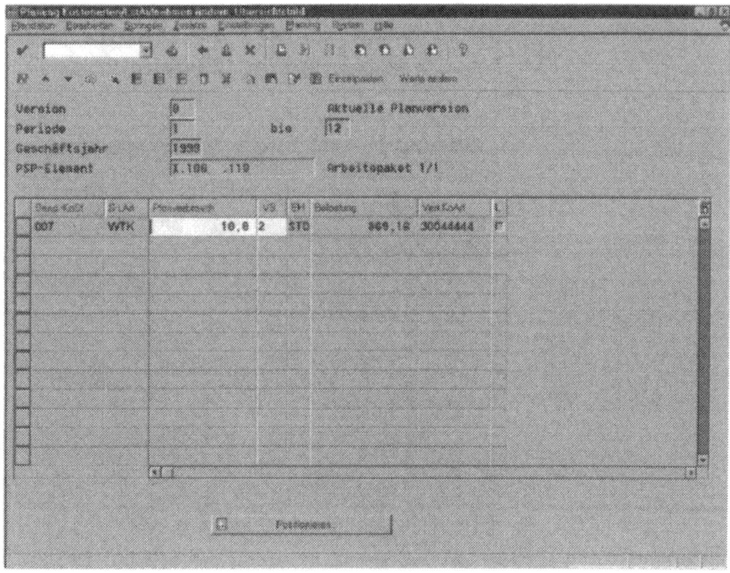

Abb. 3.32 Sekundärkostenplanung zum PSP-Element

Tipps und Tricks

Alternative und additive Verwendung der Planungsformen:
Die drei Planungsformen können für ein Planungselement nicht nur alternativ, sondern auch additiv angewendet werden: Sie können je nach Informationsstand eine oder mehrere Planungsformen einsetzen, also z. B. für bestimmte Teilaufgaben eines Planungselementes eine Einzelkalkulation oder Kostenartenplanung vornehmen und die Kosten der übrigen Aufgaben mit der strukturorientierten Kostenplanung schätzen.

Dieses Erscheinungsbild erhalten Sie, wenn Sie in Ihrem SAP-System folgende Customizing-Einstellungen vornehmen:

Im Planprofil (siehe Kap. 7.3.9) können Sie z. B. über die Parameter Zeithorizont den Planungszeitraum der Jahresplanung festlegen; über den Parameter Planungselement das Erscheinungsbild der Gesamtplanung festlegen und dadurch bestimmen, auf welchen PSP-Elementen eine Kostenplanung möglich ist.

3.7 Statusverwaltung

Der Schnelleinstieg

Zum Setzen des Status ***Frei*** gelangen Sie vom Einstiegsbild SAP R/3 über die Menüfunktion ***Rechnungswesen / Projektmanagement / Operative Strukturen*** zum Fenster ***Operative Strukturen***. Anschließend über die Menüfunktion ***Projektstrukturplan / Ändern*** zum Fenster ***Projekt ändern: Einstieg***. Tragen Sie in das Textfeld ***Projektdef.*** die Projektnummer bzw. die PSP-Elementnummer ein, die Sie beplanen möchten. Tragen Sie evt. die Planversion ein. Klicken Sie auf die Schaltfläche Struktur. Es erscheint das Fenster ***Projekt ändern: PSP-Elementeübersicht***. Verschieben Sie mit Hilfe der Bildlaufleiste den sichtbaren Ausschnitt des Registers ***Grunddaten*** bis der Systemstatus sichtbar wird. Markieren Sie die PSP-Elemente. Wählen Sie die Menüfunktion ***Bearbeiten / Status / Freigeben***. Es erscheint das Fenster ***Projekt ändern: PSP-Elementübersicht***. Bestätigen Sie Ihre Eingabe mit der Schaltfläche .

Zum Setzen des Anwenderstatus gelangen Sie vom Einstiegsbild SAP R/3 über die Menüfunktion ***Rechnungswesen / Projektmanagement / Operative Strukturen*** zum Fenster ***Operative Strukturen***. Wählen Sie anschließend die Menüfunktion ***Projektstrukturplan / Ändern***. Es erscheint das Fenster ***Projekt ändern: Einstieg***. Tragen Sie in das Textfeld ***Projektdef.*** die Projektnummer bzw. die PSP-Elementnummer ein, die Sie beplanen möchten. Tragen Sie evt. die Planversion ein. Klicken Sie auf die Schaltfläche Struktur. Es erscheint das Fenster ***Projekt ändern: PSP-Elementübersicht***. Markieren Sie die PSP-Elemente. Wählen Sie die Menüfunktion ***Bearbeiten / Status / System / Anwenderstatus / Setzen***. Es erscheint die Dialogbox ***Anwenderstatus***. Wählen Sie den zu setzenden Anwenderstatus durch einen Doppelklick aus. Es erscheint die Dialogbox ***Anwenderstatus: Nachricht anzeigen***. Bestätigen Sie Ihre Eingabe mit der Schaltfläche ✔. Es erscheint wieder das Fenster ***Projekt ändern: PSP-Elementübersicht*** mit der geänderten Anwenderstatusanzeige. Bestätigen Sie Ihre Eingabe mit der Schaltfläche .

Zum Aufrufen der Anwenderstatus-Historie starten Sie im Fenster ***Projekt ändern: PSP-Elementübersicht***. Wählen Sie die Menüfunktion ***Bearbeiten / Status / System/Anwenderstat.*** Es erscheint das Fenster ***Status ändern***. Wählen Sie die Menüfunktion ***Umfeld / Änderungsbelege / Alle***. Es erscheint das Fenster ***Änderungsbelege Statusverwaltung***. Klicken Sie auf die Schaltfläche Historie. Es erscheint das Fenster ***Änderungsbelege Statusverwaltung***.

3.7.1 Systemstatus

Die Grundlagen

In der Statusverwaltung wird die Bearbeitung des Projekts gesteuert. Mit einem Status wird eine Phase definiert, in der bestimmte betriebswirtschaftliche Vorgänge zu einem Projektstrukturelement erlaubt sind. Von der Systemseite sind bereits Status definiert. Zusätzlich können vom Anwender weitere Status definiert werden.

Die Aufgabe

Systemstatus FREI setzen.

Im Folgenden wird beschrieben, wie Sie

den Systemstatus FREI setzen

den Systemstatus löschen bzw. zurücksetzen

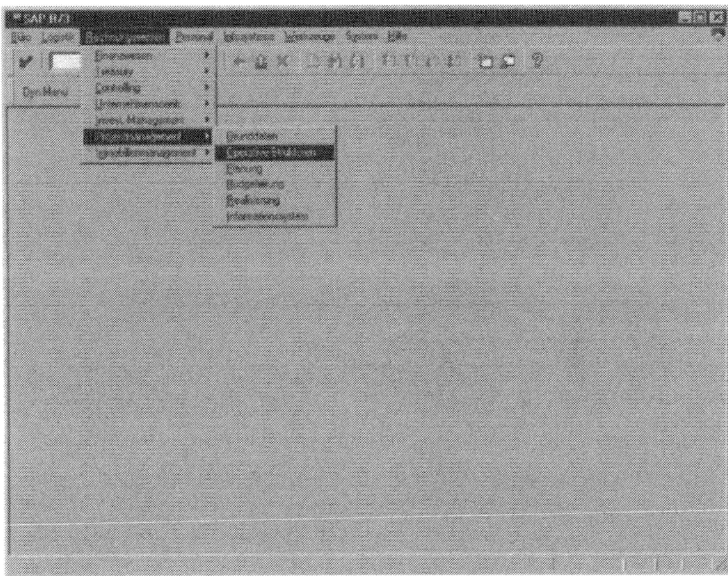

Abb. 3.33 Einstiegsfenster SAP R/3

Vom Einstiegsmenü SAP R/3 gelangen Sie über die Menüfunktion ***Rechnungswesen / Projektmanagement / Operative Strukturen*** zum Fenster ***Operative Strukturen***.

Wählen Sie anschließend die Menüfunktion ***Projektstrukturplan / Ändern***.

Es erscheint das Fenster ***Projekt ändern: Einstieg***.

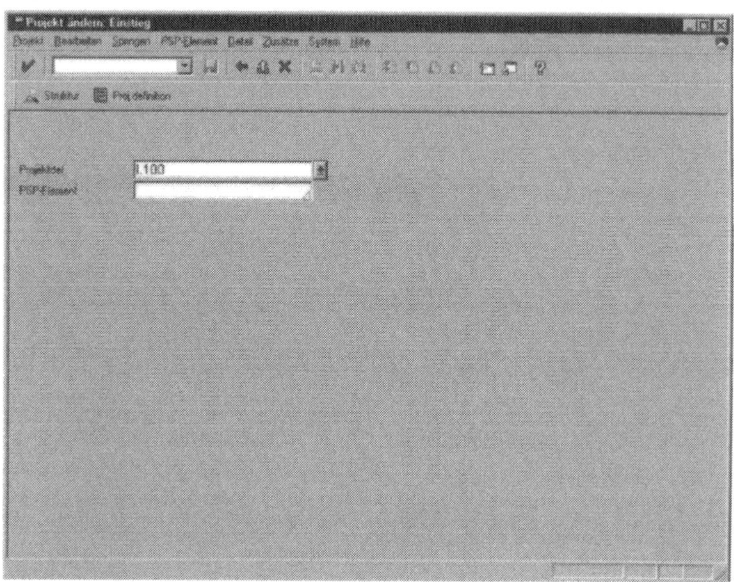

Abb. 3.34 Einstiegsfenster Projektstrukturplan

Tragen Sie in das Textfeld Projektdef. die Projektnummer bzw. die PSP-Elementnummer ein, die Sie beplanen möchten. Tragen Sie evt. die Planversion ein. Klicken Sie auf die Schaltfläche 

Es erscheint das Fenster ***Projekt ändern: PSP-Elementübersicht***.

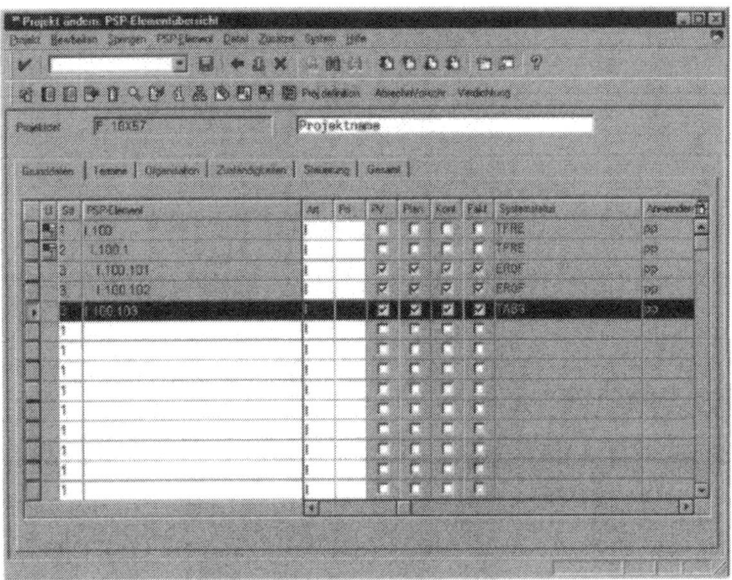

Abb. 3.35 Projektstrukturplan in Listform

Verschieben Sie mit Hilfe der Bildlaufleiste den sichtbaren Ausschnitt des Registers Grunddaten bis der Systemstatus sichtbar wird. Markieren Sie die PSP-Elemente. Wählen Sie die Menüfunktion ***Bearbeiten / Status / Freigeben***.

Es erscheint das Fenster ***Projekt ändern: PSP-Elementübersicht***.

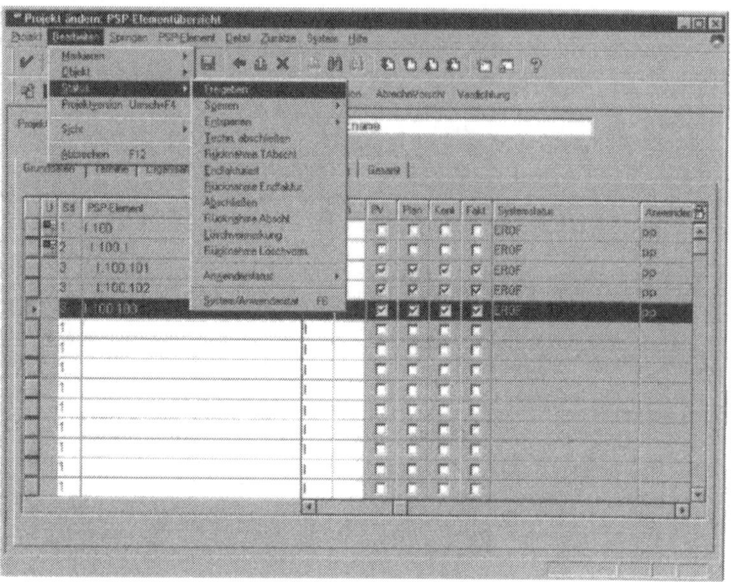

Abb. 3.36 Freigabe PSP-Element

Bestätigen Sie Ihre Eingabe mit der Schaltfläche .
Der Status FREI kann nicht in den Status EROF zurückgesetzt werden. Der Systemstatus einer übergeordneten Ebene wird nach unten vererbt.

3.7.2 Anwenderstatus

Durch den Anwenderstatus besteht zusätzlich die Möglichkeit, das Projekt in weitere Phasen zu gliedern und Schnittmengen zu bilden. Hierfür wird im Customizing ein Statusschema hinterlegt.

Die Grundlagen

Der Anwenderstatus kann gesetzt, gelöscht oder zurückgesetzt werden. Jedem Statusschema können ein oder mehrere Anwenderstatus zugewiesen werden
Das Statusschema wird ausschließlich im Projektprofil hinterlegt und in den Projektstamm übernommen – es kann dort nicht nachträglich geändert werden.
Im Folgenden wird beschrieben, wie Sie

- den Anwenderstatus setzen bzw. löschen
- die Anwenderstatus-Historie anzeigen.

Die Aufgabe

Anwenderstatus setzen.

Die Lösungsschritte

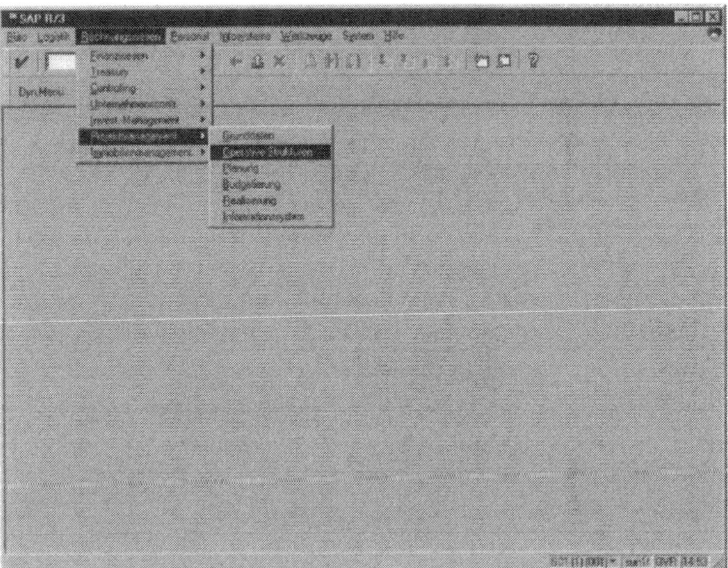

Abb. 3.37 Einstiegsfenster SAP R/3

Vom Einstiegsbild SAP R/3 über die Menüfunktion ***Rechnungswesen / Projektmanagement / Operative Strukturen*** zum Fenster ***Operative Strukturen***.

Wählen Sie anschließend die Menüfunktion ***Projektstrukturplan / Ändern***.

Es erscheint das Fenster ***Projekt ändern: Einstieg***.

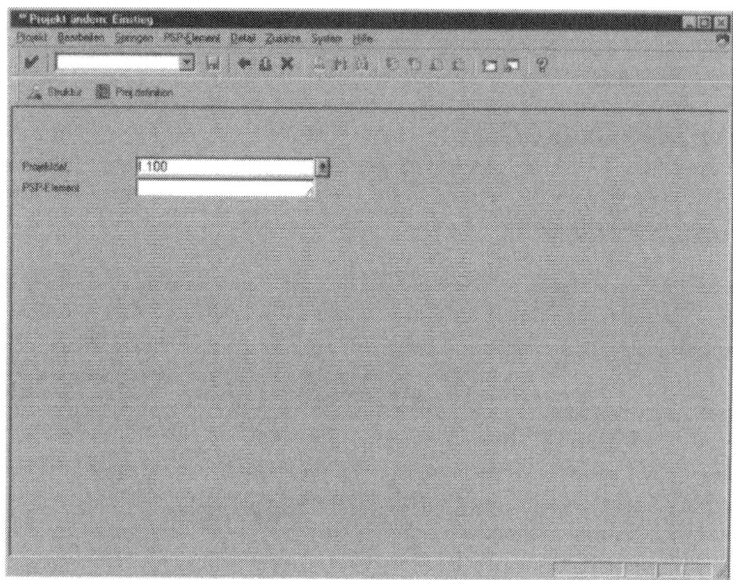

Abb. 3.38 Einstiegsfenster Projektstrukturplan

Tragen Sie in das Textfeld Projektdef. die Projektnummer bzw. die PSP-Elementnummer ein, die Sie beplanen möchten. Tragen Sie evt. die Planversion ein. Klicken Sie auf die Schaltfläche

Es erscheint das Fenster ***Projekt ändern: PSP-Elementübersicht***.

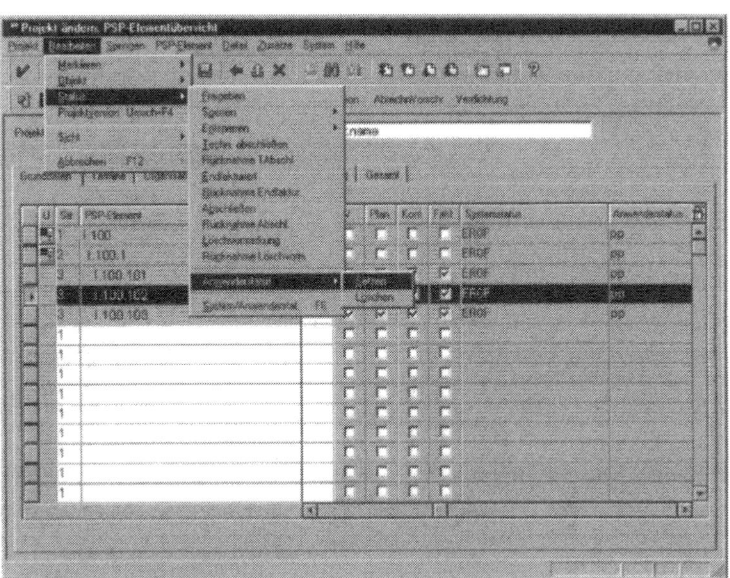

Abb. 3.39 Projektstrukturplan in Listform

Markieren Sie die PSP-Elemente. Wählen Sie die Menüfunktion ***Bearbeiten / Status / Anwenderstatus / Setzen***.

Es erscheint die Dialogbox ***Anwenderstatus***.

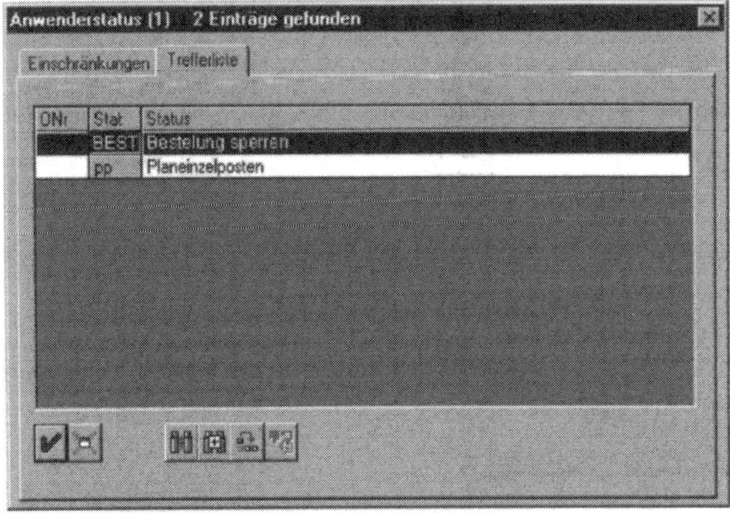

Abb. 3.40 Übersicht Anwenderstatus

Wählen Sie den zu setzenden Anwenderstatus durch einen Doppelklick aus.

Es erscheint die Dialogbox ***Anwenderstatus: Nachrichten anzeigen***.

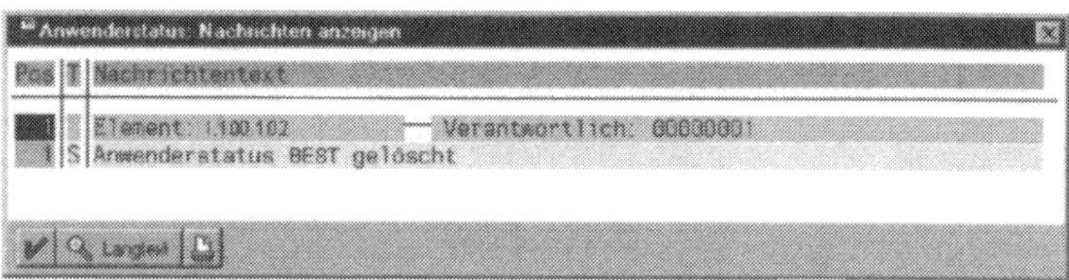

Bestätigen Sie Ihre Eingabe mit der Schaltfläche.
Es erscheint wieder das Fenster ***Projekt ändern: PSP-Elementübersicht*** mit der geänderten Anwenderstatusanzeige.

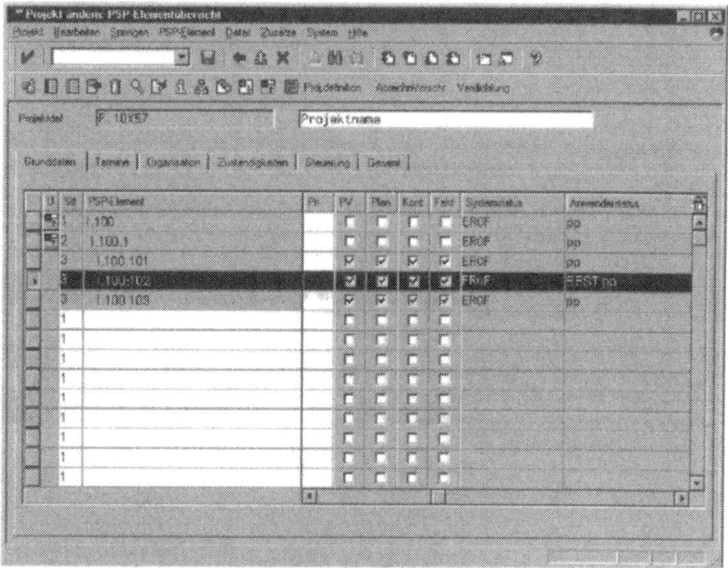

Abb. 3.41 Projektstrukturplan in Listform

Bestätigen Sie Ihre Eingabe mit der Schaltfläche .

Die Aufgabe

Aufrufen der Anwenderstatus-Historie.

Die Lösungsschritte

Starten Sie im Fenster ***Projekt ändern: PSP-Elementübersicht***.

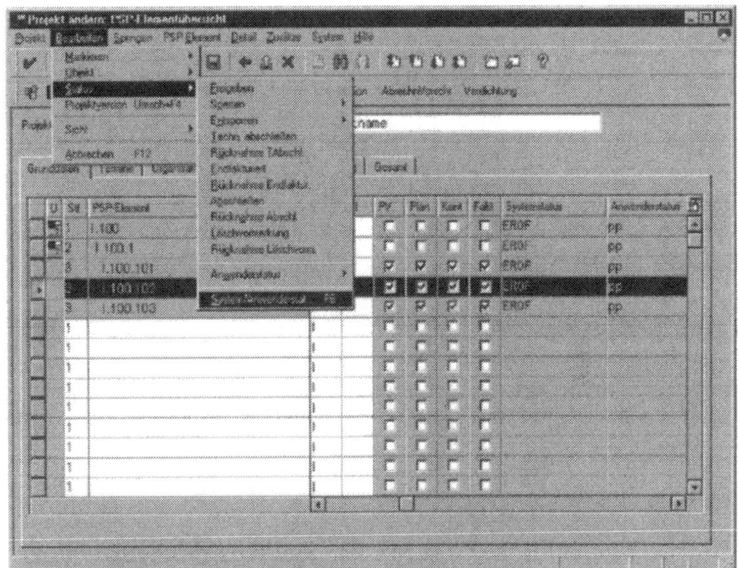

Abb. 3.42 Projektstrukturplan in Listform

Wählen Sie die Menüfunktion ***Bearbeiten / Status / System/Anwenderstat.***

Es erscheint das Fenster ***Status ändern***.

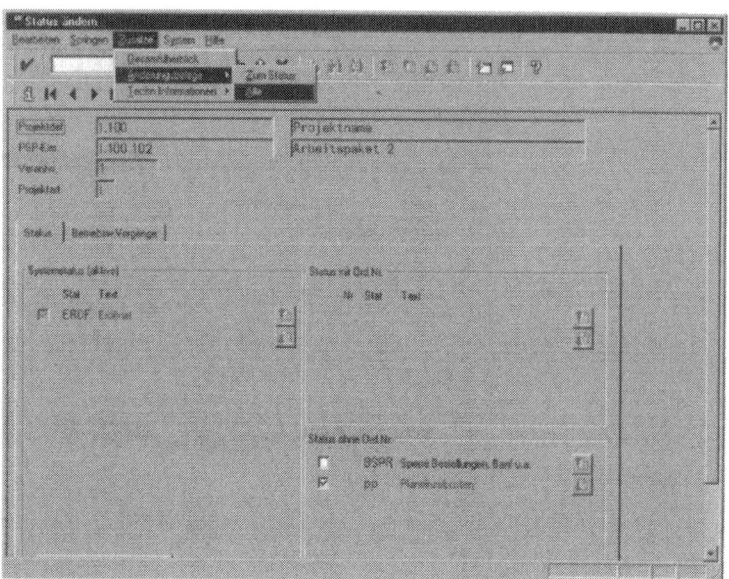

Abb. 3.43 Übersicht der gesetzten Status zum PSP-Element

Wählen Sie die Menüfunktion ***Umfeld / Änderungsbelege / Alle***.

Es erscheint das Fenster ***Änderungsbelege Statusverwaltung***.

Klicken Sie auf die Schaltfläche Historie.

Es erscheint das Fenster ***Änderungsbelege Statusverwaltung***.

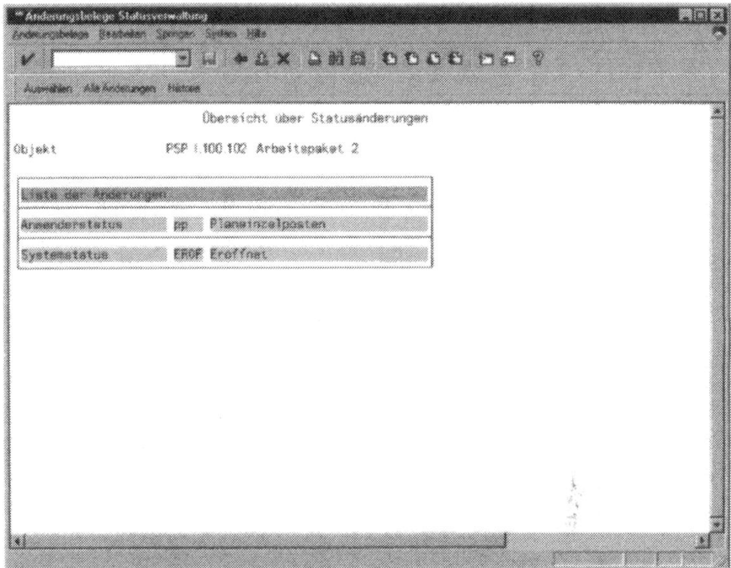

Abb. 3.44 Änderungsbelege zum Status

Tipps und Tricks

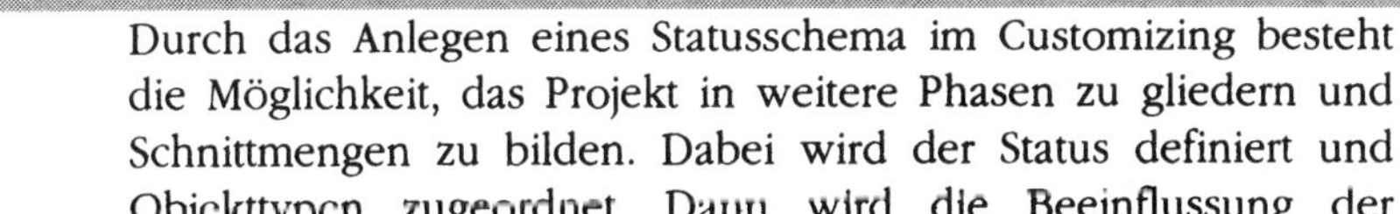

Durch das Anlegen eines Statusschema im Customizing besteht die Möglichkeit, das Projekt in weitere Phasen zu gliedern und Schnittmengen zu bilden. Dabei wird der Status definiert und Objekttypen zugeordnet. Dann wird die Beeinflussung der betriebswirtschaftlichen Vorgänge zum Status festgelegt.

3.8 Verdichtungsmerkmale

Der Schnelleinstieg

Vom Einstiegsbild SAP R/3 über die Menüfunktion ***Rechnungswesen / Projektmanagement / Operative Struktur*** zum ***Operative Projektstrukturen***. Anschließend über die Menüfunktion ***Projektstrukturplan / Ändern*** zum Fenster ***Projekt ändern: Einstieg***. In das Textfeld ***Projektdefinition*** die zuvor definierte Projektnummer eintragen. Zum Aufrufen der ***Projektstruktur*** auf die Schaltfläche [Struktur] klicken. Im Fenster ***Projekt ändern. PSP-Elementübersicht*** das PSP-Element markieren, zu dem ein Verdichtungsmerkmal gepflegt werden soll. Über die Schaltfläche [Verdichtung] zum Fenster ***Projekt ändern: Merkmalbewertung***. Hier können nun Verdichtungsmerkmale dem PSP-Element zugewiesen werden.

Die Grundlagen

Über die Funktionalität der Projektverdichtung können Merkmale den einzelnen PSP-Elementen zugewiesen werden. Mit diesen Verdichtungsmerkmalen sind Sie in der Lage, später innerhalb des Berichtswesens projektübergreifende Auswertungen zu realisieren.
Über diese Merkmale können letztlich Auswertungen bzw. Berichte erstellt werden, die beispielsweise die Gesamtkosten aller Projekte bezüglich eines Merkmales aufzeigen. Wir wollen im Folgenden einem PSP-Element eine verantwortliche Abteilung zuweisen.

Die Aufgabe

Verdichtungsmerkmale zu den PSP-Elementen pflegen.

Die Lösungsschritte

Wählen Sie im Einstiegsmenü SAP R/3 die Menüfunktion ***Rechnungswesen / Projektmanagement / Operative Struktur***.

Es erscheint das Fenster ***Operative Projektstrukturen***.

Wählen Sie anschließend die Menüfunktion ***Projektstrukturplan / Ändern***, woraufhin sich das Fenster ***Projekt ändern: Einstieg*** öffnet.

Tragen Sie in das Textfeld Projektdefinition die zuvor definierte Projektnummer, hier „I.100“, ein.

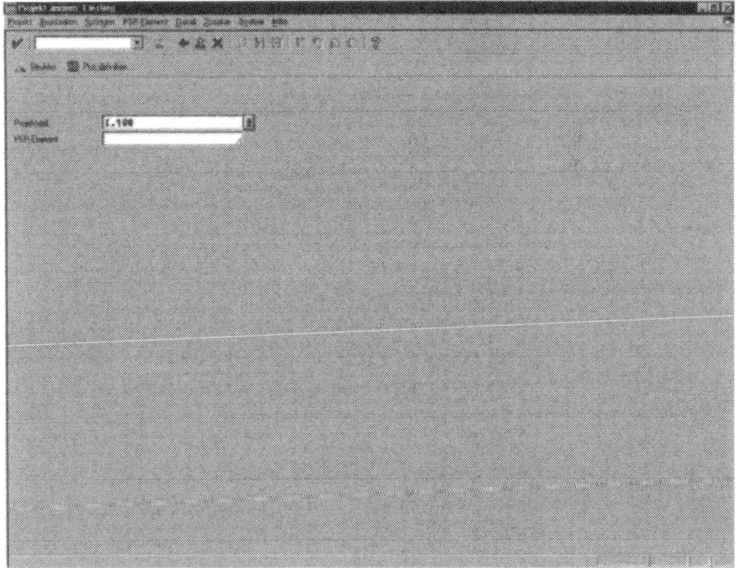

Abb. 3.45 Einstiegsfenster zum Aufruf des Projektstrukturplans

Um sich nun die eigentliche Projektstruktur anzeigen zu lassen, klicken Sie auf die Schaltfläche Struktur.

Es erscheint das Fenster ***Projekt ändern. PSP-Elementübersicht***.

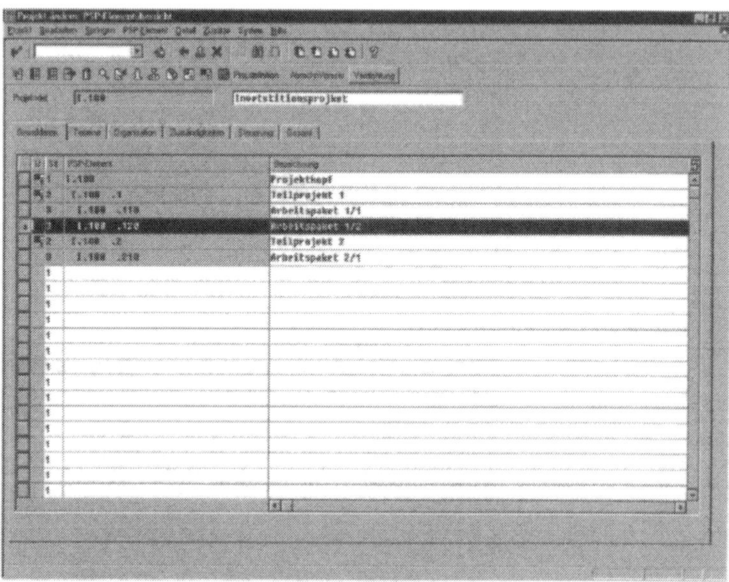

Abb. 3.46 Projektstrukturplan in Listform

Markieren Sie das PSP-Element, zu dem ein Verdichtungsmerkmal gepflegt werden soll. Klicken Sie anschließend auf die Schaltfläche Verdichtung. Es erscheint das Fenster ***Projekt ändern: Merkmalbewertung***.

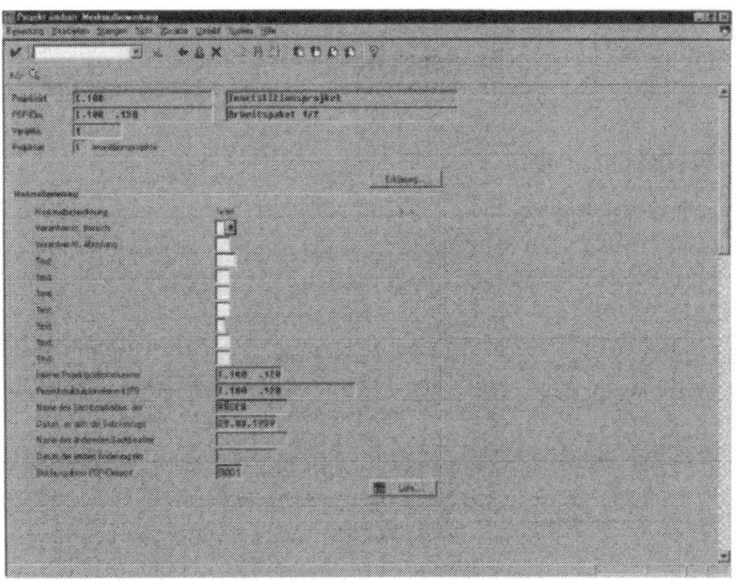

Abb. 3.47 Verdichtungsmerkmale zum PSP-Element

Hier können nun Verdichtungsmerkmale dem PSP-Element zugewiesen werden, bspw. die verantwortliche Abteilung.

Tipps und Tricks

Die Verdichtungsmerkmale müssen für jedes einzelne PSP-Element explizit gepflegt werden. Es gibt leider keine Darstellung, in der man in einer Übersicht diese Eigenschaften für alle Elemente eines Projektes pflegen kann.

Die Verdichtungsmerkmale können als Mussfelder im Customizing gepflegt werden. Somit wird die Merkmalszuweisung garantiert.

Dieses Erscheinungsbild erhalten Sie, wenn Sie in Ihrem SAP-System folgende Customizing-Einstellungen vornehmen:

- Verdichtungshierarchie

3.9 Realisierung

Der Schnelleinstieg

1. Leistungen erfassen:
Vom SAP-Einstiegsbild über die Menüfunktion ***Rechnungswesen / Projektmanagement / Realisierung*** zum Fenster ***Projektrealisierung***. Anschließend über die Menüfunktion ***Rückmeldung / Leistungsverrechnung / Erfassen*** in das Fenster ***Verrechnung von Leistungen erfassen: Einstieg***. Belegdatum, Buchungsdatum und Erfassungsvariante eingeben und Eingabe mit Schaltfläche bestätigen.
Es wird das Fenster ***Verrechnung von Leistungen erfassen: Listbild*** angezeigt. Notwendige Daten eingeben und mit der Schaltfläche abspeichern.
Fenster ***Verrechnung von Leistungen erfassen: Einstieg*** erscheint wieder.
2. Leistungen stornieren:
Vom SAP-Einstiegsbild über die Menüfunktion ***Rechnungswesen / Projektmanagement / Realisierung*** zum Fenster ***Projektrealisierung***. Anschließend über die Menüfunktion ***Rückmeldung / Leistungsverrechnung / Stornieren*** in das Fenster ***Verrechnung von Leistungen stornieren: Einstieg***. Eingabe der zu stornierenden Belegnummer und Eingabe bestätigen mit der Schaltfläche Listbild Es wird das Fenster ***Verrechnung von Leistungen: Listbild*** mit der zu stornierenden Belegposition angezeigt. Stornierung bestätigen durch Klicken auf die Schaltfläche . Fenster ***Verrechnung von Leistungen stornieren: Einstieg*** wird wieder angezeigt.

Die Grundlagen

Unter Projektrealisierung versteht SAP R/3 alle Funktionen, die für die Pflege des Projektfortschritts verantwortlich sind. Dies umfasst insbesondere die Ist-Kosten, Kapazitäten und Termine. Dies kann in Form einer Rückmeldung oder einer Buchung erfolgen. Aus den Rückmeldungen berechnen sich z. B der Abarbeitungsgrad, der Arbeitsaufwand oder die Restarbeiten. Vor allem die Rückmeldung der Stunden auf ein PSP-Element ist von zentraler Bedeutung in der Phase der Projektrealisierung.

Die Aufgabe

Im Folgenden wird gezeigt, wie man Leistungen auf einem PSP-Element erfasst (Stundenrückmeldung) und Leistungen auf einem PSP-Element storniert.

Die Lösungsschritte

1. Leistungen erfassen:
Starten Sie vom SAP R/3 Einstiegsbild und wählen Sie die Menüfunktion ***Rechnungswesen / Projektmanagement / Realisierung***, um in das Fenster ***Projektrealisierung*** zu gelangen.

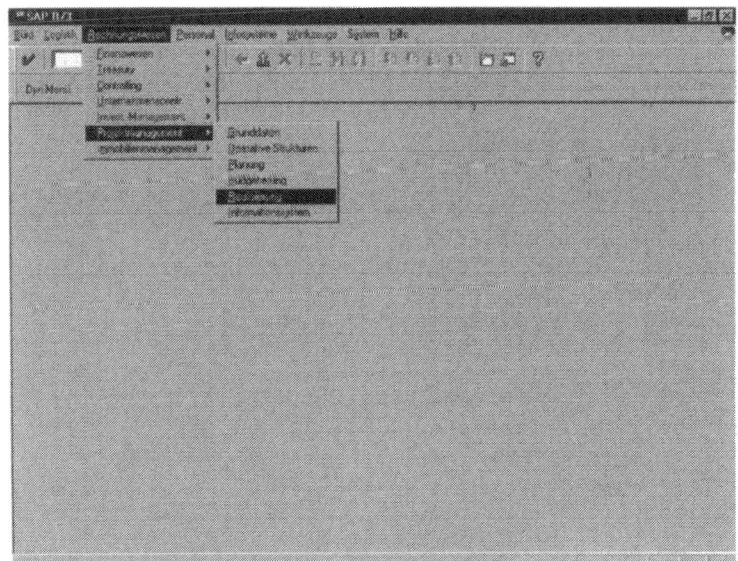

Abb. 3.48 Einstiegsfenster SAP R/3

Es erscheint das Fenster ***Projektrealisierung***.

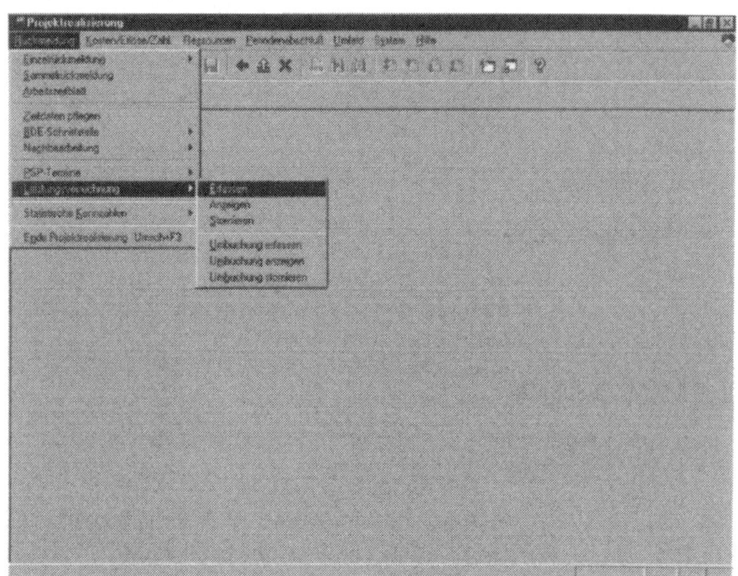

Abb. 3.49 Einstiegsfenster zur Projektrealisierung

Wählen Sie nun die Menüfunktion ***Rückmeldung / Leistungsverrechnung / Erfassen***.

Es erscheint das Fenster ***Verrechnung von Leistungen erfassen: Einstieg***. Geben Sie das Belegdatum, das Buchungsdatum und die Erfassungsvariante in die hierfür vorgesehenen Textfelder ein und bestätigen Sie mit der ✔-Taste.

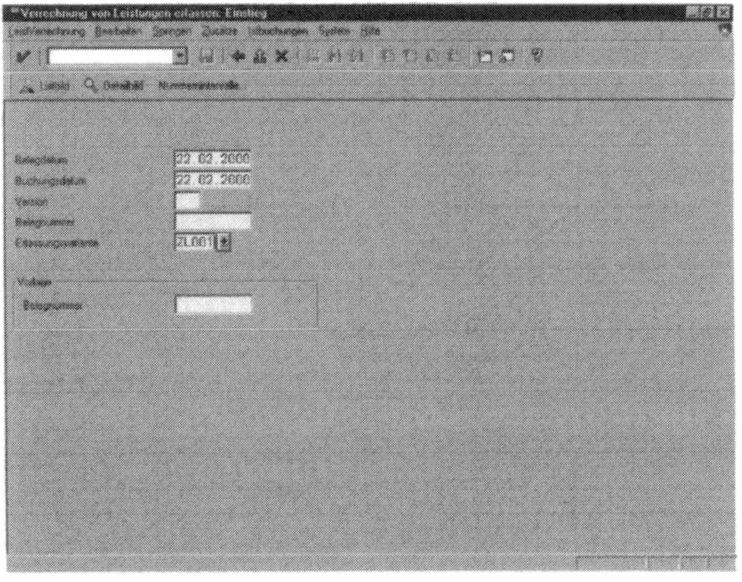

Abb. 3.50 Aufruf zur Leistungserfassung

Es erscheint das Fenster ***Verrechnung von Leistungen erfassen: Listbild***. Tragen Sie die Sender- bzw. Partnerkostenstelle, die Leistungsart, den Stundenverbrauch, die Leistungseinheit und das PSP-Element ein. Mit Hilfe der Schaltfläche (kopieren) und der Schaltfläche (einsetzen) kann eine Belegposition innerhalb des Listbildes kopiert werden. Sichern Sie die Eingabe mit der Schaltfläche .

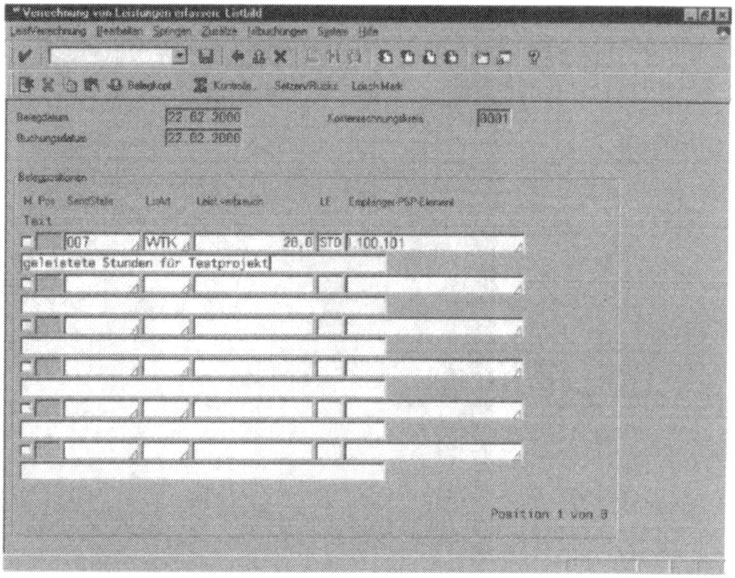

Abb. 3.51 Leistungsverrechnung zum PSP-Element

Es erscheint wieder das Fenster ***Verrechnung von Leistungen erfassen: Einstieg***.

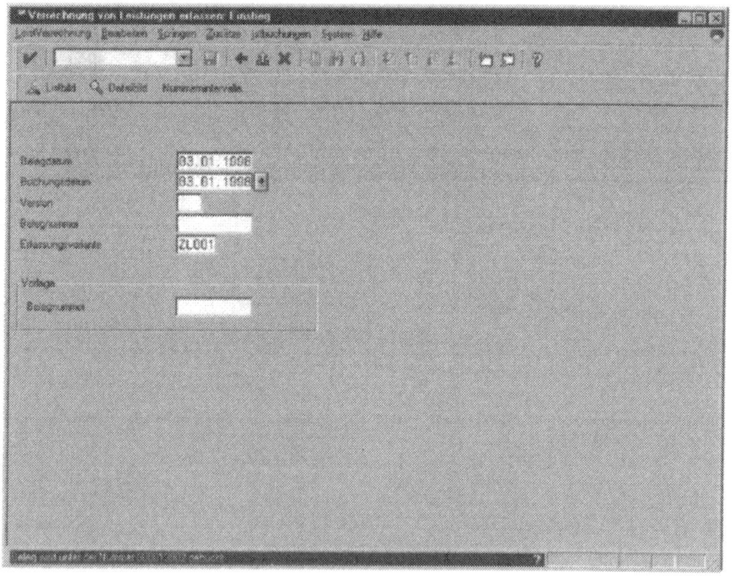

Abb. 3.52 Bestätigung Leistungsverrechnung

Es erscheint die Statusmeldung: „Beleg wird unter der Nummer ... gebucht“.

2. Leistungen stornieren

Starten Sie vom SAP R/3 Einstiegsbild und wählen Sie die Menüfunktion ***Rechnungswesen / Projektmanagement / Realisierung***, um in das Fenster ***Projektrealisierung*** zu gelangen.

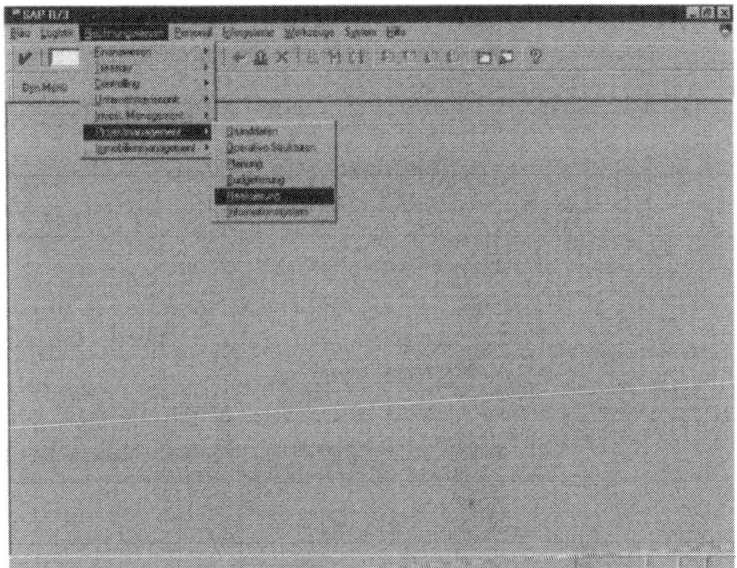

Abb. 3.53 Einstiegsfenster SAP R/3

Es erscheint das Fenster ***Projektrealisierung***. Wählen Sie die Menüfunktion ***Rückmeldung / Leistungsverrechnung / Stornieren***.

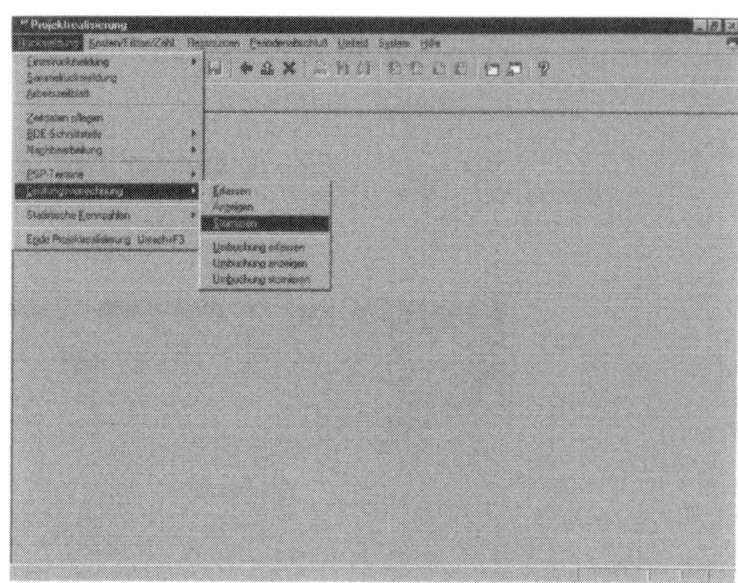

Abb. 3.54 Einstiegsfenster zur Projektrealisierung

Es erscheint das Fenster ***Verrechnung von Leistungen stornieren: Einstieg***.

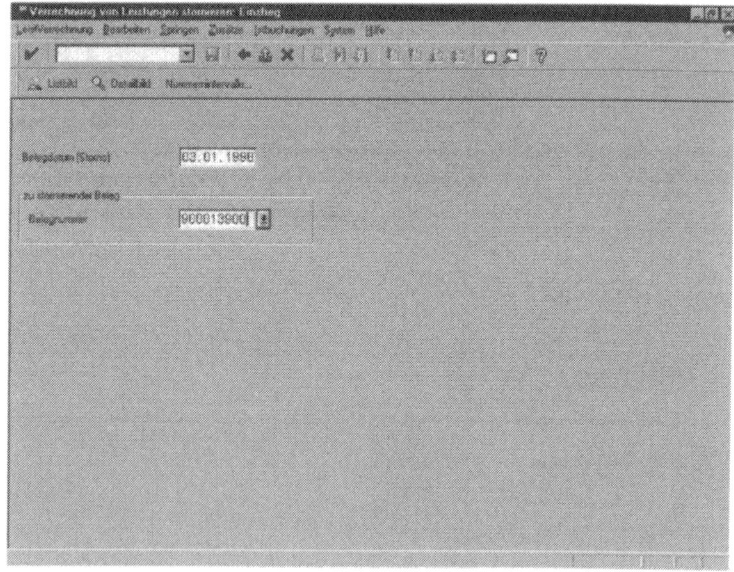

Abb. 3.55 Aufruf zur Leistungsstornierung

Geben Sie die Belegnummer und das Belegdatum in die dafür vorgesehenen Felder ein. Klicken Sie anschließend auf die Schaltfläche Listbild.

Es erscheint das Fenster ***Verrechnung von Leistungen stornieren: Listbild*** mit der zu stornierneden Belegposition.

Klicken Sie auf die Schaltfläche , um die Stornierung einzuleiten.

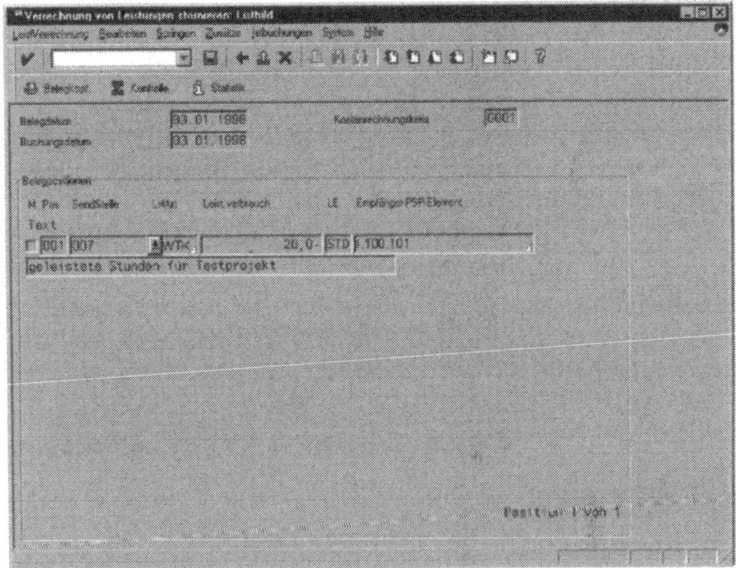

Abb. 3.56 Bestätigung Leistungsstornierung

Es erscheint wieder das Fenster ***Verrechnung von Leistungen stornieren: Einstieg***. Es erscheint die Statusmeldung: „Beleg wird unter der Nummer ... gebucht".

Tipps und Tricks

Rückmeldungen können als Einzel- und Sammelrückmeldungen vorgenommen werden.

3.10 Berichterstattung

3.10.1 Strukturübersichtsbericht

Der Schnelleinstieg

Vom SAP-Einstiegsbild über die Menüfunktion ***Rechnungswesen / Projektmanagement / Informationssystem*** zum Fenster ***Projektinformationssystem***.
Anschließend über die Menüfunktion ***Überblick / Berichtsauswahl*** zum Fenster ***Anwendungsbaum Berichtsauswahl Projektmanagement***.
Im Berichtsbaum folgende Ebenen öffnen: ***Struktur / Termine / Strukturübersicht***. Anschließend doppelklicken auf ***Strukturübersicht***.
Im Fenster ***Projekt-Informationssystem: Einstieg Struktur*** die Projektnummer in das entsprechende Feld eintragen und mit der Schaltfläche bestätigen. Es wird das Fenster ***Projekt-Informationssystem: Übersicht Struktur*** angezeigt.

Die Grundlagen

Der Strukturübersichtsbericht gehört zu der Gruppe der technischen Projektberichte. Hierüber sind im wesentlichen Auswertungen über Stammdaten wie Status, Verantwortlichkeit etc. pro PSP-Element möglich.

Die Aufgabe

Im Folgenden wird zuerst gezeigt, wie man zum Strukturübersichtsbericht gelangt und anschließend wird noch auf grundlegende Details eingegangen.

Die Lösungsschritte

Starten Sie vom SAP R/3 Einstiegsbild und wählen Sie die Menüfunktion ***Rechnungswesen / Projektmanagement / Informationssystem***, um in das Fenster ***Projektinformationssystem*** zu gelangen.

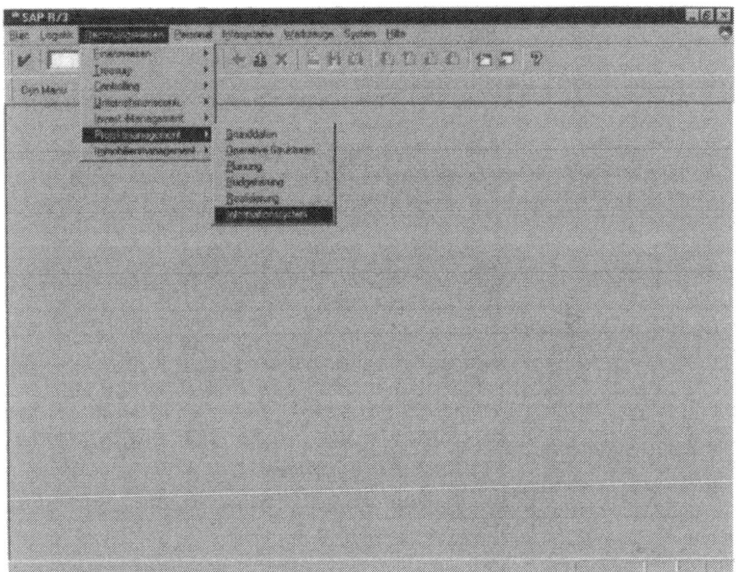

Abb. 3.57 Einstiegsfenster SAP R/3

Es erscheint das Fenster ***Projektinformationssystem***. Wählen Sie nun die Menüfunktion ***Überblick / Berichtsauswahl***, damit Sie in den Berichtsbaum gelangen.

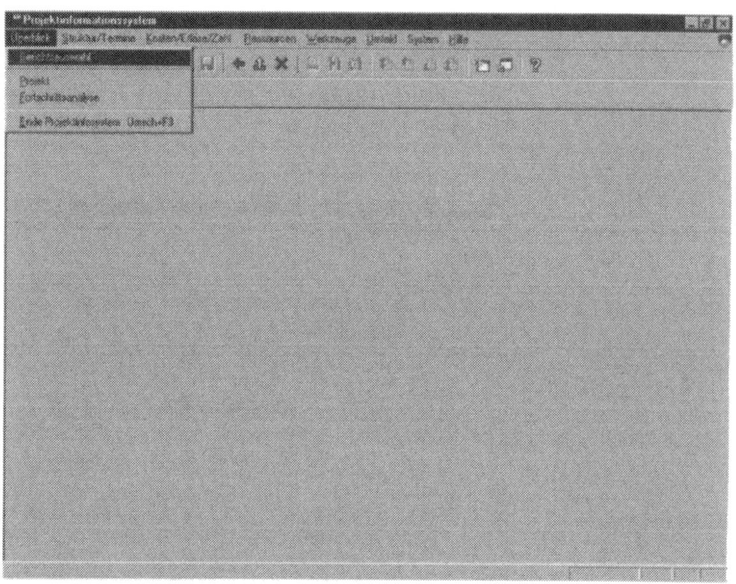

Abb. 3.58 Einstiegsfenster zum Projektinformationssystem

Es erscheint das Fenster ***Anwendungsbaum Berichtsauswahl Projektmanagement***.

In diesem Berichtsbaum können Sie nun die verschiedenen Berichte aufrufen.

Öffnen Sie im Fenster ***Anwendungsbaum Berichtsauswahl Projektmanagement*** folgende Ebenen im Berichtsbaum: ***Projektinfosystem / Struktur/Termine / Strukturübersicht***.

Führen Sie dann einen Doppelklick auf den Eintrag Strukturübersicht aus.

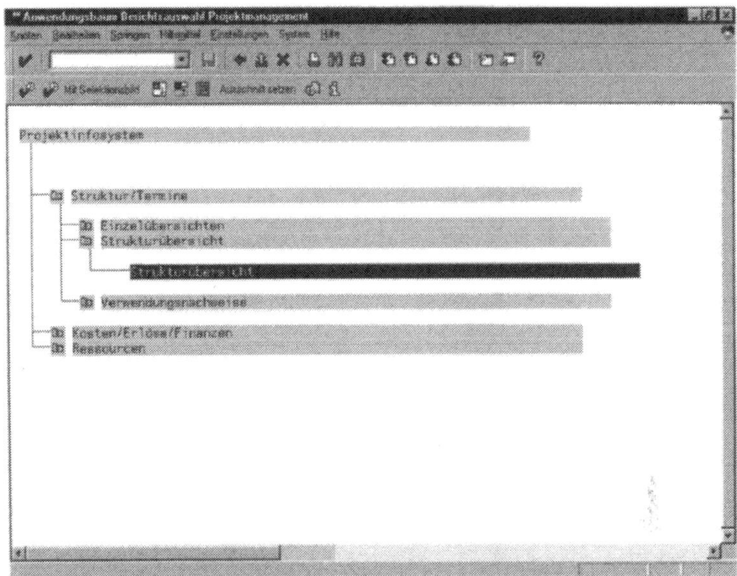

Abb. 3.59 Berichtsbaum

Es erscheint das Fenster ***Projekt-Informationssystem: Einstieg Struktur***. Geben Sie die Projektnummer in das dafür vorgesehene Feld ein und bestätigen Sie die Eingabe mit der Schaltfläche .

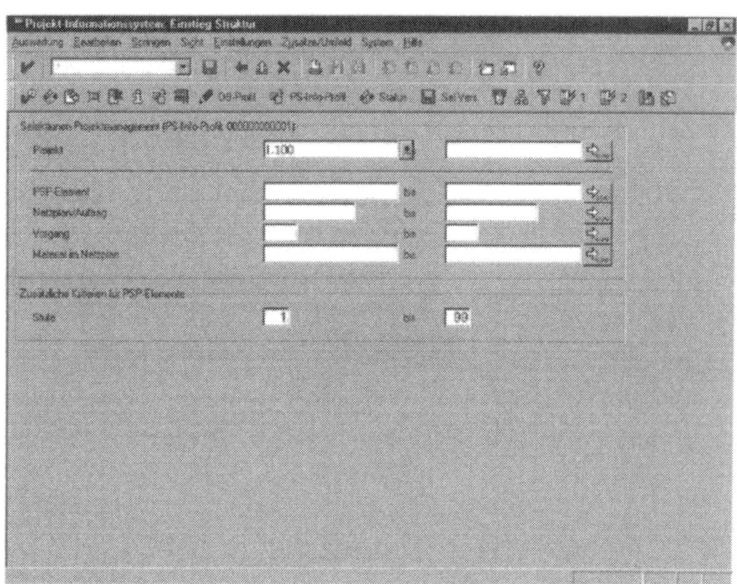

Abb. 3.60 Selektionsfenster zum Strukturübersichtsbericht

Es erscheint das Fenster ***Projekt-Informationssystem: Übersicht Struktur***.

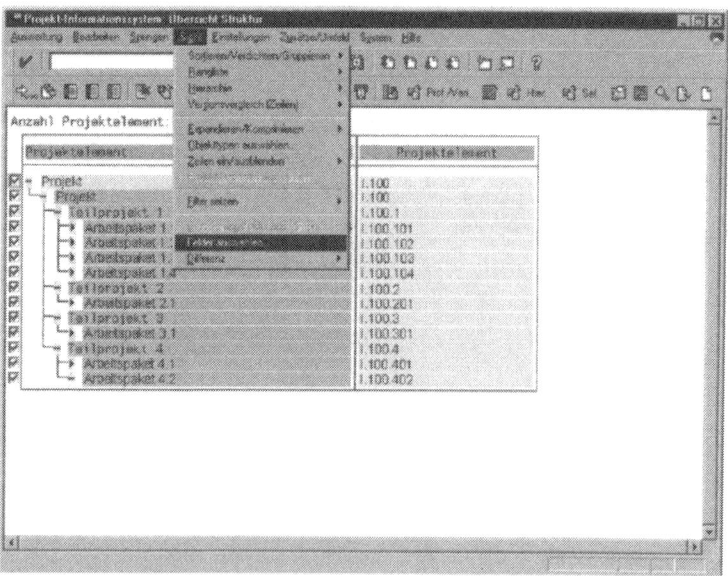

Abb. 3.61 Auswahl weiterer Felder zum Strukturübersichtsbericht

Sie sehen den Bericht für die Strukturübersicht Ihres vorgegebenen Projekts.

Sie haben nun die Möglichkeit über die Menüfunktion ***Sicht / Felder auswählen*** weitere Spalten bzw. Felder ein- bzw. auszublenden (z. B Status).

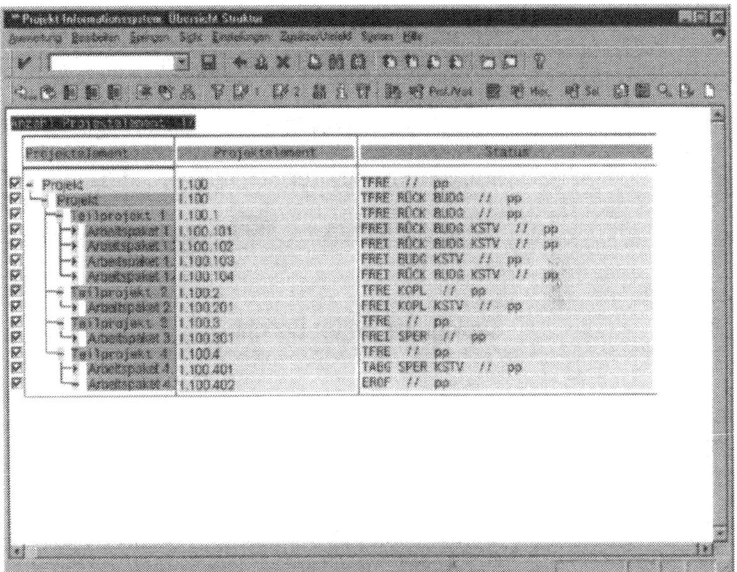

Abb. 3.62 Strukturübersichtsbericht mit neuer Feldauswahl

Tipps und Tricks

Über die Schaltfläche [Filter-Symbol] haben Sie die Möglichkeit, einen Filter zu setzen bzw. aufzuheben. Es erscheint dann die Dialogbox Filter setzen.

Der Filter Allgemein enthält im Wesentlichen folgende Selektionsmöglichkeiten wie z. B. Projektleitung, Statuskennzeichen, Verantwortliche Kostenstelle (Kostenstelle), Buchungskreis, Kostenrechnungskreis.

Der Filter Statusabhängig enthält hauptsächlich Selektionsschemata, bezogen auf den Anwenderstatus.

Der Filter Benutzerdefiniert enthält weitere Selektionsmöglichkeiten in Form einer Auswahlliste wie z. B. Selektion der PSP-Elemente nach einem bestimmten Istkostenintervall. Für

diese Auswahlliste können weitere Abgrenzungen gesetzt werden.
Beim Filter Objektname können vorrangig objektspezifische Bedingungen gesetzt werden, z. B. Projektdefinition, PSP-Element etc.
Im Fenster ***Projekt-Informationssystem: Übersicht Struktur*** können Sie über die Menüfunktion ***Einstellungen / Spaltenbreite / Objekte*** das Anzeigenformat der Tabelle variieren, indem Sie die Spaltenbreite verändern.

Im Fenster ***Projekt-Informationssystem: Übersicht Struktur*** können Sie mit der Schaltfläche alle Objekte markieren und mit der Schaltfläche wieder alle Markierungen löschen.

3.10.2 Strukturorientierter Bericht

Der Schnelleinstieg

Vom SAP-Einstiegsbild über die Menüfunktion ***Rechnungswesen / Projektmanagement / Informationssystem*** zum Fenster ***Projektinformationssystem***.
Anschließend über die Menüfunktion ***Überblick / Berichtsauswahl*** zum Fenster ***Anwendungsbaum Berichtsauswahl Projektmanagement***.
Im Berichtsbaum folgende Ebenen öffnen: ***Kosten / Erlöse / Finanzen / Kosten / Planbezogen / Strukturorientiert / Plan / Ist-Vergleich***. Anschließend Doppelklicken auf ***Kosten: Plan / Ist / Abweichung***.
Im Fenster ***Kosten: Plan / Ist / Abweichung*** die Projektnummer in das entsprechende Feld eintragen und mit der Schaltfläche bestätigen. Es wird das Fenster ***Kosten: Plan / Ist / Abweichung ausführen: Übersicht*** angezeigt.

Die Grundlagen

Der Strukturorientierte Bericht gehört zur Gruppe der kaufmännischen Projektberichte. Im Strukturorientierten Bericht werden die Kosten und Erlöse pro PSP-Element angezeigt. Es können Informationen wie Plankosten, Istkosten, Budget, Obligo für einzelne Jahre oder einem bestimmten Zeitraum dargestellt werden.

Die Aufgabe

Im Folgenden wird zuerst gezeigt, wie man zum Strukturorientierten Bericht gelangt und anschließend wird noch auf grundlegende Details eingegangen.

Die Lösungsschritte

Starten Sie vom SAP R/3 Einstiegsbild und wählen Sie die Menüfunktion ***Rechnungswesen / Projektmanagement / Informationssystem***, um in das Fenster des ***Projektinformationssystems*** zu gelangen.

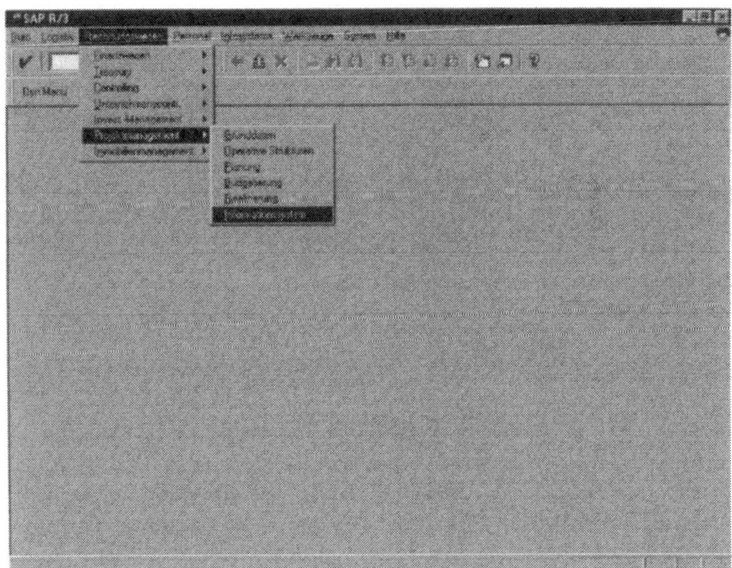

Abb. 3.63 Einstiegsfenster SAP R/3

Es erscheint das Fenster ***Projektinformationssystem***. Wählen Sie hier die Menüfunktion ***Überblick / Berichtsauswahl***, um in den Berichtsbaum zu gelangen.

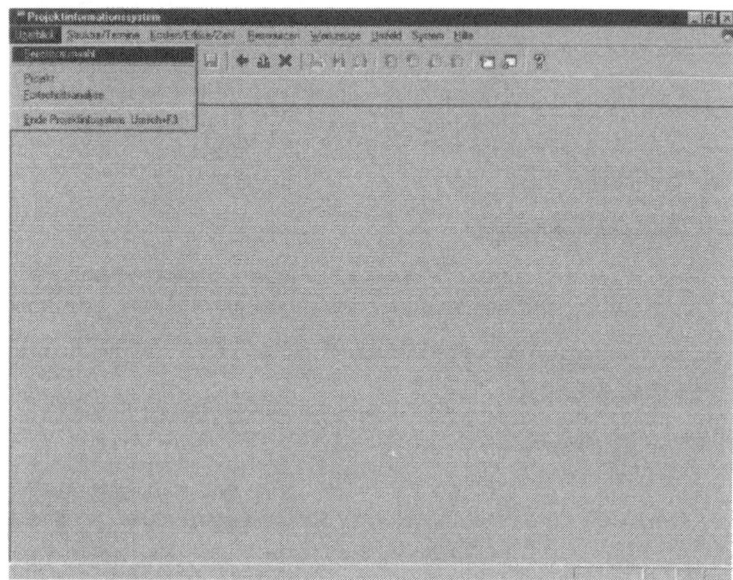

Abb. 3.64 Einstiegsfenster zum Projektinformationssystem

Es erscheint das Fenster ***Anwendungsbaum Berichtsauswahl Projektmanagement***.

In diesem Berichtsbaum können Sie die verschiedenen Berichte aufrufen.

Öffnen Sie im Fenster ***Anwendungsbaum Berichtsauswahl Projektmanagement*** folgende Ebenen: ***Kosten/Erlöse/ Finanzen / Kosten / Planbezogen / Strukturorientiert / Plan/Ist-Vergleich*** für die Berichtsauswahl und führen Sie einen Doppelklick auf Kosten: Plan/Ist/Abweichung aus.

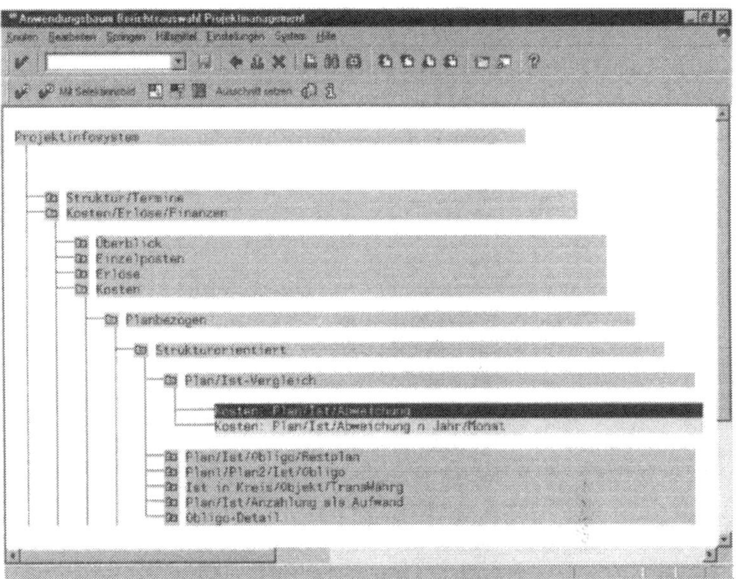

Abb. 3.65 Berichtsbaum

Es erscheint das Fenster ***Kosten: Plan / Ist / Abeichung***. Geben Sie die Projektnummer ein und bestätigen Sie ihre Eingabe mit der Schaltfläche  .

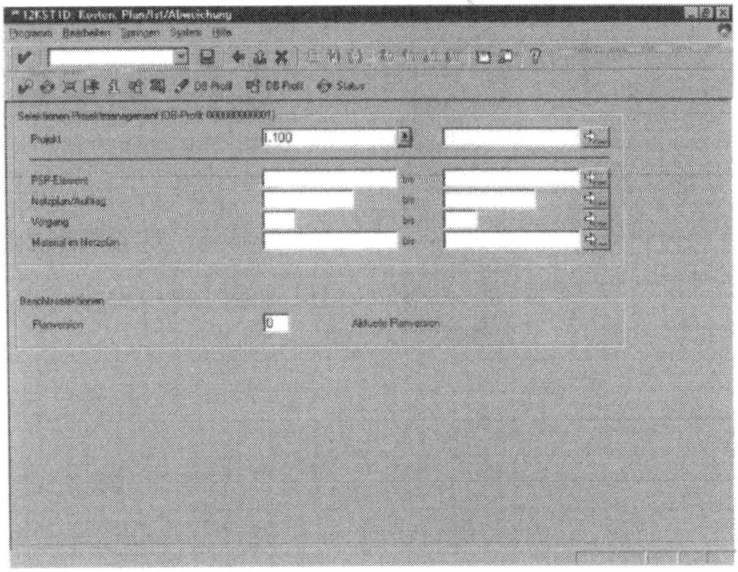

Abb. 3.66 Selektionsfenster zum strukturorientierten Bericht

Es erscheint das Fenster ***Kosten: Plan / Ist / Abweichung ausführen: Übersicht***.

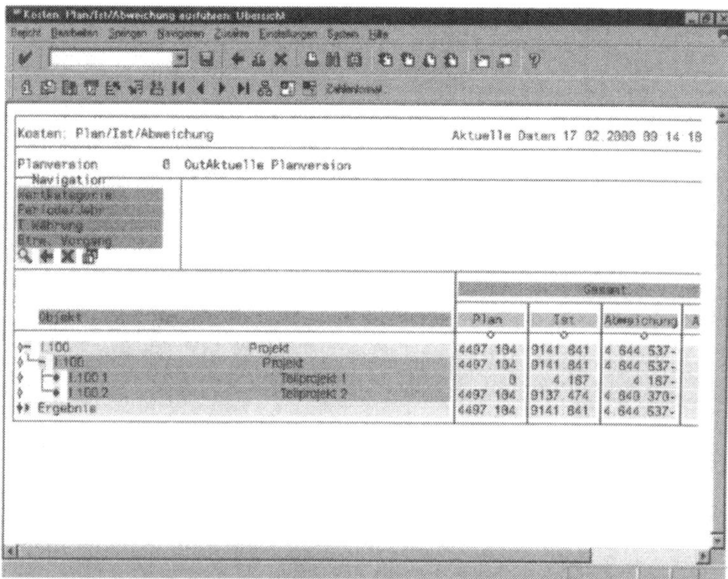

Abb. 3.67 Strukturorientierter Bericht

Tipps und Tricks

Mit Hilfe der Schaltflächen [Schaltflächen-Symbole] haben Sie die Möglichkeit, eine zeitliche Sichteinschränkung der Berichtsanzeige vorzunehmen.

Innerhalb des Strukturorientierten Berichts haben Sie nun mit Hilfe des Navigationsblocks die Möglichkeit, zu detaillierteren Informationen zu gelangen. Im Navigationsblock werden Ihnen alle Merkmale angeboten, die bei der Definition des Berichts angegeben wurden.

3.10.3 Kostenartenorientierter Bericht

Der Schnelleinstieg

Vom SAP-Einstiegbild über Menüfunktion ***Rechnungswesen / Projektmanagement / Informationssystem*** zum Fenster ***Projektinformationssystem***.
Anschließend über die Menüfunktion ***Überblick / Berichtsauswahl*** zum Fenster ***Anwendungsbaum Berichtsauswahl Projektmanagement***.
Im Berichtsbaum folgende Ebenen öffnen: ***Kosten / Erlöse / Finanzen / Kosten / Planbezogen / Kostenartenorientiert / Plan/Ist-Vergleich***.
Anschließend Doppelklicken auf ***Plan / Ist / Abweichung abs./ Abw.proz***.
Im Fenster ***Plan / Ist / Abweichungen abs. / Abw.proz.: Selektion*** die Projektnummer in das entsprechende Feld eintragen und mit der Schaltfläche bestätigen. Es wird das Fenster ***Plan / Ist / Abweichung abs. / Abw.proz.: Ergebnis*** angezeigt.

Die Grundlagen

Der Kostenartenorientierte Bericht gehört zur Gruppe der kaufmännischen Projektberichte. Im kostenartenorientierten Bericht können Projekte bzw. einzelne PSP-Elemente kostenartengerecht ausgewertet werden.

Die Aufgabe

Im Folgenden wird zuerst gezeigt, wie man zum kostenartenorientierten Bericht gelangt und anschließend wird noch auf grundlegende Details eingegangen.

Die Lösungsschritte

Starten Sie vom SAP R/3 Einstiegsbild und wählen Sie die Menüfunktion ***Rechnungswesen / Projektmanagement / Informationssystem***, um in das Fenster ***Projektinformationssystem*** zu gelangen.

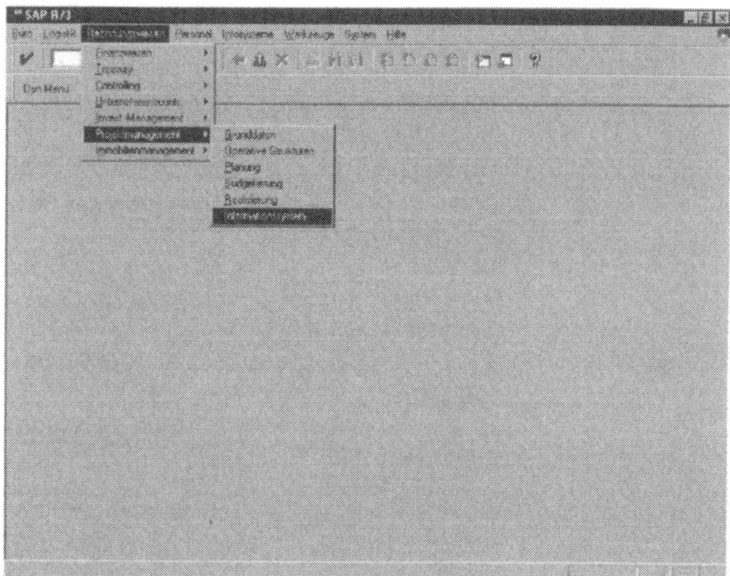

Abb. 3.68 Einstiegsfenster SAP R/3

Es erscheint das Fenster ***Projektinformationssystem***. Wählen Sie die Menüfunktion ***Überblick / Berichtsauswahl***, um in den Berichtsbaum zu gelangen.

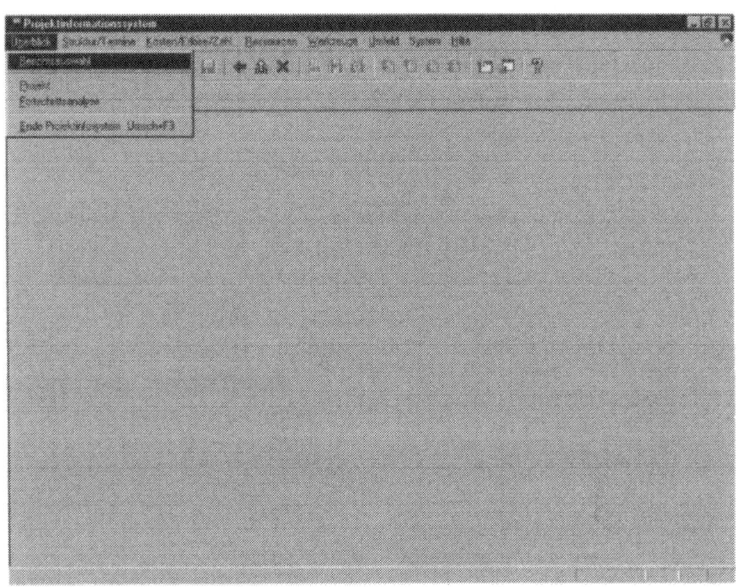

Abb. 3.69 Einstiegsfenster

Es erscheint das Fenster ***Anwendungsbaum Berichtsauswahl Projektmanagement***.

In diesem Berichtsbaum haben Sie die Möglichkeit die verschiedenen Berichte aufzurufen.

Öffnen Sie im Fenster ***Anwendungsbaum Berichtsauswahl Projektmanagement*** die folgenden Ebenen: ***Kosten Erlöse/Finanzen / Kosten / Planbezogen / Kostenarten-orientiert / Plan- /Ist-Vergleich*** und führen Sie einen Doppelklick auf ***Plan/Ist/Abweichung abs./Abw.proz***. durch.

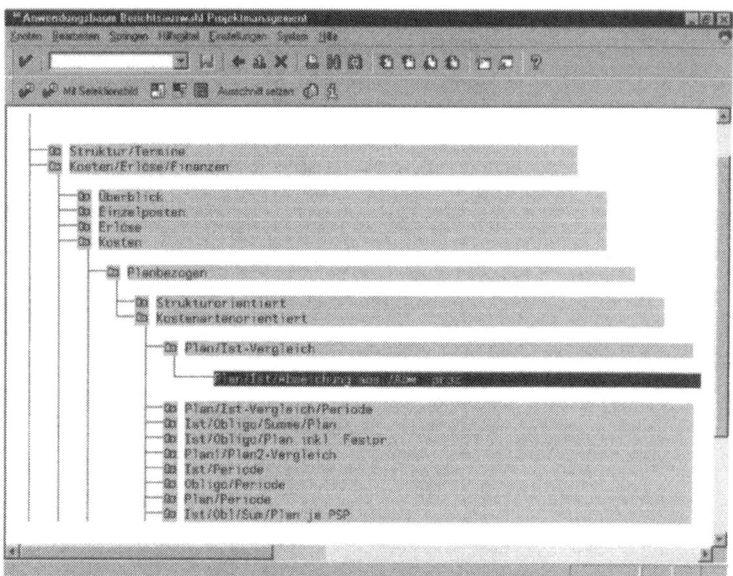

Abb. 3.70 Berichtsbaum

Es erscheint das Fenster ***Plan /Ist / Abweichung abs. / Abw. proz.: Selektieren***. Geben Sie die Projektnummer ein und bestätigen Sie die Eingabe mit der Schaltfläche .

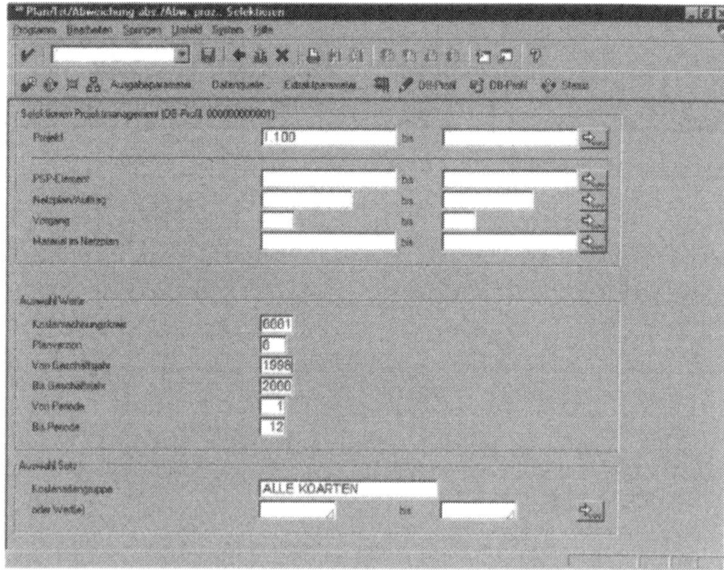

Abb. 3.71 Selektionsfenster zum Kostenartenorientierten Bericht

Es erscheint das Fenster ***Plan / Ist / Abweichung abs. / Abw. proz.: Ergebnis***.

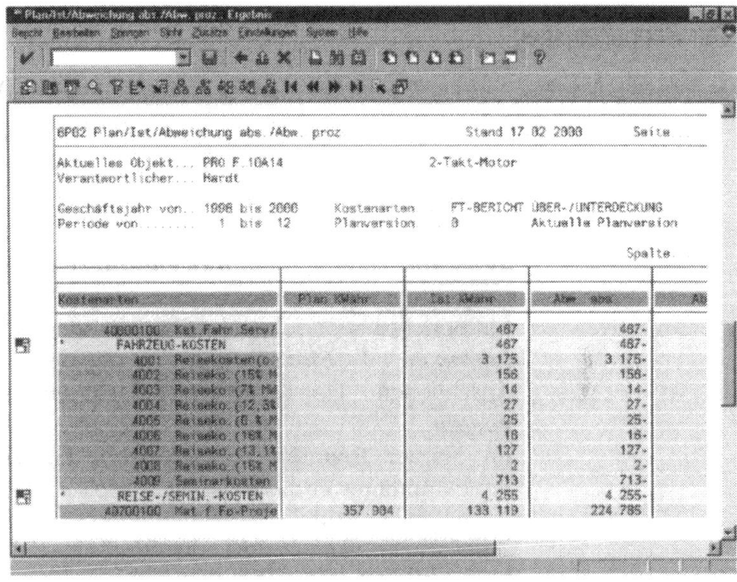

Abb. 3.72 Kostenartenorientierter Bericht

Tipps und Tricks

Im Fenster ***Plan / Ist / Abweichung abs. / Abw. proz.: Ergebnis*** können Sie mit den Schaltflächen eine zuvor markierte Spalte aufsteigend oder absteigend sortieren.

Mit der Schaltfläche können Sie den Kostenartenorientierten Bericht nach Schwellenwerten filtern.

Mit den Schaltflächen können Sie den sichtbaren Ausschnitt des Fensters spaltenweise verschieben.

3.10.4 Ist-Einzelpostenbericht

Der Schnelleinstieg

Vom SAP-Einstiegsbild über Menüfunktion ***Rechnungswesen / Projektmanagement / Informationssystem*** zum Fenster ***Projektinformationssystem***.
Anschließend über die Menüfunktion ***Überblick / Berichtsauswahl*** zum Fenster ***Anwendungsbaum Berichtsauswahl Projektmanagement***.
Im Berichtsbaum folgende Ebenen öffnen: ***Kosten / Erlöse / Finanzen / Einzelposten / Kosten / Erlöse / Ist***. Anschließend Doppelklicken auf ***Projekte Einzelposten Istkosten***.
Im Fenster ***Projekte Einzelposten Istkosten anzeigen*** die Projektnummer in das entsprechende Feld eintragen und mit der Schaltfläche bestätigen. Es wird das Fenster ***Projekte Einzelposten Istkosten*** angezeigt.

Die Grundlagen

Im Einzelpostenbericht können für ein Projekt in einem gewählten Zeitintervall die einzelnen Buchungsbelege angezeigt werde und stehen somit zur Projektauswertung zur Verfügung. Beim Ist-Einzelpostenbericht wird für jede Buchung von Ist-Kosten (gebuchter Beleg) ein Einzelposten erzeugt, der im Ist-Einzelpostenbericht aufgerufen werden kann.

Die Aufgabe

Im Folgenden wird zuerst gezeigt, wie man zum Ist-Einzelpostenbericht gelangt und anschließend wird noch auf grundlegende Details eingegangen.

Die Lösungsschritte

Starten Sie vom SAP R/3 Einstiegsbild und wählen Sie die Menüfunktion ***Rechnungswesen / Projektinformationssystem / Informationssystem***, um in das Fenster ***Projektinformationssystem*** zu gelangen.

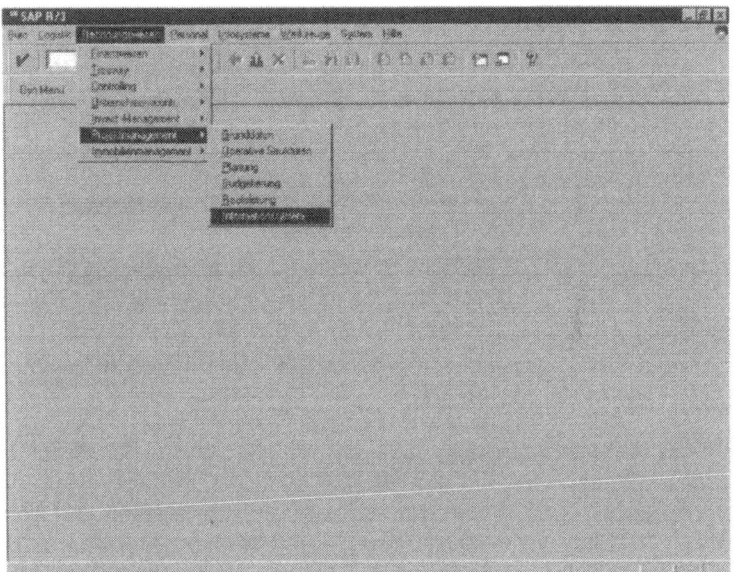

Abb. 3.73 Einstiegsfenster SAP/R3

Es erscheint das Fenster ***Projektinformationssystem***. Wählen Sie hier die Menüfunktion ***Überblick / Berichtsauswahl***.

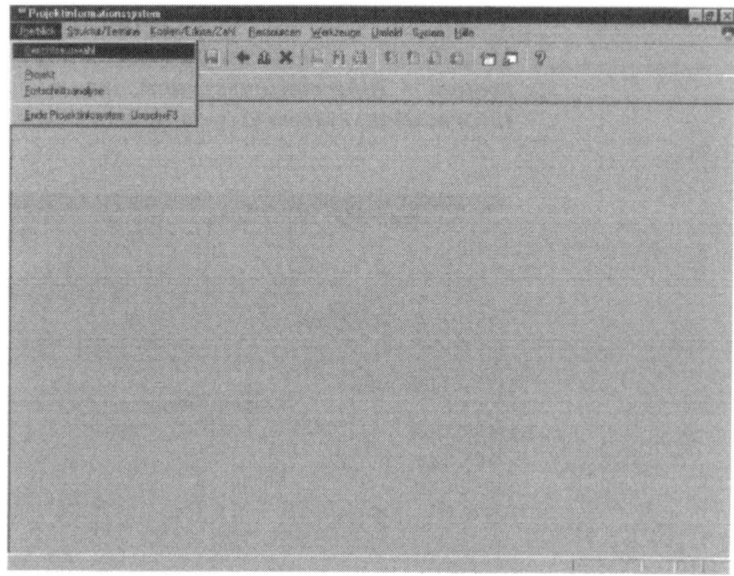

Abb. 3.74 Einstiegsfenster zum Projektinformationssystem

Es erscheint das Fenster ***Anwendungsbaum Berichtsauswahl Projektmanagement***.

In diesem Berichtsbaum können Sie die verschiedenen Berichte aufrufen.

Öffnen Sie im Fenster ***Anwendungsbaum Berichtsauswahl Projektmanagement*** in der Baumstruktur folgende Ebenen: ***Kosten/Erlöse/Finanzen / Einzelposten / Kosten/Erlöse / Ist***. Führen Sie einen Doppelklick auf den Eintrag ***Projekte Einzelposten Istkosten*** durch.

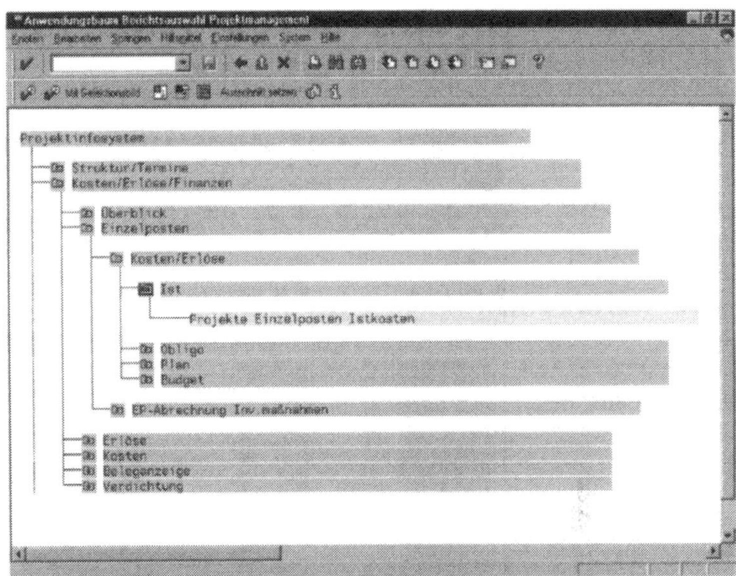

Abb. 3.75 Berichtsbaum

Es erscheint das Fenster ***Projekte Einzelposten Istkosten*** anzeigen. Geben Sie die Projektnummer ein und bestätigen Sie die Eingabe durch die Schaltfläche .

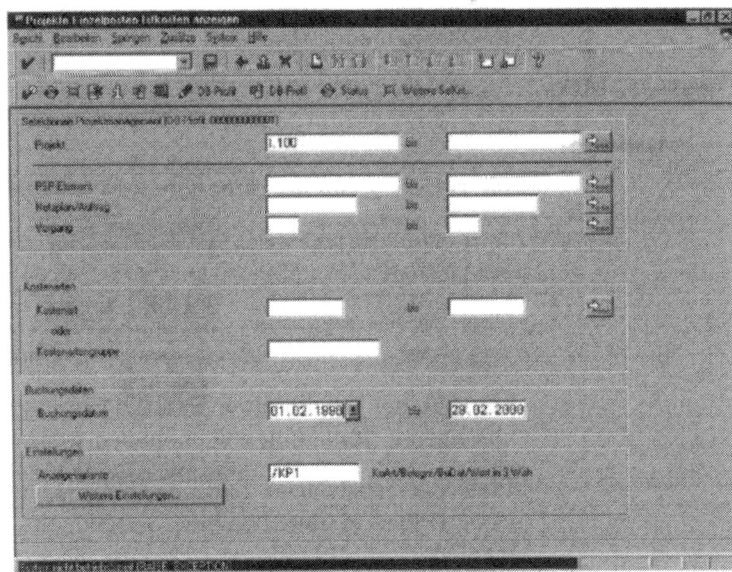

Abb. 3.76 Selektionsfenster zum Ist Einzelpostenbericht

Es erscheint das Fenster ***Projekte Einzelposten Istkosten anzeigen***.

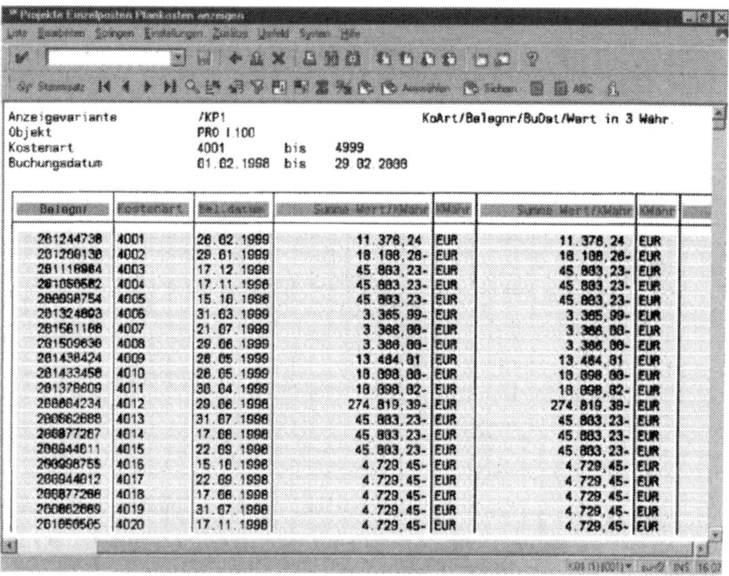
Projekte Einzelposten Plankosten anzeigen

Anzeigevariante	/KP1		KoArt/Belegnr/BuDat/Wert in 3 Währ.
Objekt	PRO I.100		
Kostenart	4001	bis 4999	
Buchungsdatum	01.02.1998	bis 29.02.2000	

Belegnr	Kostenart	Bel.datum	Summe Wert/KWähr	KWähr	Summe Wert/KWähr	KWähr
201244730	4001	26.02.1999	11.376,24	EUR	11.376,24	EUR
201200130	4002	29.01.1999	10.100,20-	EUR	10.100,20-	EUR
201118984	4003	17.12.1998	45.803,23-	EUR	45.803,23-	EUR
201050682	4004	17.11.1998	45.803,23-	EUR	45.803,23-	EUR
200998754	4005	15.10.1998	45.803,23-	EUR	45.803,23-	EUR
201324093	4006	31.03.1999	3.365,99-	EUR	3.365,99-	EUR
201561100	4007	21.07.1999	3.366,00-	EUR	3.366,00-	EUR
201509630	4008	29.06.1999	3.366,00-	EUR	3.366,00-	EUR
201438424	4009	28.05.1999	13.484,01	EUR	13.484,01	EUR
201433450	4010	28.05.1999	10.098,00-	EUR	10.098,00-	EUR
201378609	4011	30.04.1999	10.098,02-	EUR	10.098,02-	EUR
200804234	4012	29.06.1998	274.819,39-	EUR	274.819,39-	EUR
200862688	4013	31.07.1998	45.803,23-	EUR	45.803,23-	EUR
200877267	4014	17.08.1998	45.803,23-	EUR	45.803,23-	EUR
200944011	4015	22.09.1998	45.803,23-	EUR	45.803,23-	EUR
200998755	4016	15.10.1998	4.729,45-	EUR	4.729,45-	EUR
200944012	4017	22.09.1998	4.729,45-	EUR	4.729,45-	EUR
200877268	4018	17.08.1998	4.729,45-	EUR	4.729,45-	EUR
200862689	4019	31.07.1998	4.729,45-	EUR	4.729,45-	EUR
201050505	4020	17.11.1998	4.729,45-	EUR	4.729,45-	EUR

Abb. 3.77 Ist-Einzelpostenbericht

Hier werden nun alle einzelnen Buchungsbelege zum ausgewählten Projekt, aufgeschlüsselt beispielsweise nach Kostenarten dargestellt.

Tipps und Tricks

Im Fenster ***Projekte Einzelposten Istkosten anzeigen*** kann über die Schaltfläche Stammsatz zu den operativen Strukturdaten (Stammdaten) verzweigt werden.

Über die Schaltflächen kann der sichtbare Ausschnitt des Fensters spaltenweise verschoben werden.

Mit Hilfe der Schaltflächen kann eine aufsteigende bzw. absteigende Sortierung vorgenommen werden.

Über die Schaltfläche Auswählen können weitere Spalten bzw. Felder in der aktuellen Tabelle ein- bzw. ausgeblendet werden.

Über die Schaltfläche kann auf bestehende Anzeigevarianten zugegriffen werden:
Einige wichtige Anzeigevarianten und deren wesentlichen Auswertemöglichkeiten:
Über die Anzeigevariante ***/KP3 Objekt/KoArt/RefBelegnr.*** kann beispielsweise die Höhe der Buchungen pro Kostenart zum Projekt ermittelt werden.
Über die Anzeigevariante ***/KP4 Objekt/KoArt/Partner*** kann die Kostenstellenleistung zum Projekt ermittelt werden.
Über die Anzeigevariante ***/ZP2 PSP/KoArt/Kred. Deb./Wert/BuDat*** kann die Höhe der Buchungen pro Lieferant zum Projekt ermittelt werden.

3.10.5 Plan-Einzelpostenbericht

Der Schnelleinstieg

Vom SAP-Einstiegsbild über die Menüfunktion ***Rechungswesen / Projektmanagement / Informationssystem*** zum Fenster ***Projektinformationssystem***.
Anschließend über die Menüfunktion ***Überblick / Berichtsauswahl*** zum Fenster ***Anwendungsbaum Berichtsauswahl Projektmanagement***.
Im Berichtsbaum folgende Ebenen öffnen: ***Kosten / Erlöse / Finanzen / Einzelposten / Kosten / Erlöse / Plan***. Anschließend Doppelklicken auf ***Projekte Einzelposten Plankosten***. Im Fenster ***Projekte Einzelposten Plankosten anzeigen*** die Projektnummer in das entsprechende Feld eintragen und mit der Schaltfläche bestätigen. Es erscheint das Fenster ***Projekte Einzelposten Plankosten anzeigen***.

Die Grundlagen

BASICSBASICSBAS

Im Einzelpostenbericht können für ein Projekt in einem gewählten Zeitintervall die einzelnen Buchungsbelege angezeigt werden und stehen somit zur Projektauswertung zur Verfügung. Beim Plan-Einzelpostenbericht wird für jede Änderung von Planwerten ein Planungsbeleg erzeugt, wodurch eine

Planungshistorie zum jeweiligen Planwert entsteht. Über den Plan-Einzelpostenbericht können diese Planungsbelege aufgerufen werden.

Die Aufgabe

Im folgenden wird zuerst gezeigt, wie man zum Plan-Einzelpostenbericht gelangt und anschließend wird noch auf grundlegende Details eingegangen.

Die Lösungsschritte

Starten Sie vom SAP R/3 Einstiegsbild und wählen Sie die Menüfunktion ***Rechnungswesen / Projektmanagement / Informationssystem***, um in das Fenster des ***Projektinformationssystems*** zu gelangen.

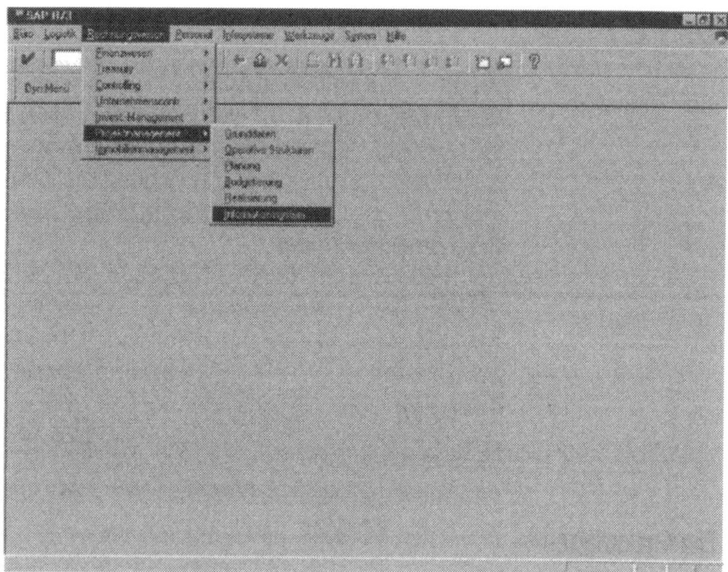

Abb. 3.78 Einstiegsfenster SAP/ R3

Es erscheint das Fenster ***Projektinformationssystem***. Wählen Sie hier die Menüfunktion ***Überblick / Berichtsauswahl***, um in den Berichtsbaum zu gelangen.

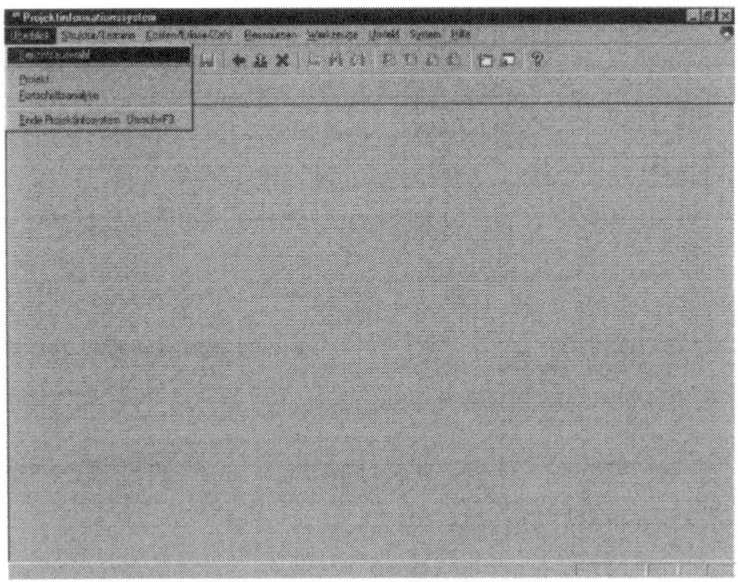

Abb. 3.79 Einstiegsfenster zum Projektinformationssystem

Es erscheint das Fenster ***Anwendungsbaum Berichtsauswahl Projektmanagement***.

In diesem Berichtsbaum können Sie alle Berichte aufrufen, die zur Verfügung stehen.

Öffnen Sie im Fenster ***Anwendungsbaum Berichtsauswahl Projektmanagement*** folgende Ebenen: ***Kosten/Erlöse/ Finanzen / Einzelposten / Plan*** und führen Sie einen Doppelklick auf ***Projekte Einzelposten Plankosten*** durch.

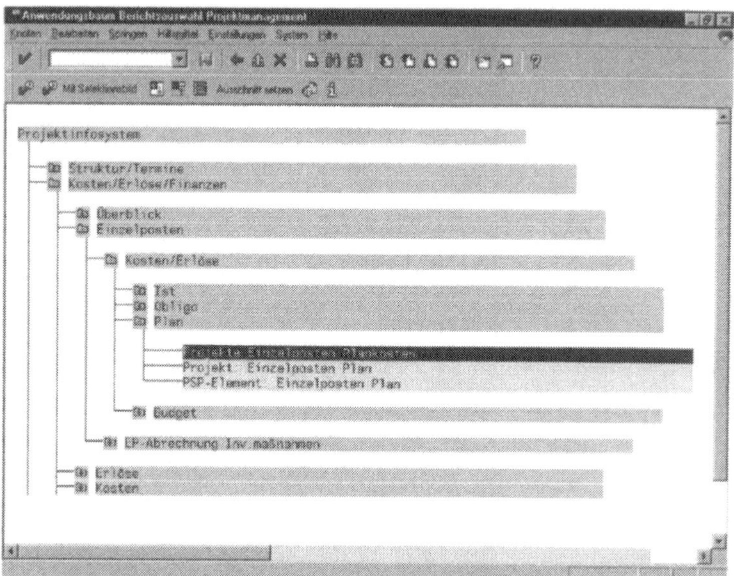

Abb. 3.80 Berichtsbaum

Es erscheint das Fenster ***Projekte Einzelposten Plankosten anzeigen***. Geben Sie die Projektnummer in das dafür vorgesehene Feld ein und bestätigen Sie die Eingabe mit der Schaltfläche .

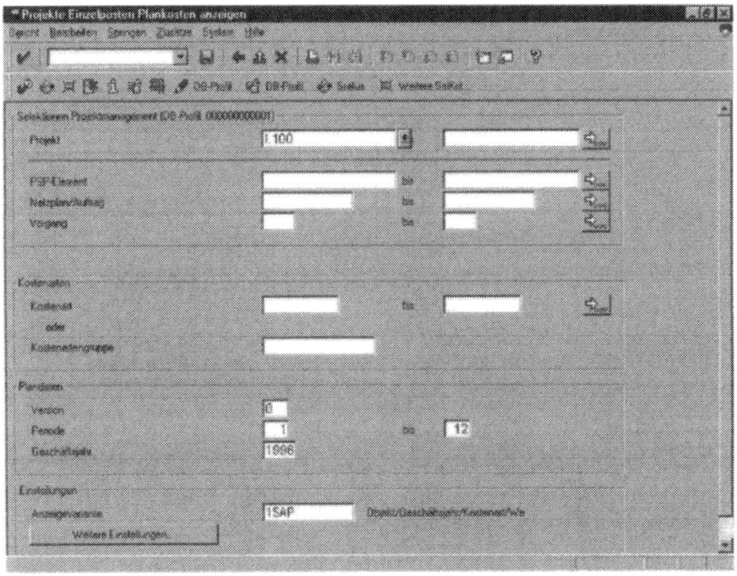

Abb. 3.81 Selektionsfenster zum Plan-Einzelpostenbericht

Es erscheint das Fenster ***Projekte Einzelposten Plankosten anzeigen***.

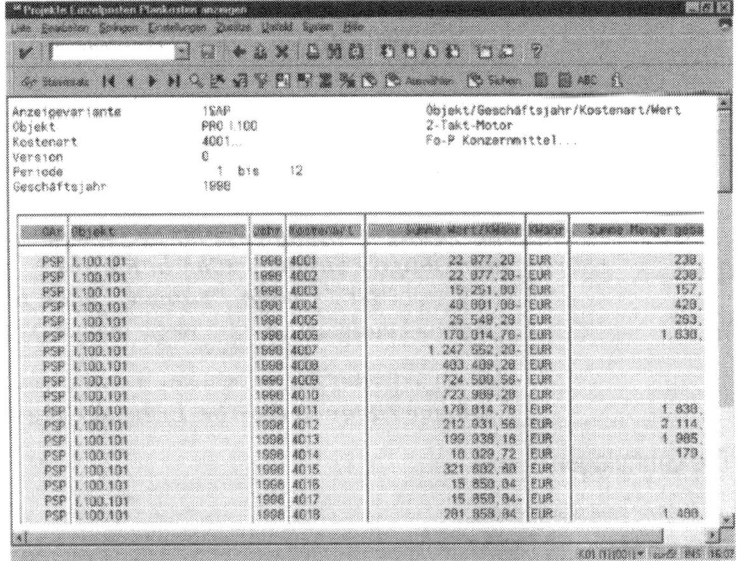

Anzeigevariante	1SAP	Objekt/Geschäftsjahr/Kostenart/Wert
Objekt	PRO I.100	2-Takt-Motor
Kostenart	4001...	Fo-P Konzernmittel...
Version	0	
Periode	1 bis 12	
Geschäftsjahr	1998	

OAr	Objekt	Jahr	Kostenart	Summe Wert/KWähr	KWähr	Summe Menge gesa
PSP	I.100.101	1998	4001	22.877,20	EUR	238,
PSP	I.100.101	1998	4002	22.877,20-	EUR	238,
PSP	I.100.101	1998	4003	15.251,80	EUR	157,
PSP	I.100.101	1998	4004	40.801,08-	EUR	420,
PSP	I.100.101	1998	4005	25.549,28	EUR	263,
PSP	I.100.101	1998	4006	178.014,76-	EUR	1.830,
PSP	I.100.101	1998	4007	1.247.552,20-	EUR	
PSP	I.100.101	1998	4008	403.409,28	EUR	
PSP	I.100.101	1998	4009	724.500,56-	EUR	
PSP	I.100.101	1998	4010	723.989,28	EUR	
PSP	I.100.101	1998	4011	178.814,76	EUR	1.830,
PSP	I.100.101	1998	4012	212.931,56	EUR	2.114,
PSP	I.100.101	1998	4013	199.938,16	EUR	1.985,
PSP	I.100.101	1998	4014	18.029,72	EUR	179,
PSP	I.100.101	1998	4015	321.802,80	EUR	
PSP	I.100.101	1998	4016	15.850,84	EUR	
PSP	I.100.101	1998	4017	15.858,84-	EUR	
PSP	I.100.101	1998	4018	281.858,84	EUR	1.480,

Abb. 3.82 Plan-Einzelpostenbericht

Tipps und Tricks

Im Fenster ***Projekte Einzelposten Plankosten anzeigen*** kann über die Schaltfläche Stammsatz zu den operativen Strukturdaten (Stammdaten) verzweigt werden.

Über die Schaltflächen kann der sichtbare Ausschnitt des Fensters spaltenweise verschoben werden.

Mit Hilfe der Schaltflächen kann eine aufsteigende bzw. absteigende Sortierung vorgenommen werden.

Über die Schaltfläche Auswählen können weitere Spalten bzw. Felder in der aktuellen Tabelle ein- bzw. ausgeblendet werden.

3.10.6 Obligo-Einzelpostenbericht

Der Schnelleinstieg

Vom SAP-Einstiegsbild über die Menüfunktion ***Rechungswesen / Projektmanagement / Informationssystem*** zum Fenster ***Projektinformationssystem***.
Anschließend über die Menüfunktion ***Überblick / Berichtsauswahl*** zum Fenster ***Anwendungsbaum Berichtsauswahl Projektmanagement***.
Im Berichtsbaum folgende Ebenen öffnen: ***Kosten / Erlöse / Finanzen / Kosten / Planbezogen / Kostenartenorientiert / Ist / Obligo / Summe / Plan***. Anschließend Doppelklicken auf ***Ist / Obligo / Summe / Plan in KWähr***.
Im Fenster ***Ist / Obligo / Summe / Plan in KWähr: Selektion*** die Projektnummer in das entsprechende Feld eintragen und mit der Schaltfläche bestätigen. Es wird das Fenster ***Ist / Obligo / Summe / Plan in KWähr: Ergebnis*** angezeigt.

Die Grundlagen

Im Einzelpostenbericht können für ein Projekt in einem gewählten Zeitintervall die einzelnen Buchungsbelege angezeigt werde und stehen somit zur Projektauswertung zur Verfügung.

Beim Obligo-Einzelpostenbericht wird für jedes Obligo ein Obligo-Einzelposten erzeugt, der im Obligo-Einzelpostenbericht aufgerufen werden kann.
Über das Modul MM (Materialwirtschaft) können Bestellanforderungen bzw. Bestellungen direkt für ein bestimmtes PSP-Element erzeugt werden. Diese werden dann im Berichtswesen in der Wertanzeige als Obligo sichtbar.

Die Aufgabe

Im Folgenden wird zunächst gezeigt, wie man zum Obligo-Einzelpostenbericht gelangt und anschließend wird noch auf grundlegende Details eingegangen.

Die Lösungsschritte

Starten Sie vom SAP R/3 Einstiegsbild und wählen Sie die Menüfunktion ***Rechnungswesen / Projektmanagement / Informationssystem***, um in das Fenster ***Projektinformationssystem*** zu gelangen.

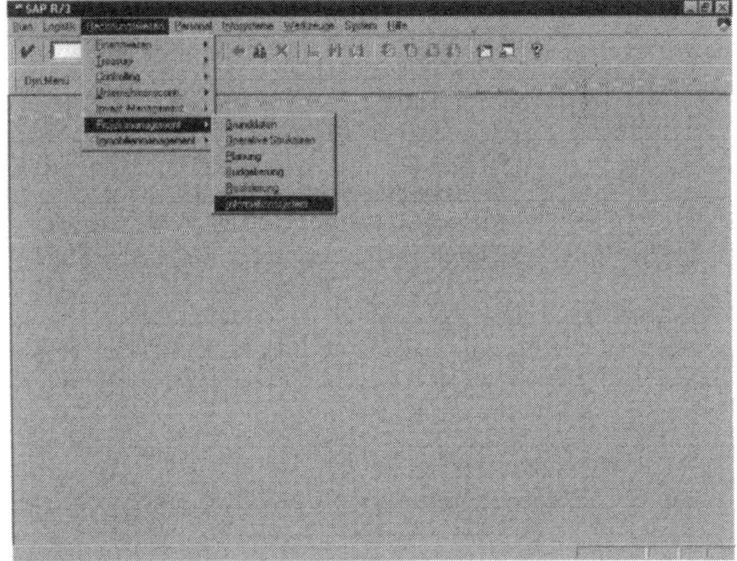

Abb. 3.83 Einstiegsfenster SAP/ R3

Es erscheint das Fenster ***Projektinformationssystem***. Wählen Sie die Menüfunktion ***Überblick / Berichtsauswahl***, um in den Berichtsbaum zu gelangen.

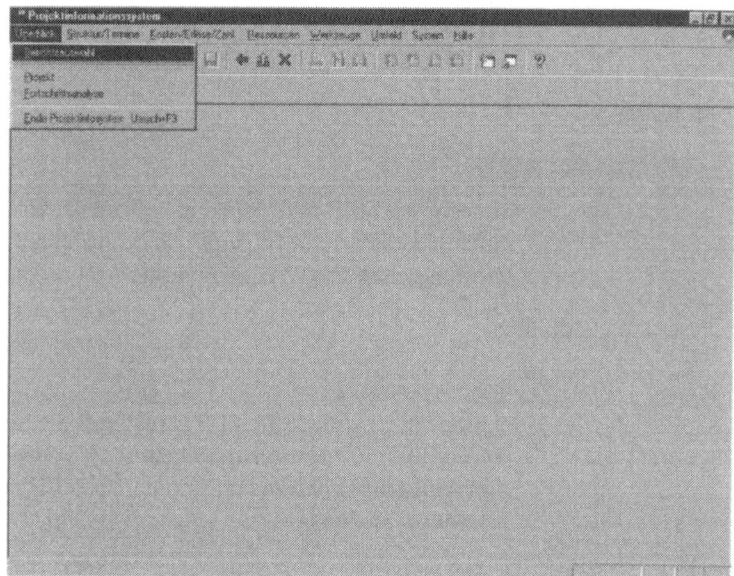

Abb. 3.84 Einstiegsfenster zum Projektinformationssystem

Es erscheint das Fenster ***Anwendungsbaum Berichtsauswahl Projektmanagement***.

In diesem Berichtsbaum haben Sie die Möglichkeit, den gewünschten Bericht aufzurufen.

Öffnen Sie im Fenster ***Anwendungsbaum Berichtsauswahl Projektmanagement*** in der Baumstruktur folgende Ebenen: ***Kosten/Erlöse/Finanzen / Einzelposten / Kosten/Erlöse / Obligo***. Führen Sie einen Doppelklick auf den Eintrag ***Projekte Einzelposten Obligo*** durch.

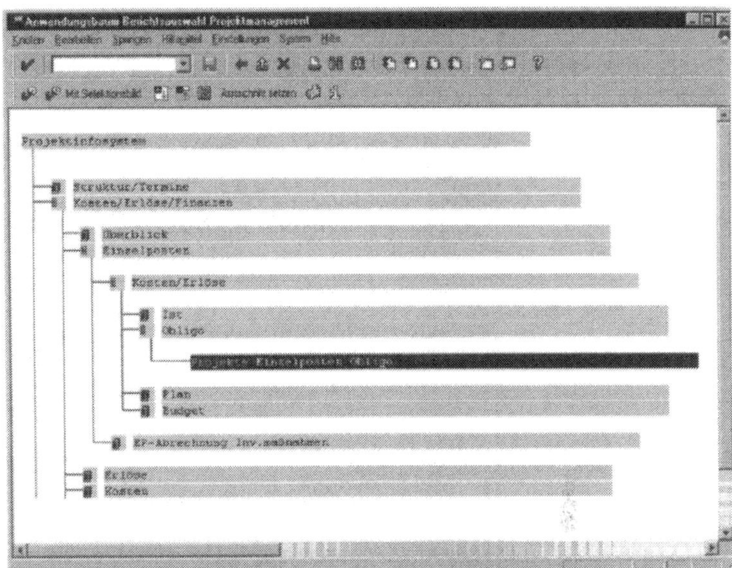

Abb. 3.85 Berichtsbaum

Es erscheint das Fenster ***Projekte Einzelposten Obligo anzeigen***. Geben Sie die Projektnummer ein und bestätigen Sie die Eingabe mit der Schaltfläche .

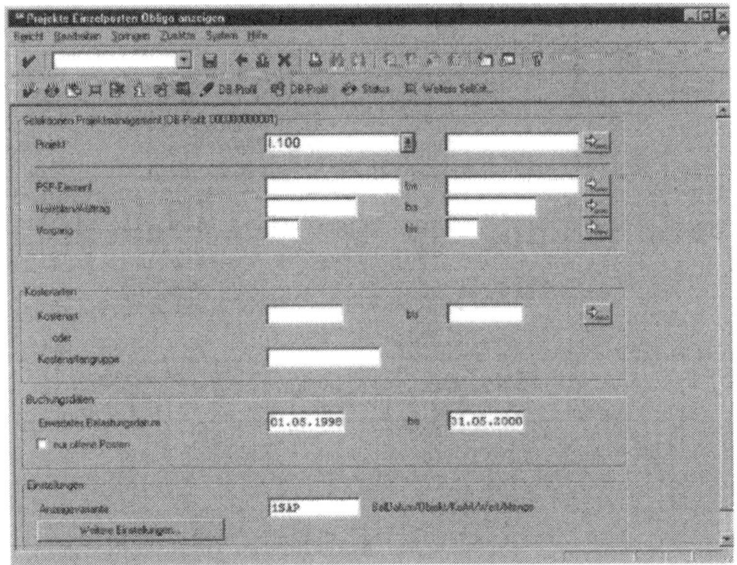

Abb. 3.86 Selektionsfenster zum Obligo-Einzelpostenbericht

Es erscheint das Fenster ***Projekte Einzelposten Obligo anzeigen***.

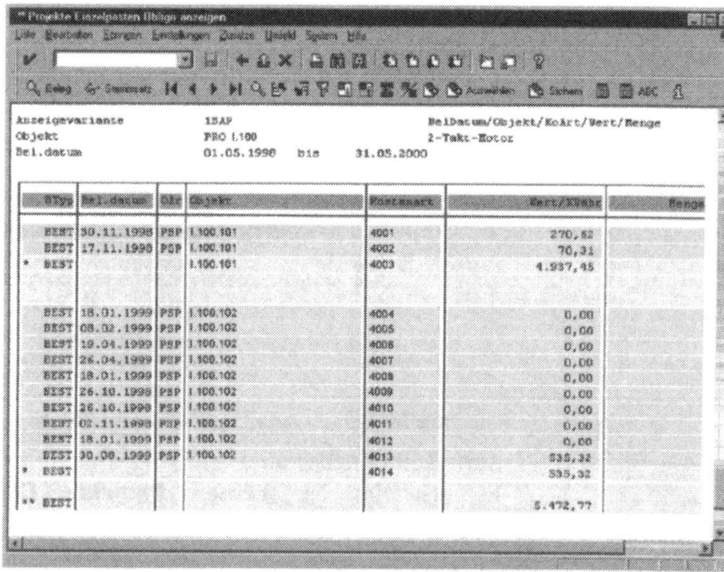

Abb. 3.87 Obligo-Einzelpostenbericht

Tipps und Tricks

Im Fenster ***Projekte Einzelposten Obligo anzeigen*** kann über die Schaltfläche [Stammsatz] zu den operativen Strukturdaten (Stammdaten) verzweigt werden.

Über die Schaltflächen [|◀ ◀ ▶ ▶|] kann der sichtbare Ausschnitt des Fensters spaltenweise verschoben werden.

Mit Hilfe der Schaltflächen [Sortierung] kann eine aufsteigende bzw. absteigende Sortierung vorgenommen werden.

Über die Schaltfläche [Auswählen] können weitere Spalten bzw. Felder in der aktuellen Tabelle ein- bzw. ausgeblendet werden.

Über die Schaltfläche [Symbol] kann auf bestehende Anzeigevarianten zugegriffen werden:

Über die Anzeigevariante ***/ZP3 Material/Kreditor/RefBeleg*** können die Bestellungen pro Lieferant angezeigt werden.

3.11 Dokumentation

Der Schnelleinstieg

Vom SAP-Einstiegsbild über ***Rechnungswesen / Projektmanagement / Operative Strukturen***, zum Fenster ***Operative Projektstrukturen***.

Im Fenster ***Operative Projektstrukturen*** über die Menüfunktion ***Projektstrukturplan / Ändern*** in das Fenster ***Projekt ändern: Einstieg***. Eingabe der Projektnummer und Drücken der Schaltfläche Struktur.

Im Fenster ***Projekt ändern: PSP-Elementübersicht*** das PSP-Element markieren, dem ein Text zugeordnet werden soll. Über die Menüfunktion ***PSP-Element / PS-Textübersicht*** in das Fenster ***Projekt ändern: PS-Textübersicht***. Eingabe des Textes in der gewünschten Sprache und Eingabe mit der Schaltfläche ✔ bestätigen.

Die Grundlagen

PS-Texte sind frei definierbare Texte zu Vorgängen und PSP-Elementen und dienen zur Dokumentation des Projektes. Sie werden im PS-Textkatalog verwaltet. Innerhalb des Projektsystems können beliebig viele PS-Texte einem Vorgang bzw. PSP-Element zugeordnet werden. Ein PS-Text kann verschiedenen Projekten zugeordnet werden. PS-Texte können mehrsprachig gepflegt werden. Wir werden uns im Folgenden mit den Zuordnungsmöglichkeiten von Texten zu PSP-Elementen beschäftigen.

Die Aufgabe

PS-Text als WinWord-Datei einem PSP-Element zuordnen.

Die Lösungsschritte

Rufen Sie zunächst die PSP-Elementübersicht des Projektstrukturplans Ihres Projektes auf. Wählen Sie hierzu die Menüfunktion ***Rechnungswesen / Projektmanagement / Operative Struktur***. Es erscheint das Fenster ***Operative Projektstrukturen***. Wählen Sie die Menüfunktion ***Projektstrukturplan / Ändern***. Es erscheint das Fenster ***Projekt ändern: Einstieg***.

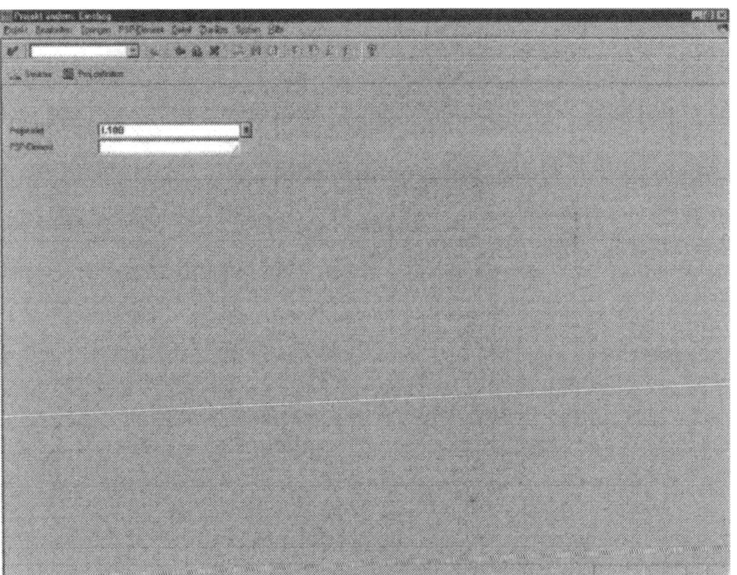

Abb. 3.88 Einstiegsfenster zum Projektstrukturplan

Tragen Sie hier in das Textfeld ***Projektdef.*** die zu bearbeitende Projektnummer ein und klicken Sie auf die Schaltfläche [Struktur], um sich die PSP-Elementübersicht Ihres Projektes anzeigen zu lassen.

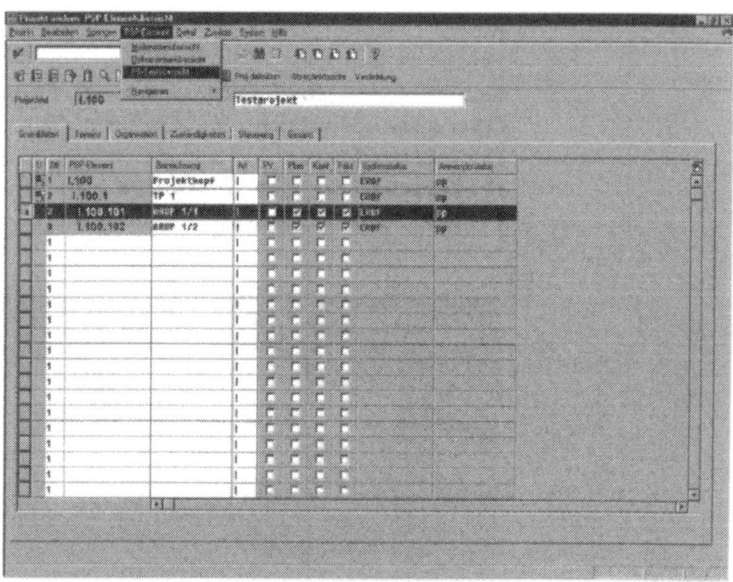

Abb. 3.89 Projektstrukturplan in Listform

Markieren Sie hier das PSP-Element, dem Sie einen Text (PS-Text) zuordnen wollen und wählen Sie die Menüfunktion ***PSP-Element / PS-Textübersicht***.

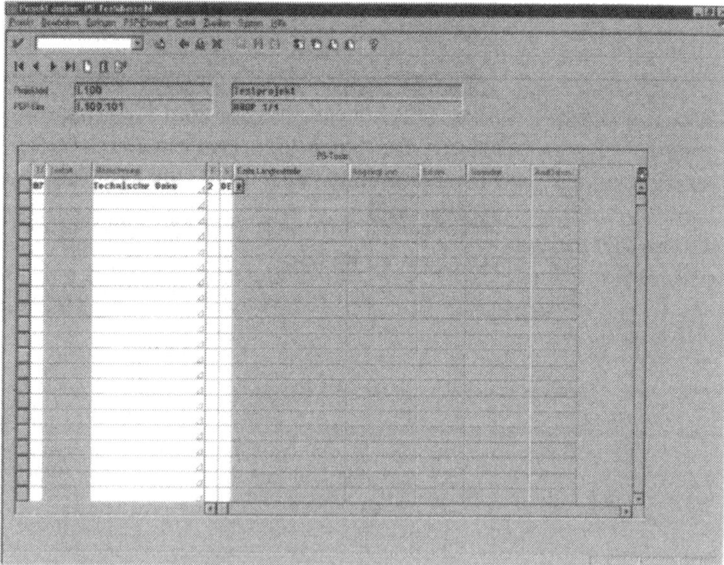

Abb. 3.90 Aufruf PS-Textübersicht

Es erscheint das Fenster ***Projekt ändern: PS-Textübersicht***.

Pflegen Sie die Sprache (DE), Textart (07) und die Bezeichnung (Technische Doku). Über das Textformat definieren Sie den Text als WinWord-Datei (02).

Bestätigen Sie Ihre Eingabe anschließend mit der Schaltfläche .

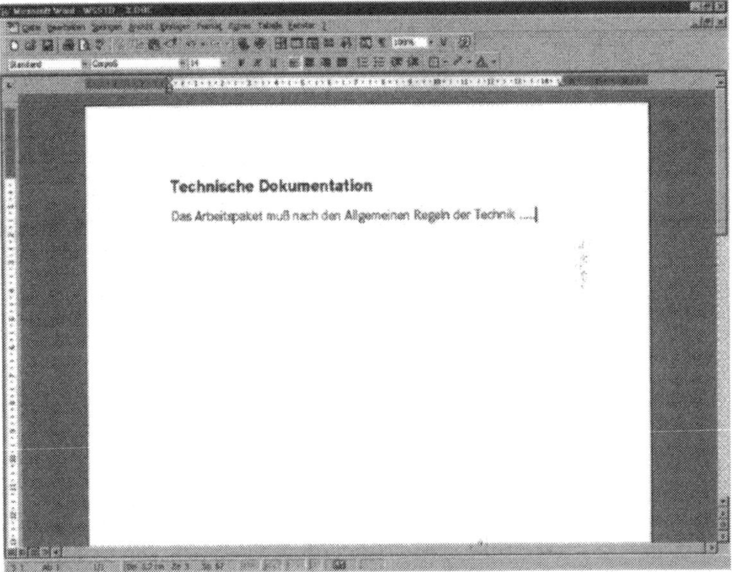

Abb. 3.91 Textverarbeitung WinWord

Das System verzweigt anschließend in die Textverarbeitung WinWord. Erfassen Sie Ihren Text und beenden Sie WinWord. Es erscheint das Fenster ***PS-Textkatalog: Vorlage auswählen***.

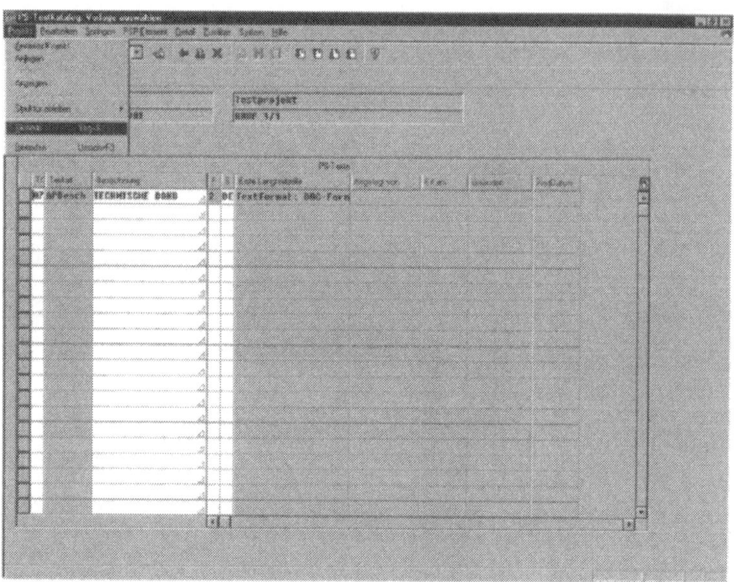

Abb. 3.92 Sicherung der Texteingabe

Sichern Sie nun den Text und die Zuordnung zum Projekt bzw. PSP-Element über die Menüfunktion ***Projekt / Sichern***.

Der hier zugeordnete Text kann jederzeit über die Menüfunktion ***PSP-Element / PS-Textübersicht*** aus der PSP-Elementübersicht des Projektstrukturplans zu einem zuvor markierten PSP-Element angezeigt werden.

Die Aufgabe

Langtext einem PSP-Element zuordnen.

Die Lösungsschritte

Wählen Sie die Menüfunktion ***Rechnungswesen / Projektmanagement / Operative Struktur***. Es erscheint das Fenster ***Operative Projektstrukturen***. Wählen Sie die Menüfunktion ***Projektstrukturplan / Ändern***. Es erscheint das Fenster ***Projekt ändern: Einstieg***.

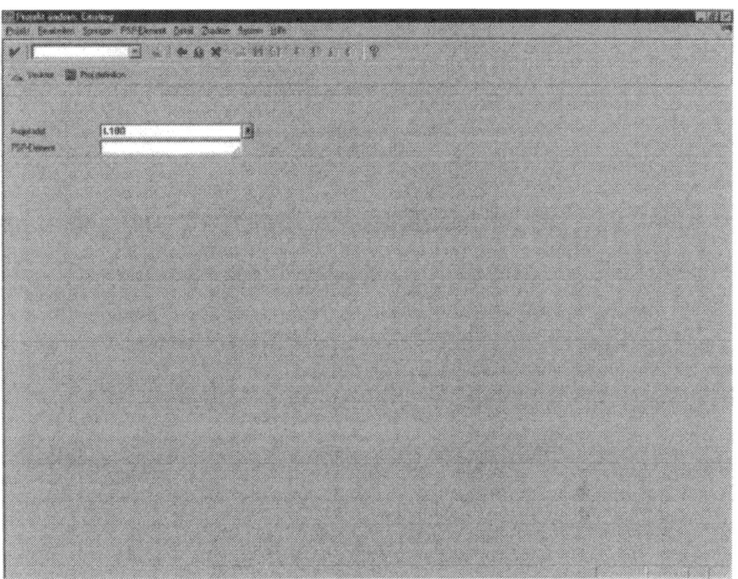

Abb. 3.93 Einstiegsfenster zum Projektstrukturplan

Tragen Sie hier in das Textfeld Projektdef. die zu bearbeitende Projektnummer ein und klicken Sie auf die Schaltfläche Struktur, um sich die PSP-Elementübersicht Ihres Projektes anzeigen zu lassen.

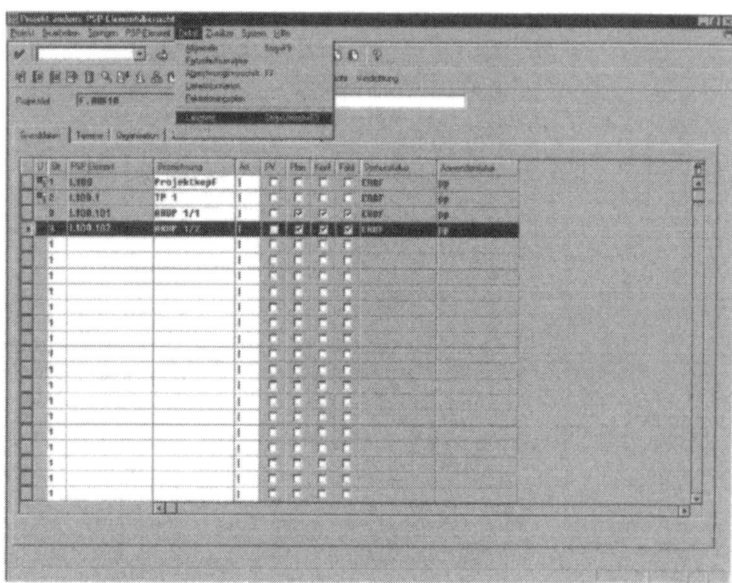

Abb. 3.94 Projektstrukturplan in Listform

Markieren Sie hier nun das PSP-Element, dem Sie einen Langtext zuordnen wollen, und wählen Sie die Menüfunktion ***Detail / Langtext***. Es erscheint das Fenster ***ändern: PSP-Element ... Sprache DE***.

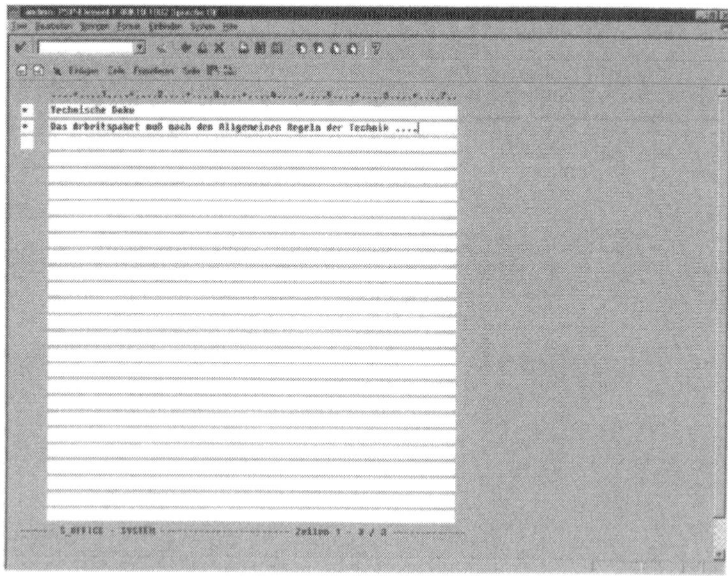

Abb. 3.95 Texteditor

Erfassen Sie Ihren Text und kehren Sie mit der Schaltfläche wieder in die PSP-Elementübersicht zurück.
Sichern Sie anschließend den Projektstrukturplan.
Es erscheint wieder das Ausgangsfenster ***Projekt ändern: PSP-Elementübersicht*** mit der Statusmeldung „Textänderungen wurden übernommen."

Der hier nun zugeordnete Text kann jederzeit über die Menüfunktion ***Detail / Langtext*** aus der PSP-Elementübersicht des Projektstrukturplans zu einem zuvor markierten PSP-Element angezeigt werden.

3.12 Konsistenzprüfung

Der Schnelleinstieg

Über die Menüfunktion ***Rechnungswesen / Projektmanagement / Operative Struktur*** gelangen Sie vom Einstiegsbild SAP R/3 zum Fenster ***Operative Projektstrukturen***. Anschließend über ***Projektstrukturplan / Konsistenzprüfung...*** zum Fenster ***Anzeige Berichtsbaum Konsistenzprüfung***. Expandieren Sie den Teilbaum (obersten Knoten markieren und die Menüfunktion ***Teilbaum / expandieren*** wählen). Anschließend im Berichtsbaum Doppelklick auf dem Knoten ***Stammdaten Abstimmreport: Konsistenz innerhalb einer Projektstruktur***. Es erscheint der Report ***Stammdaten Abstimmreport: Konsistenz innerhalb einer Projektstruktur***. Gewünschte Optionsschaltflächen für die Konsistenzprüfungen markieren und auf die Schaltfläche klicken. Es erscheint das Fenster mit dem Stammdatenprüfprotokoll.
Zur Fehlerkorrektur im Protokoll auf den gefundenen Fehler klicken und anschließend auf die Schaltfläche Objekt ändern. Sie gelangen automatisch an die zu korrigierende Stelle im Projektstrukturplan.

Die Grundlagen

BASICSBASICSBAS

Das Modul PS bietet einen Standardreport an, der die zu pflegenden Stammdatenfelder eines Projektes analysiert und Abweichungen bzw. evt. nicht korrekte Eingaben in Berichtsform aufzeigt. Dies dient dazu, die Konsistenz der eingegebenen Daten zu überprüfen.

Das Ergebnis des Stammdatenprüfprogramms ist ein Protokoll, dass eventuelle Fehler und Inkonsistenzen anzeigt. Es besteht die Möglichkeit, direkt aus dem Protokoll heraus in das betroffene Objekt zu springen, um die Fehler zu überprüfen und ggf. zu korrigieren.

Die Aufgabe

Konsistenzprüfung der Stammdaten eines Projektes.

Die Lösungsschritte

Über die Menüfunktion ***Rechnungswesen / Projektmanagement / Operative Struktur*** gelangen Sie vom Einstiegsbild SAP R/3 zum Fenster ***Operative Projektstrukturen***. Wählen Sie anschließend die Menüfunktion ***Projektstrukturplan / Konsistenzprüfung...***

Es erscheint das Fenster ***Anzeige Berichtsbaum Konsistenzprüfung***. Expandieren Sie den Teilbaum, indem Sie den obersten Knoten markieren und über die Menüfunktion ***Teilbaum/expandieren*** den Berichtsbaum öffnen.

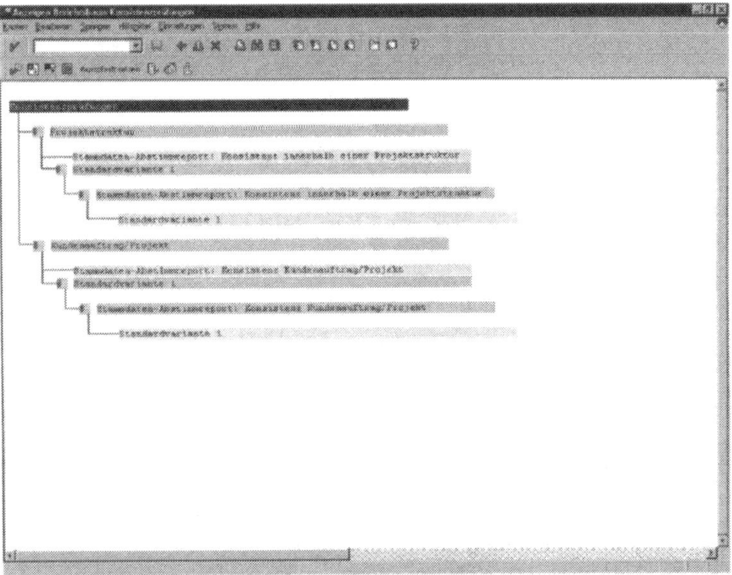

Abb. 3.96 Berichtsbaum

Führen Sie anschließend im Berichtsbaum auf dem Knoten Stammdaten Abstimmreport: Konsistenz innerhalb einer Projektstruktur einen Doppelklick durch. Es erscheint der Report ***Stammdaten Abstimmreport: Konsistenz innerhalb einer Projektstruktur***.

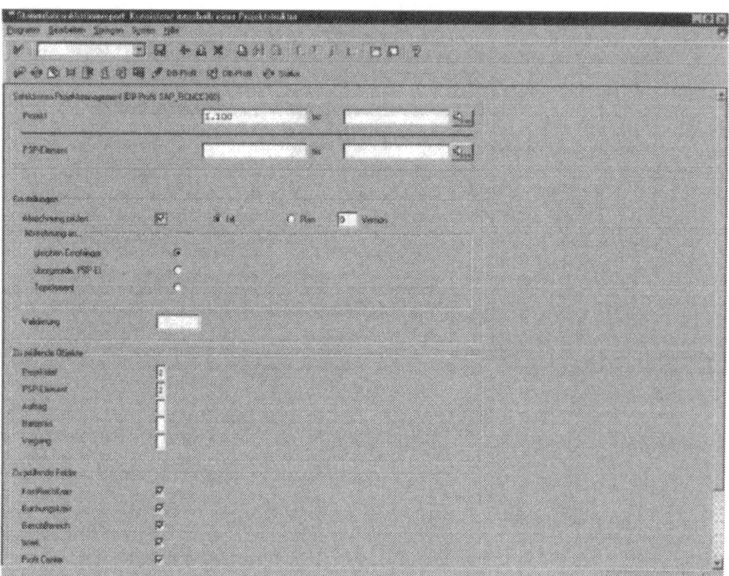

Abb. 3.97 Selektionsfenster zur Konsistenzprüfung

Markieren Sie die gewünschten Optionsschaltflächen für die Konsistenzprüfungen und klicken Sie zur Ausführung der Konsistenzprüfung auf die Schaltfläche .

Es erscheint das Fenster mit dem Stammdatenprüfprotokoll. Hier in unserem Beispiel ist eine Inkonsistenz bei den Abrechnungsvorschriften festgestellt worden.

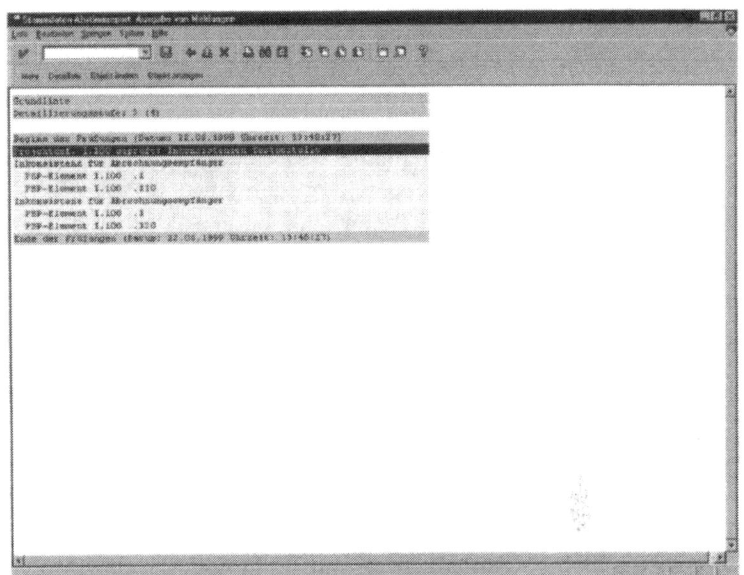

Abb. 3.98 Protokoll zur Konsistenzprüfung

Sie haben die Möglichkeit, direkt aus dem Protokoll heraus in das betroffene Objekt zu springen, um die Fehler zu überprüfen und ggf. zu korrigieren. Markieren Sie im Protokoll hierzu den gefundenen Fehler und klicken Sie anschließend auf die Schaltfläche Objekt ändern. Sie gelangen automatisch an die zu korrigierende Stelle im Projektstrukturplan.

3.12.1 Folgende Prüfungen sind im Detail möglich:

Abrechnung prüfen:

Wenn Sie dieses Kennzeichen gesetzt haben, wird die Abrechnungsvorschrift geprüft. Welche Prüfung der Abrechnungsvorschrift erfolgen soll, legen Sie über die Optionsschaltflächen gleiche Empfänger, übergeordn PSP-El. und TOP-Element fest. Rechnet ein Objekt an mehrere Empfänger ab, werden nur die Empfänger geprüft. Die prozentuale Verteilung auf die verschiedenen Empfänger wird nicht geprüft.

3.12.2 Zu prüfende Objekte

Zu den einzelnen Objekten geben Sie auf dem Selektionsbild die Art der Prüfung an. Folgende Fälle werden unterschieden:

keine Prüfung

- Prüfung auf Konsistenz: Ist ein Objekt vorhanden, so wird die Konsistenz der ausgewählten Felder des Objektes geprüft.
- Prüfung der Konsistenz und Existenz: Wenn kein Objekt vorhanden ist, wird eine entsprechende Meldung ausgegeben. Andernfalls wird die Konsistenz geprüft.

Die von Ihnen markierten Felder, z. B. Geschäftsbereich, Werk, Profit-Center, werden in den entsprechenden Objekten geprüft. Bei der Auswahl ist es uninteressant, ob alle Felder auch tatsächlich in den zu prüfenden Objekten vorkommen. Bei der Prüfung der Felder wird nicht die Existenz der Felder in den Objekten überprüft, sondern nur die Konsistenz.

Tipps und Tricks

Sie haben die Möglichkeit, eigene Selektions-Varianten zur Konsistenzprüfung im System abzulegen.

3.13 Änderungsbelege

3.13.1 Historie der Änderungsbelege zu den Strukturplanwerten

Der Schnelleinstieg

Vom Einstiegsbild SAP R/3 über die Menüfunktion ***Rechnungswesen / Projektmanagement / Planung*** zum Fenster ***Projektplanung***. Hier wird die Menüfunktion ***Kosten / Erlöse / Kosten ändern*** gewählt.

Es erscheint das Fenster ***Kostenplanung ändern: Einstieg***. Es wird die entsprechende Projektnummer eingegeben und die Eingabe mit der Schaltfläche ✔ bestätigt.

Es erscheint das Fenster ***Kostenplanung ändern: PSP-Elementübersicht***.

Es wir ein PSP-Element markiert und danach die Menüfunktion ***Zusätze / Einzelposten*** aufgerufen.

Die Grundlagen

Über Änderungsbelege werden in SAP R/3 automatisch alle Änderungen zu den Strukturplanwerten zu einem PSP-Element dokumentiert. Man kann sich zu verschiedenen Strukturplanwerten eines PSP-Elements die Historie anzeigen lassen. In den Änderungsbelegen werden folgende Informationen ausgegeben:

Änderungsnummer des Beleges

Name des Änderers

Erfassungsdatum

Die Aufgabe

Im Folgenden wird gezeigt, wie man an die Übersicht der Änderungsbelege zu den Strukturplanwerten gelangt.

Die Lösungsschritte

Starten Sie vom SAP-Einstiegsbild und wählen Sie die Menüfunktion ***Rechnungswesen / Projektmanagement / Planung***, um in das Fenster mit der Projektplanung zu gelangen.

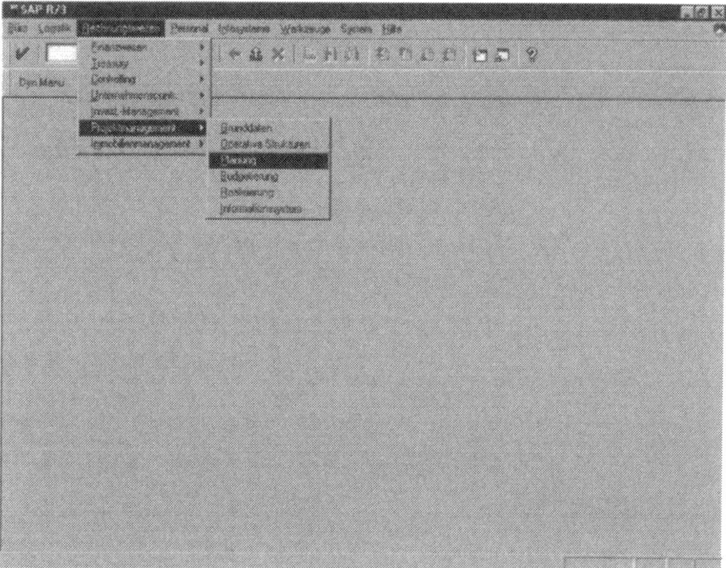

Abb. 3.99 Einstiegsfenster SAP R/3

Es erscheint das Fenster ***Projektplanung***. Wählen Sie hier die Menüfunktion ***Kosten / Erlöse / Kosten ändern***.

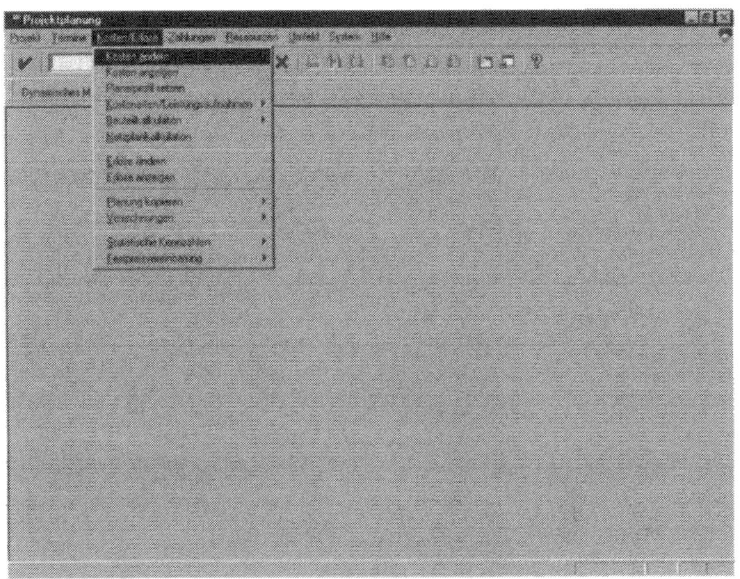

Abb. 3.100 Einstiegsfenster zur Kostenplanung

Es erscheint des Fenster ***Kostenplanung ändern: Einstieg***. Geben Sie das entsprechende Projekt ein und bestätigen Sie ihre Eingabe mit der Schaltfläche ✔.

Abb. 3.101 Aufruf der Kostenplanung

Es erscheint das Fenster ***Kostenplanung ändern: PSP-Elementübersicht***. Markieren Sie ein PSP-Element und wählen Sie anschließend die Menüfunktion ***Zusätze / Einzelposten***.

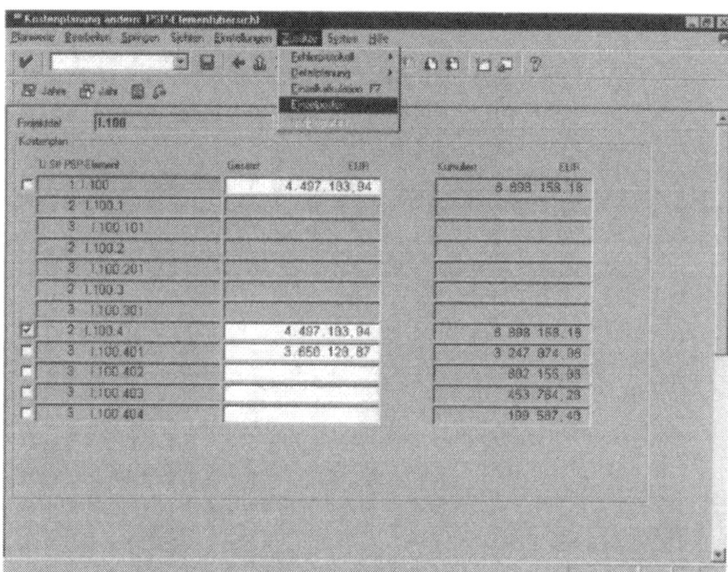

Abb. 3.102 Kostenplanung zum Projekt

Auf diese Weise erhalten Sie das Fenster mit den ***Budget-Einzelposten*** für das zuvor markierte PSP-Element.

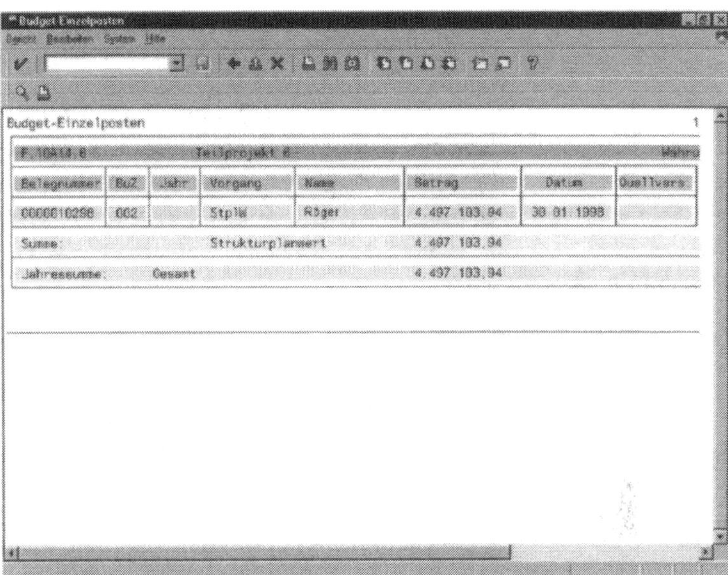

Abb. 3.103 Änderungshistorie

Tipps und Tricks

Werden Änderungsbelege erstellt, verlängert sich automatisch das Antwortzeitverhalten.
Dieses Erscheinungsbild erhalten Sie, wenn Sie in Ihrem SAP-System folgende Customizing-Einstellungen vornehmen:

Projektprofil (siehe Kap. 7.5.1)

3.13.2 Historie der Änderungsbelege zu den Stammdaten

Der Schnelleinstieg

Vom Einstiegsbild SAP R/3 über die Menüfunktion ***Rechnungswesen / Projektmanagement / Informationssystem*** gelangt man zum Fenster ***Projektinformationssystem***.
Über die Menüfunktion ***Struktur / Termine / Strukturübersicht*** gelangt man in das Fenster ***Projekt-Informationssystem: Einstieg Struktur***.

Die entsprechende Projektnummer eingeben und bestätigen, indem die Schaltfläche gedrückt wird.
Im Fenster ***Projekt-Informationssystem: Übersicht Struktur*** ein PSP-Element markieren und anschließend die Menüfunktion ***Zusätze / Umfeld / Änderungsbelege*** wählen, um zu den Änderungsbelegen der Stammdaten eines PSP-Elements zu gelangen.

Die Grundlagen

Über die Änderungsbelege werden in SAP R/3 automatisch alle Änderungen hinsichtlich der Stammdaten zu einem Projekt dokumentiert. Damit besteht die Möglichkeit sich jederzeit die Änderungshistorie zu den Stammdaten eines Projektes anzeigen zu lassen. In der Historie der Änderungsbelege zu den Stammdaten sind folgende Informationen hinterlegt:

- Änderungsnummer des Beleges
- Name des Änderers
- Erfassungsdatum der Änderung
- Transaktion zur Änderung

Die Aufgabe

Im Folgenden wird gezeigt, wie man in die Übersicht der Änderungsbelege zu den Stammdaten gelangt.

Die Lösungsschritte

Starten Sie vom SAP R/3 Einstiegsbild und wählen Sie die Menüfunktion ***Rechnungswesen / Projektmanagement / Informationssysteme***, um in das Fenster ***Projektinformationssystem*** zu gelangen.

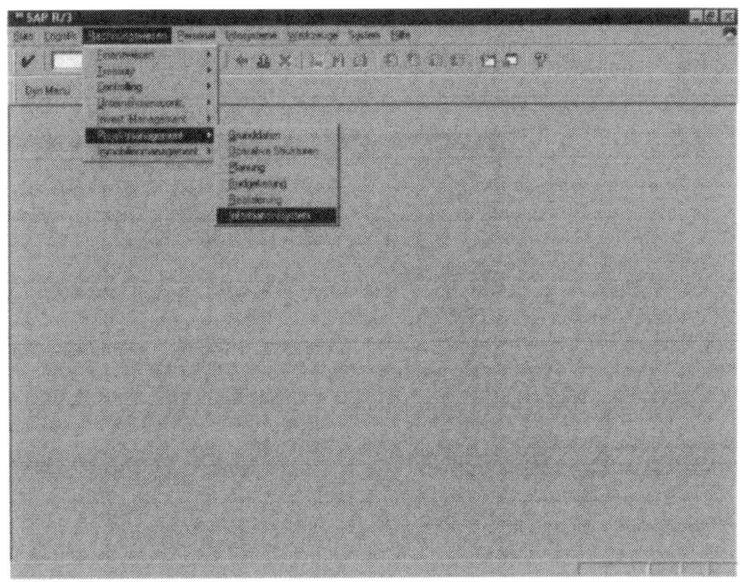

Abb. 3.104 Einstiegsfenster SAP R/3

Es erscheint das Fenster ***Projektinformationssystem***. Hier wählen Sie die Menüfunktion ***Struktur / Termine / Strukturübersicht***.

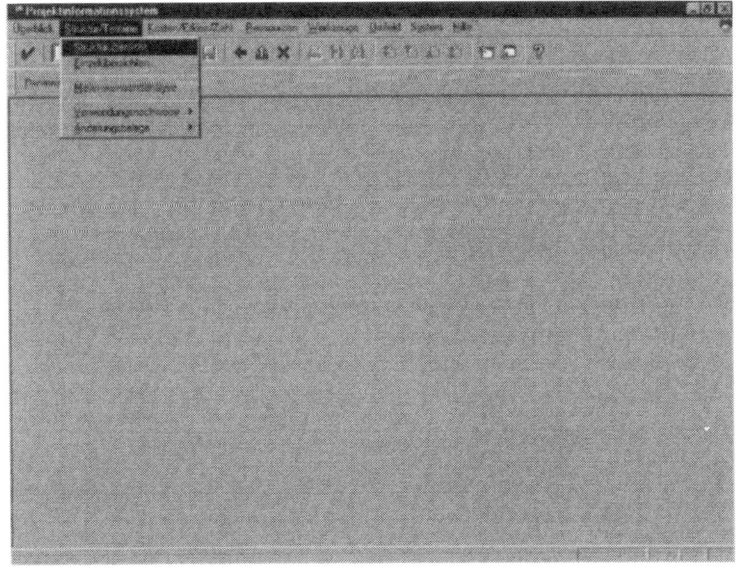

Abb. 3.105 Einstiegsfenster zum Projektinformationssystem

Es erscheint das Fenster ***Projektinformationssystem: Einstieg Struktur***.

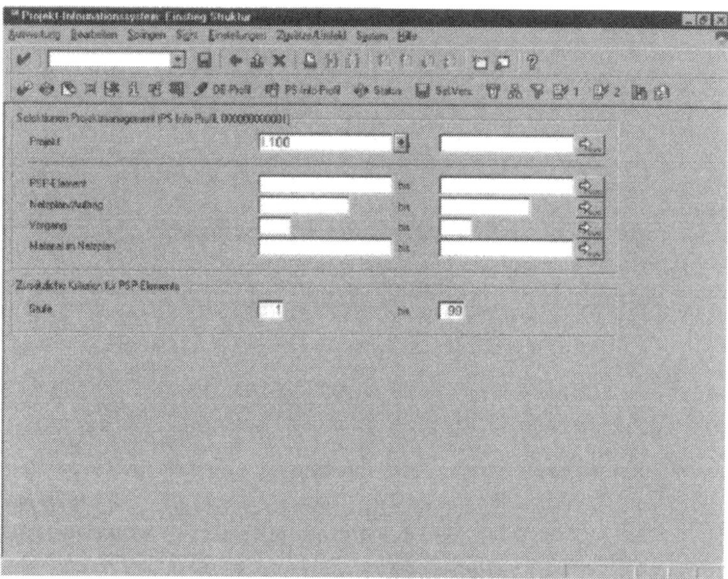

Abb. 3.106 Selektionsfenster zum Strukturübersichtsbericht

Hier geben Sie nun das gewünschte Projekt ein und bestätigen Ihre Eingabe mit der Schaltfläche .

Es erscheint das Fenster ***Projektinformationssystem: Übersicht Struktur***. Hier können Sie nun ein PSP-Element markieren und anschließend die Menüfunktion ***Zusätze / Umfeld / Änderungsbeleg*** wählen.

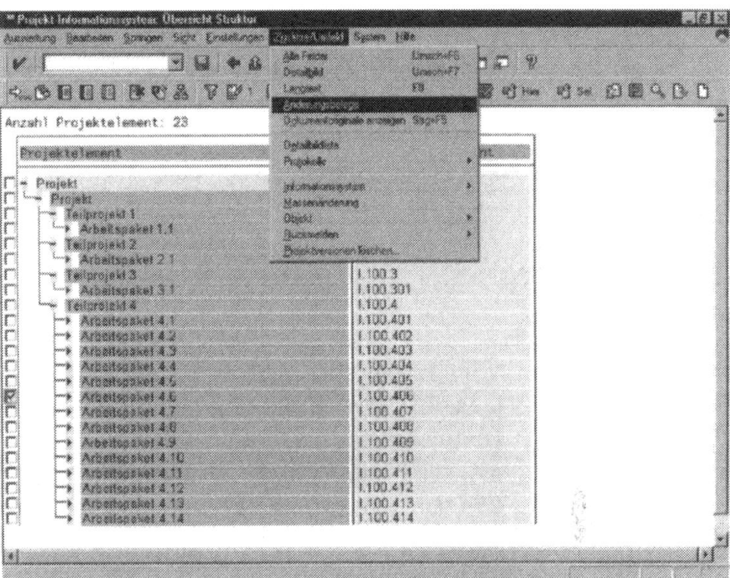

Abb. 3.107 Strukturübersichtsbericht

Es erscheint das Fenster ***Projektinformationssystem: Änderungsbelege*** für das zuvor markierte PSP-Element.

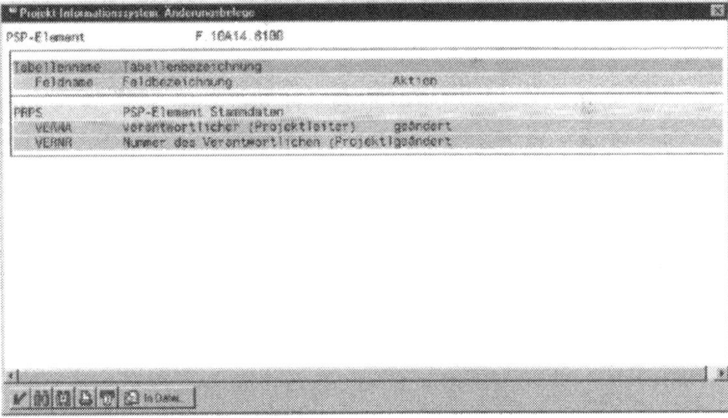

Abb. 3.108 Änderungshistorie

Tipps und Tricks

Werden Änderungsbelege erstellt, verlängert sich automatisch das Antwortzeitverhalten.

Dieses Erscheinungsbild erhalten Sie, wenn Sie in Ihrem SAP-System folgende Customizing-Einstellungen vornehmen:

Projektprofil (siehe Kap. 7.5.1)

3.13.3 Historie der Änderungsbelege zu den Statusinformationen

Der Schnelleinstieg

Vom Einstiegsbild SAP R/3 über die Menüfunktion ***Rechnungswesen / Projektmanagement / Operative Strukturen*** zum Fenster ***Operative Projektstrukturen***.
Anschließend über die Menüfunktion ***Projektstrukturplan / ändern*** in das Fenster ***Projekt ändern: Einstieg***.
Eingabe der gewünschten Projektnummer und mit der Schaltfläche ✔ bestätigen.
Es erscheint das Fenster ***Projekt ändern: PSP-Elementübersicht***. Nun Menüfunktion ***Bearbeiten / Änderungsbeleg / alle*** wählen.
Es erscheint das Fenster ***Status ändern***. Hier Menüfunktion ***Zusätze / Änderungsbelege / alle*** auswählen.
Es erscheint das Fenster ***Änderungsbelege Statusverwaltung***.
Hier auf die Schaltfläche Historie drücken, um an die Änderungsbelege zu den Statusinformationen zu gelangen.

Die Grundlagen

Über die Änderungsbelege werden in SAP R/3 automatisch alle Änderungen hinsichtlich der Statusinformationen zu einem PSP-Element dokumentiert. Dadurch hat man die Möglichkeit, sich zu jedem PSP-Element die Änderungen in der Statusverwaltung anzeigen zu lassen. Es werden folgende Informationen ausgegeben:

- Geänderte Statusanzeige
- Name des Änderers
- Erfassungsdatum der Änderung
- Transaktion zur Änderung

Die Aufgabe

Im Folgenden wird gezeigt, wie man in die Übersicht der Änderungsbelege zu den Statusinformationen gelangt.

Die Lösungsschritte

Starten Sie vom SAP-Einstiegsbild und wählen Sie die Menüfunktion ***Rechnungswesen / Projektmanagement / Operative Strukturen***, um in das Fenster ***Operative Projektstrukturen*** zu gelangen.

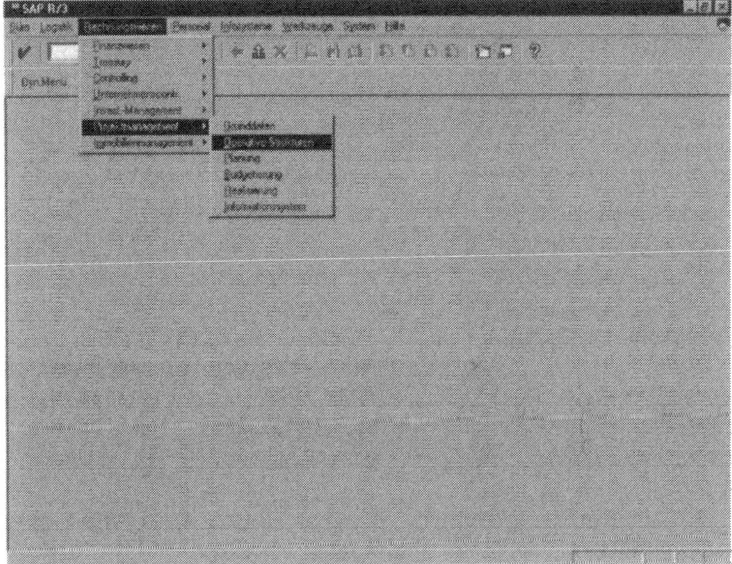

Abb. 3.109 Einstiegsfenster SAP R/3

Im Fenster ***Operative Projektstrukturen*** wählen Sie anschließend die Menüfunktion ***Projektstrukturplan / ändern***.

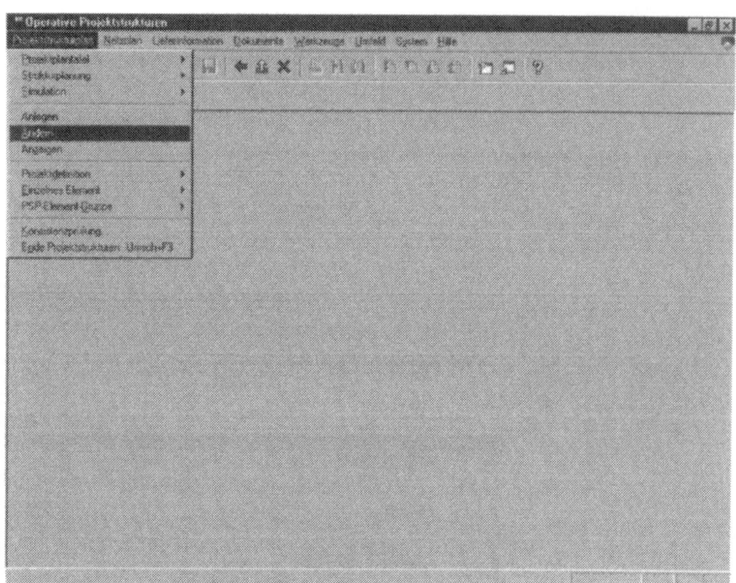

Abb. 3.110 Einstiegsfenster operative Projektstrukturen

In dem Fenster ***Projekt ändern: Einstieg***, welches daraufhin erscheint, geben Sie die gewünschte Projektnummer in das dafür vorgesehene Feld ein und bestätigen mit der Schaltfläche .

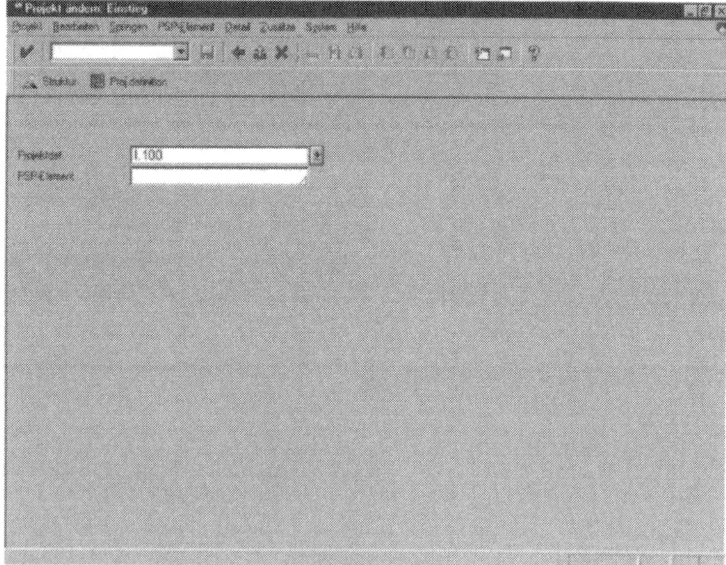

Abb. 3.111 Aufruf Projektstrukturplan

Es erscheint das Fenster ***Projekt ändern: PSP-Element-übersicht***. Hier markieren Sie nun ein PSP-Element und wählen anschließend die Menüfunktion ***Bearbeiten / Status / System / Anwenderstatus*** aus.

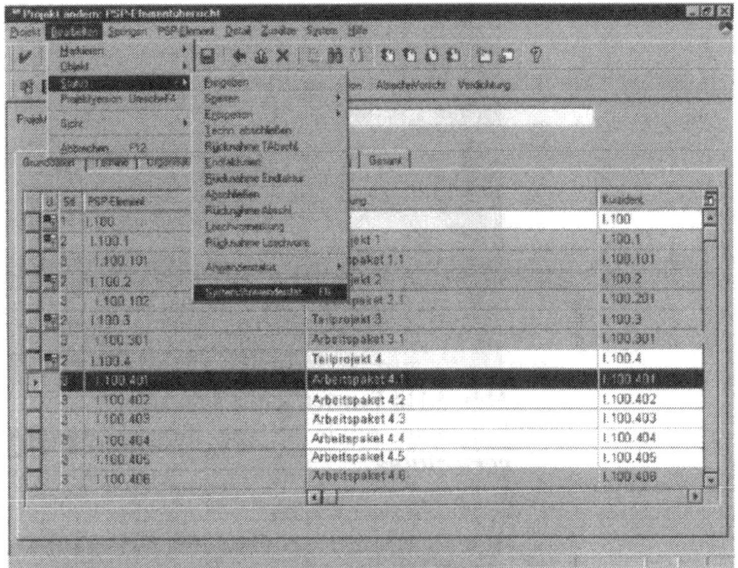

Abb. 3.112 Projektstrukturplan in Listform

Es erscheint das Fenster ***Status ändern***. Hier können Sie nun die Menüfunktion ***Zusätze / Änderungsbeleg / alle*** auswählen.

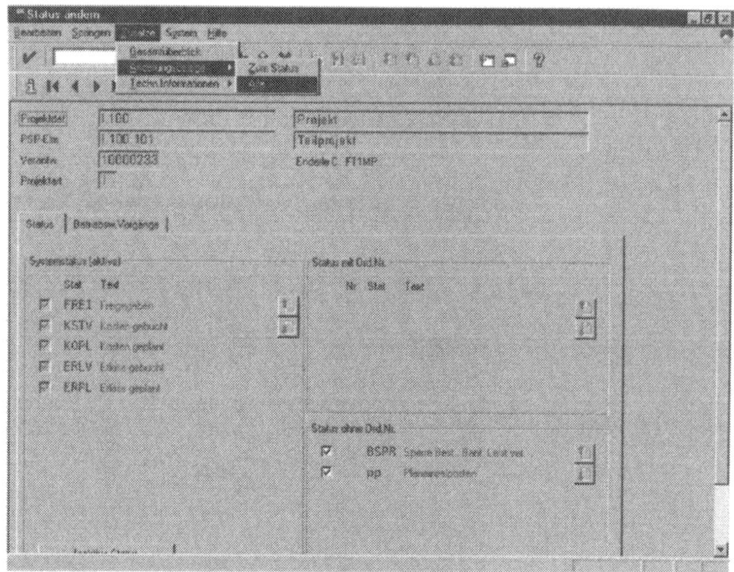

Abb. 3.113 Fenster Status ändern

Daraufhin erscheint das Fenster ***Änderungsbelege Statusverwaltung***.

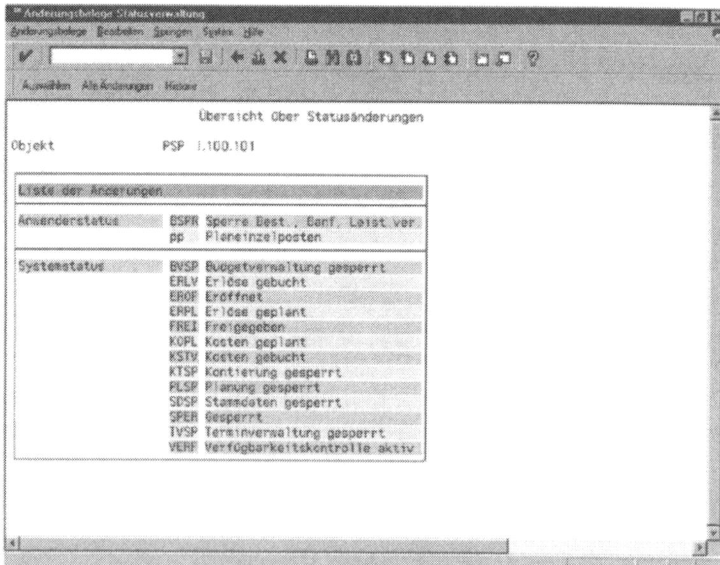

Abb. 3.114 Änderungshistorie

Im Fenster ***Änderungsbelege Statusverwaltung*** können Sie nun die Änderungsbelege zu den Statusinformationen aufrufen, indem Sie auf die Schaltfläche Historie drücken.
Sie sehen dann die Statushistorie für das von Ihnen zuvor markierte PSP-Element.

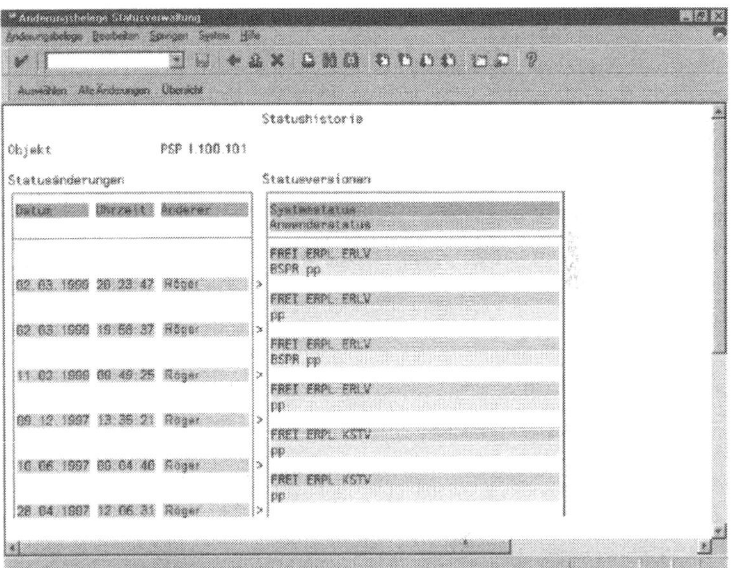

Abb. 3.115 Änderungshistorie

Tipps und Tricks

Werden Änderungsbelege erstellt, verlängert sich automatisch das Antwortzeitverhalten.
Dieses Erscheinungsbild erhalten Sie, wenn Sie in Ihrem SAP-System folgende Customizing-Einstellungen vornehmen:

Projektprofil (siehe Kap. 7.5.1)

3.13.4 Historie der Änderungsbelege zu den Kostenarten- und Leistungsaufnahmeplanwerten

Vom Einstiegsbild SAP R/3 über die Menüfunktion ***Rechnungswesen / Projektmanagement / Planung*** zum Fenster ***Projektplanung***.

Über die Menüfunktion ***Kosten / Erlöse / Kostenarten / Leistungsaufnahmen / Ändern*** in das Fenster ***Planung Kostenarten / LstAufnahmen ändern: Einstieg***.

Über die Menüfunktion ***Planung / Plantafelprofil setzen*** das Plantafelprofil **SAP 101** für die Kostenartenplanung und **SAP 102** für die Leistungsaufnahmeplanung setzen.

Im Fenster ***Planung Kostenarten / LstAufnahmen ändern: Einstieg*** die entsprechenden Projektdaten eingeben und anschließend die Schaltfläche drücken.

Im Fenster ***Planung Kostenarten / LstAufnahmen ändern: Übersichtsbild*** einen Kostenartenplanwert markieren und dann die Menüfunktion ***Zusätze / Einzelnachweis*** auswählen, um an die Änderungsbelege zu den Kostenarten zu gelangen.

Die Grundlagen

Über die Änderungsbelege werden in SAP R/3 automatisch alle Änderungen hinsichtlich der Kostenarten- und Leistungsaufnahmeplanwerten dokumentiert. Für jedes PSP-Element können die Änderungen zu den Kostenarten- und Leistungsaufnahmeplanwerten angezeigt werden. Es werden im Wesentlichen folgende Informationen ausgegeben:

- Änderungsnummer des Beleges
- Name des Änderers
- Änderungsbetrag
- Erfassungsdatum zum Beleg

Die Aufgabe

Im Folgenden wird am Beispiel der Kostenartenplanwerte gezeigt, wie man die Übersicht der Änderungsbelege gelangt.

Die Lösungsschritte

Starten Sie vom SAP-Einstiegsbild und wählen Sie die Menüfunktion ***Rechnungswesen / Projektmanagement / Planung***, um in das Fenster ***Projektplanung*** zu gelangen.

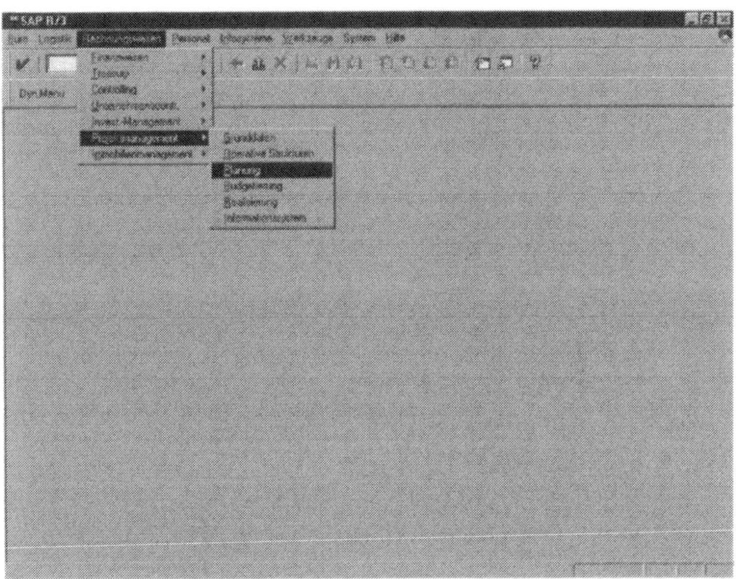

Abb. 3.116 Einstiegsfenster SAP R/3

Es erscheint das Fenster ***Projektplanung***, in dem Sie nun die Menüfunktion ***Kosten / Erlöse / Kostenarten / Leistungsaufnahmen / Ändern*** auswählen können.

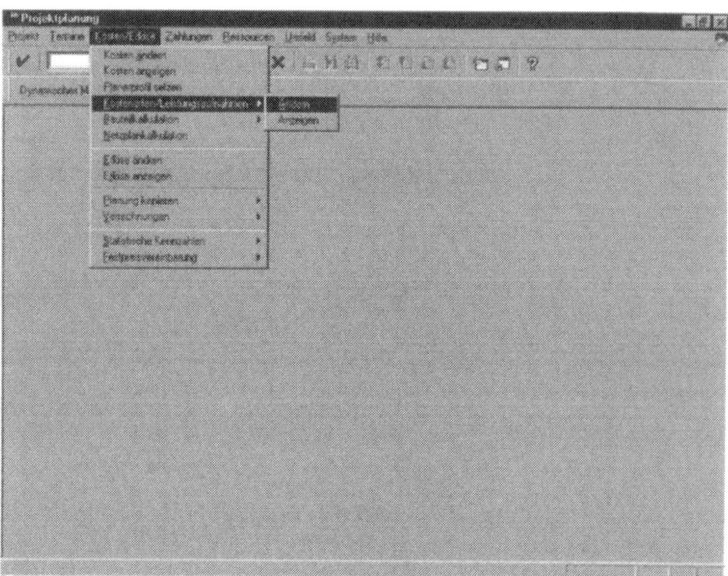

Abb. 3.117 Einstiegsfenster zur Projektstrukturplanung

Es erscheint das Fenster ***Planung Kostenarten / LstAufnahmen ändern: Einstieg***. In diesem Fenster haben Sie nun die Möglichkeit, das Planerprofil zu setzen, indem Sie die Menüfunktion ***Planung / Planerprofil setzen*** wählen. Für die Kostenartenplanung wird das Plantafelprofil SAP 101 gewählt. Anschließend werden die entsprechenden Projektdaten eingegeben und dann auf die Schaltfläche gedrückt.

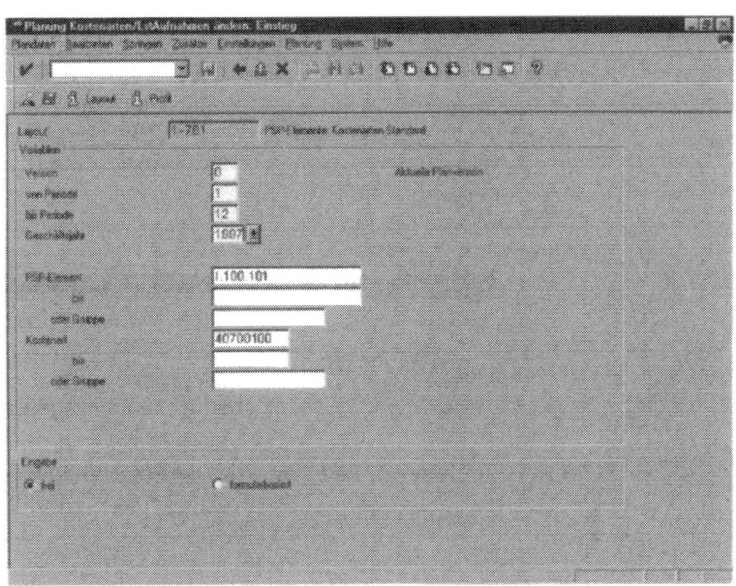

Abb. 3.118 Selektionsfenster zur Kostenartenplanung

Es erscheint das Fenster ***Planung Kostenarten / LstAufnahme ändern: Übersichtsbild***

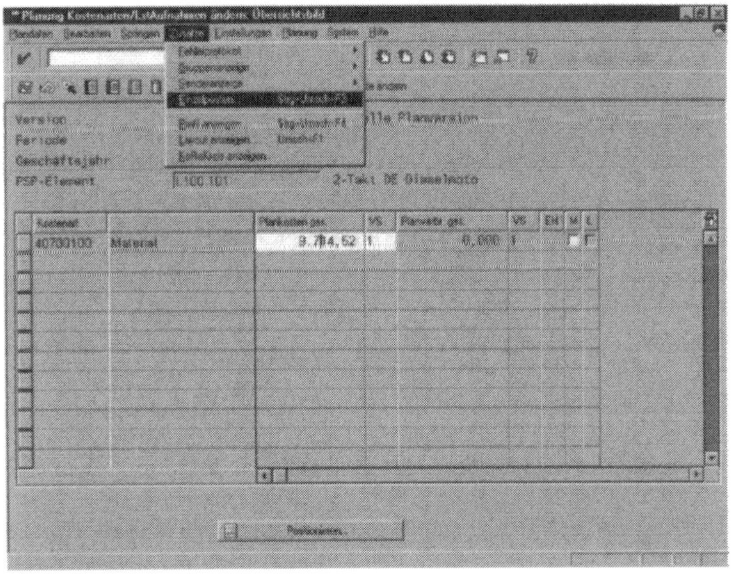

Abb. 3.119 Kostenartenplanung

Hier können Sie nun einen Kostenartenplanwert markieren und anschließend die Menüfunktion ***Zusätze / Einzelposten*** auswählen.

Es erscheint das Fenster ***Einzelnachweis***, in dem die Änderungsbelege zu den Kostenartenplanwerten angezeigt werden.

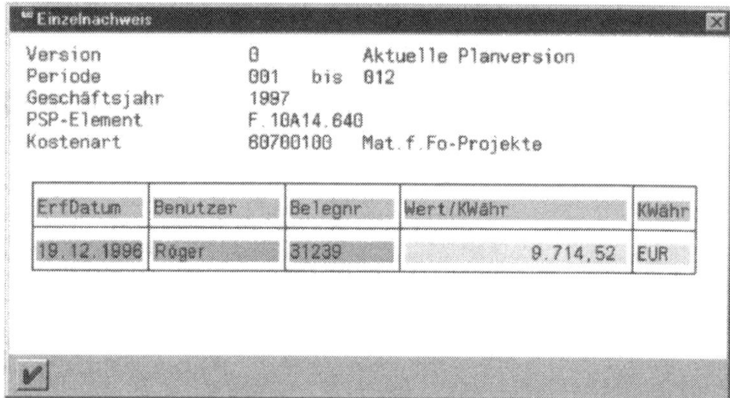

Abb. 3.120 Änderungshistorie

Tipps und Tricks

Werden Änderungsbelege erstellt, verlängert sich automatisch das Antwortzeitverhalten.

Dieses Erscheinungsbild erhalten Sie, wenn Sie in Ihrem SAP-System folgende Customizing-Einstellungen vornehmen:

Projektprofil (siehe Kap. 7.5.1)

3.14 Schnittstellen

Der Schnelleinstieg

Vom Fenster ***Projekt-Informationssystem: Übersicht Struktur*** über die Menüfunktion ***Auswertung / Exportieren / Sichern in Datei*** in das Fenster ***Liste sichern in Datei***. Auswahl des gewünschten Formates durch klicken auf die entsprechende Optionsschaltfläche. Bestätigen der Eingabe durch die Schaltfläche ✔.

Im Fenster ***RTF auf lokale Datei übertragen*** den gewünschten Dateinamen eingeben und auf die Schaltfläche [Übertragen] klicken.

Anschließend die entsprechende Anwendung (z. B. Word) starten und die Datei öffnen.

Die Grundlagen

SAP R/3 bietet die Möglichkeit, Daten aus dem System in andere Anwendungen wie Word, Excel, MSProject oder Access herunter zu laden. Diesen Vorgang bezeichnet man als „Download“, der dazu dient, die SAP-Daten weiterzuverarbeiten.

Entscheidend beim Download ist die Wahl des Dateiformats, wodurch festgelegt wird, wie und in welchen Anwendungen die Daten weiterverarbeitet werden können.

Es werden standardmäßig ***vier Formate von SAP*** angeboten:

„Rich Text Format“ (RTF)

Das Rich Text Format dient zur Weiterverarbeitung der Daten in Word für Windows. Dabei werden nicht nur Text, sondern auch Zeichenformate, Tabellen, Rahmen und selbst Papierformate übernommen.

„unkonvertiert“

Bei unkonvertierten Daten wird ausschließlich Text ohne Formatierung heruntergeladen; Leerräume in den Zeilen werden nicht mit Tabstops, sondern mit Leerzeichen aufgefüllt.

„Tabellenkalkulation"
Beim Format Tabellenkalkulation werden in den Leeräumen Tabulatoren eingesetzt, die Excel und Word in Spalten umsetzen können.

„HTML Format"
In HTML werden die Formatierungen durch entsprechende HTML-Tags ersetzt, die eine Darstellung auf einem Internet-Browser ermöglichen.

Die Aufgabe

Im Folgenden wird am Beispiel des Strukturübersicht-Berichts ein Download nach Word gezeigt.

Die Lösungsschritte

Starten Sie im Fenster ***Projekt-Informationssystem: Übersicht Struktur*** (Strukturübersicht-Bericht) und wählen Sie die Menüfunktion ***Auswertung / Exportieren / Sichern in Datei***, um in die Liste der Dateiformate zu gelangen.

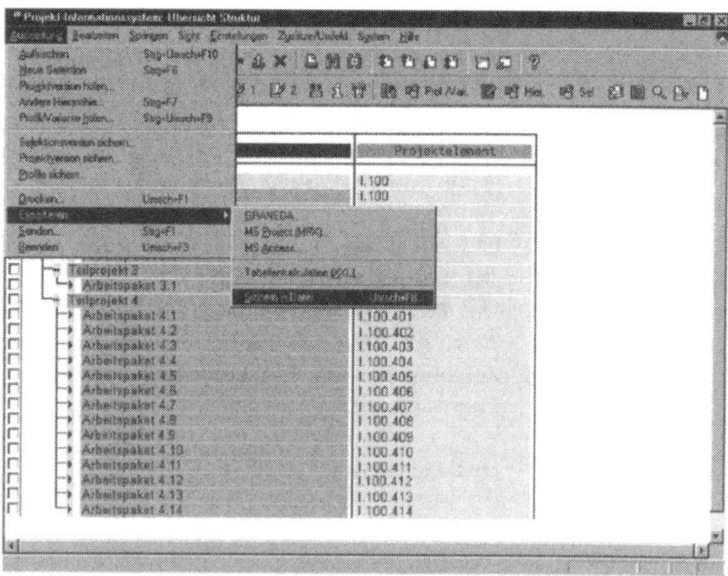

Abb. 3.121 Daten des Strukturübersuchtsberichts exportieren

Es erscheint das Fenster ***Liste sichern in Datei***. Klicken Sie hier auf die Optionsschaltfläche [Rich Text Format] um die Datei anschließend in Word bearbeiten zu können und bestätigen Sie die Eingabe mit der Schaltfläche [✔].

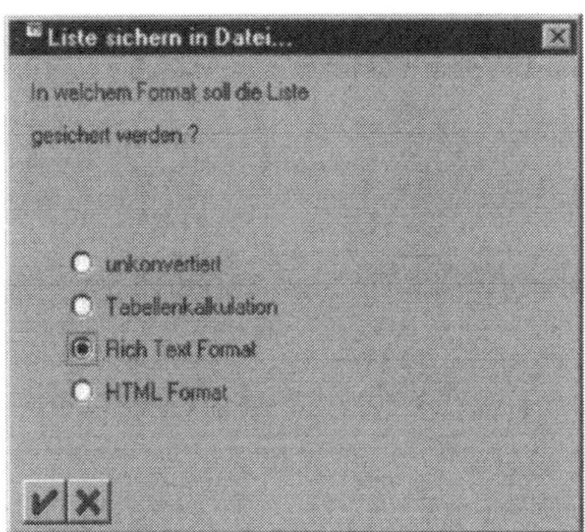

Abb. 3.122 Formatauswahl

Es erscheint das Fenster ***RTF auf lokale Datei übertragen***. Vergeben Sie einen sinnvollen Dateinamen und klicken Sie anschließend auf die Schaltfläche [Übertragen].

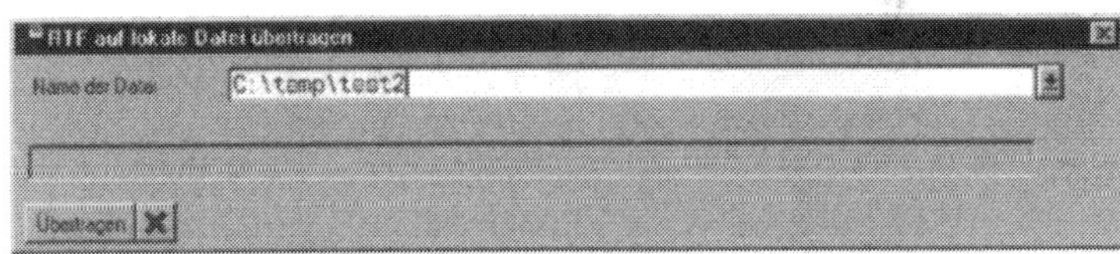

Abb. 3.123 Festlegung des Dateinamens

Starten Sie anschließend Word und öffnen Sie die Datei mit dem von Ihnen vorgegebenen Verzeichnis.

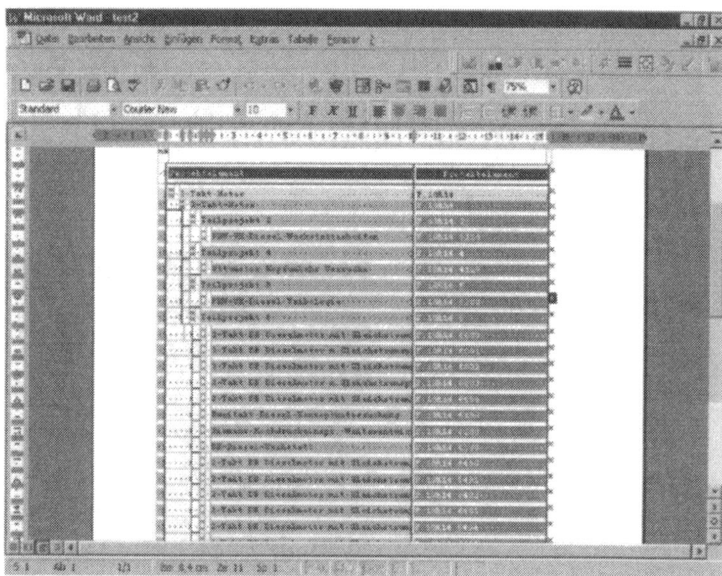

Abb. 3.124 Aufruf von Win Word

Tipps und Tricks

Die Vorgehensweise des Downloads von Daten nach Excel entspricht dem hier vorgestellten Weg in Word. Allerdings muss auf die Optionsschaltfläche 

geklickt werden. In der Regel müssen nun noch weitere Bearbeitungen hinsichtlich des Layouts durchgeführt werden.

3.15 Projektplantafel

Der Schnellleinstieg

Vom Einstiegsmenü SAP R/3 über die Menüfunktion ***Rechnungswesen / Projektmanagement / Planung*** zum Fenster ***Projektplanung***. Über die Menüfunktion ***Projekt / Projektplantafel / Projekt ändern*** zum Fenster ***Projektplantafel: ändern.*** Tragen Sie in das Textfeld ***Projektdef***. die Projektnummer bzw. die PSP-Elementnummer ein, die Sie beplanen wollen. Geben Sie evt. die Planversion ein. Klicken Sie auf die Schaltfläche . Es erscheint das Fenster ***Projektplantafel: Projekt ändern*** in dem Sie Ihre Planwerte setzen können.

Um einen Vorgang zu einem PSP-Element anzulegen, wählen Sie das PSP-Element durch Anklicken des Selektionskästchens aus. Wählen Sie die Menüfunktion ***Bearbeiten / Vorgang / Anlegen / Eigenbearbeitung***. Es erscheint die Dialogbox ***Vorgang einfügen***. Tragen Sie im Feld ***Beschreibung*** eine Bezeichnung für den anzulegenden Vorgang ein. Geben Sie im Feld ***Dauer*** den Wert und die Einheit der Durchführungszeit an und bestätigen Sie Ihre Eingaben mit der Schaltfläche .

Um eine Anordnungsbeziehung (Normalfolge) zwischen zwei Vorgängen zu erstellen, klicken Sie auf die Schaltfläche . Der Cursor ändert sich zu einem Stift. Klicken Sie im Diagrammbereich auf das Ende des „Vorgänger-Vorgangs" und ziehen Sie bei gedrückter Maustaste den Stift auf den Anfang des „Nachfolger-Vorgangs". Klicken Sie auf die Schaltfläche , um den Cursor zum ursprünglichen Mauszeiger zu ändern.

Um alle Vorgänge in der Projektplantafel zu terminieren, klicken Sie auf die Schaltfläche und anschließend auf die Schaltfläche . Es erscheint die Meldung ***Terminierung ausgeführt***.

Um einen Meilenstein zu einem PSP-Element anzulegen, starten Sie im Fenster ***Projektplantafel: ändern***. Wählen Sie das auf der Stufe 1 stehende PSP-Element durch Anklicken des Selektionskästchen aus. Wählen Sie die Menüfunktion ***Bearbeiten / Meilenstein / Anlegen***. Es erscheint die Dialogbox ***Projekt ändern: Meilensteindetail***. Tragen Sie die Bezeichnung des Meilensteins in das Eingabefeld unterhalb der PSP-Elementbezeichnung und den Meilenstein-Termin in das Eingabefeld ***Eck.-Fixtermin*** ein. Bestätigen Sie Ihre Eingaben mit der Schaltfläche .

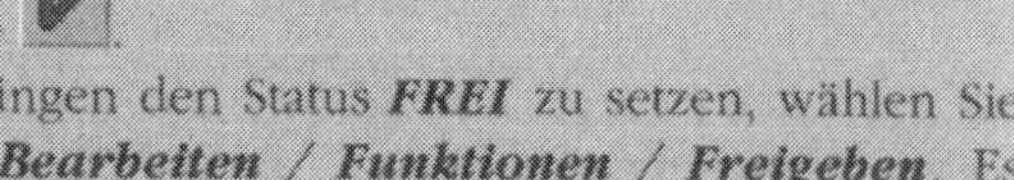

Um bei allen Vorgängen den Status ***FREI*** zu setzen, wählen Sie die Menüfunktion ***Bearbeiten / Funktionen / Freigeben***. Es erscheint die Meldung ***Projektelemente wurden freigegeben***.

Sichern Sie Ihre Änderung mit der Schaltfläche .

Um Ist-Termine zu den Vorgängen rückzumelden, starten Sie vom Einstiegsmenü SAP R/3.

Um den Ist-Termin zum Meilenstein zu erfassen, wählen Sie im Fenster ***Projektplantafel: ändern*** durch Selektieren/Markieren den Meilenstein aus und wählen Sie die Menüfunktion ***Detail / Meilensteine / Grunddaten***. Es erscheint die Dialogbox ***Projekt ändern: Meilensteindetail***. Geben Sie den Ist-Termin des Meilensteins ein und bestätigen Sie Ihre Eingabe mit der Schaltfläche .

Die Grundlagen

Die Projektplantafel ist ein graphisches Werkzeug zur Steuerung von Terminen und Kosten. In der Projektplantafel wird die Projektstruktur und die Terminplanung zusammengeführt. Ausgehend von der Projektplantafel kann sowohl die Projektstruktur, als auch ein Netzplan angelegt werden.

Die Aufgabe

Im Folgenden wird beschrieben, wie Sie

- die Projektplantafel aufrufen
- Vorgänge zu PSP-Elementen anlegen
- Anordnungsbeziehungen erstellen
- Vorgänge terminieren
- Meilensteine anlegen

- PSP-Elemente freigeben
- Ist-Termine rückmelden
- Planwerte an die Ist-Termine anpassen
- die Planung an PSP-Elemente anpassen

Die Lösungsschritte

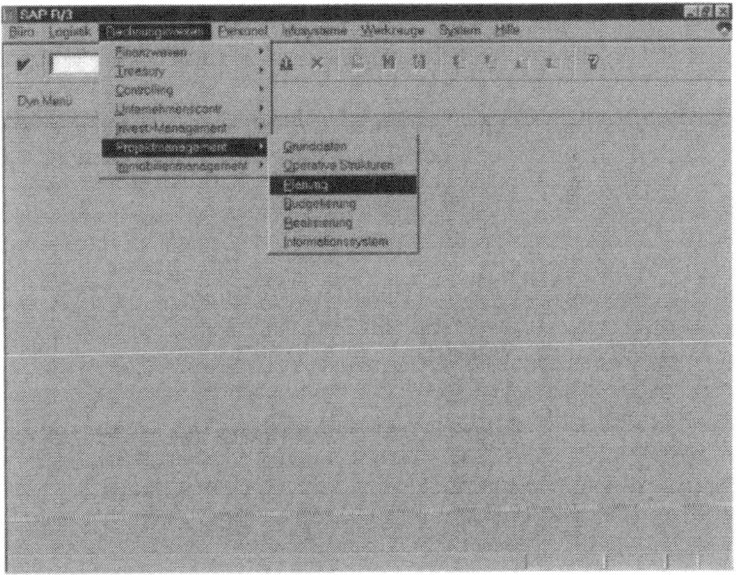

Abb. 3.125 Einstiegsfenster SAP R/3

Vom Einstiegsmenü SAP R/3 gelangen Sie über die Menüfunktion ***Rechnungswesen / Projektmanagement / Planung*** zum Fenster ***Projektplanung***.

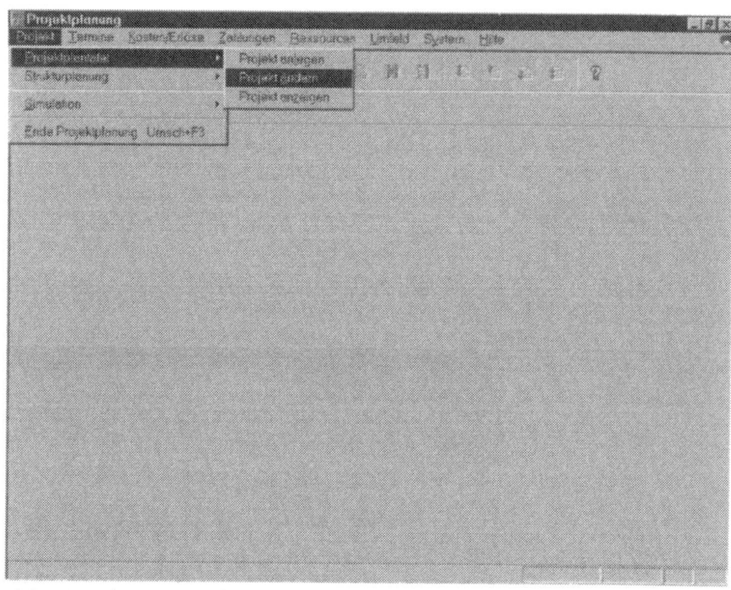

Abb. 3.126 Einstiegsfenster Projektplanung

Wählen Sie die Menüfunktion ***Projekt / Projektplantafel / Projekt ändern***. Es erscheint das Fenster ***Projektplantafel: ändern***.

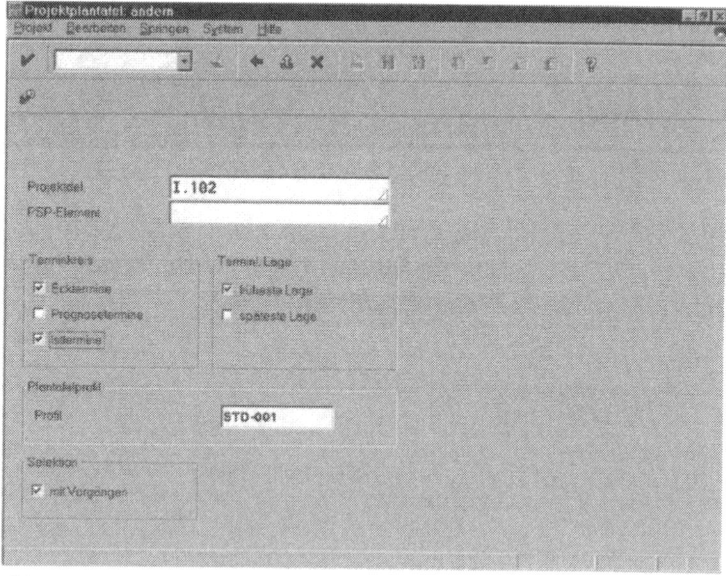

Abb. 3.127 Einstiegsfenster Projektplanung

Geben Sie bei ***Projektdef.*** die Projektnummer ein. Bestätigen

Sie Ihre Eingabe mit der Schaltfläche
Es erscheint das Fenster ***Projekt: ändern***.

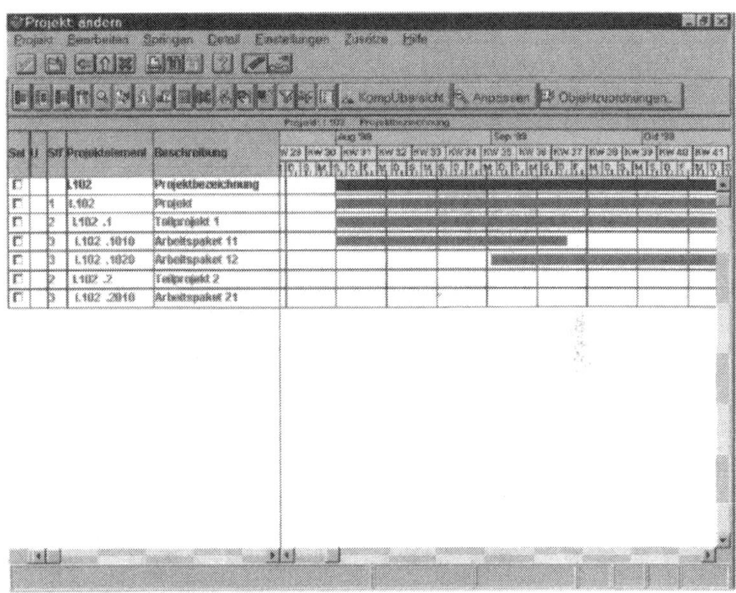

Abb. 3.128 Projektplantafel

Die Aufgabe

Vorgänge zu PSP-Elementen anlegen.

Die Lösungsschritte

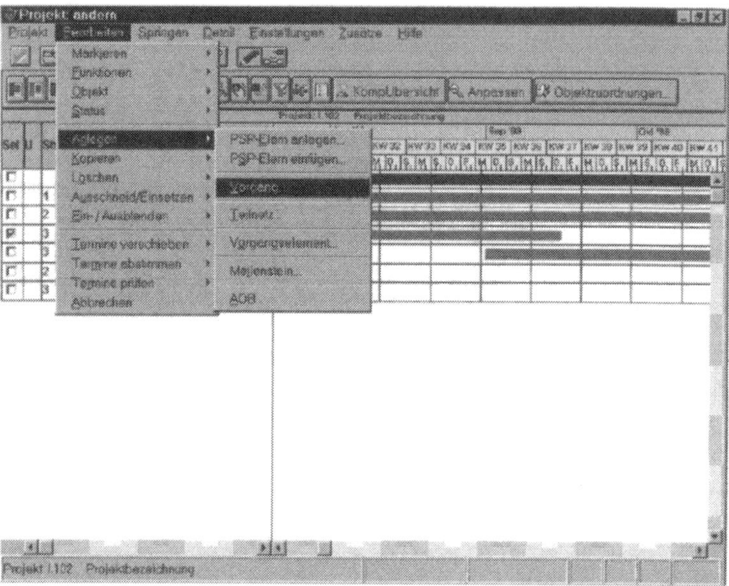

Abb. 3.129 Anlegen eines Vorgangs

Um einen Vorgang zu einem PSP-Element anzulegen, wählen Sie das PSP-Element durch Anklicken des Selektionskästchens aus. Wählen Sie die Menüfunktion ***Bearbeiten / Anlegen / Vorgang***. Es erscheint die Dialogbox ***Anlegen Vorgang***.

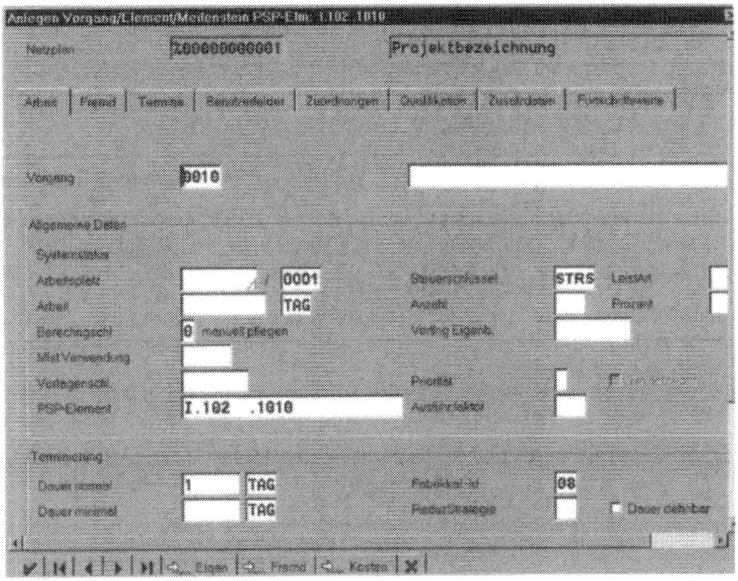

Abb. 3.130 Stammdaten zum Vorgang

Tragen Sie eine Bezeichnung für den anzulegenden Vorgang in das obere rechte Eingabefeld ein. Geben Sie im Feld ***Dauer normal*** den Wert und die Einheit der Durchführungszeit an und bestätigen Sie Ihre Eingaben mit der Schaltfläche  . Es erscheint das Ausgangsfenster ***Projekt: ändern*** mit dem neu angelegten Vorgang.

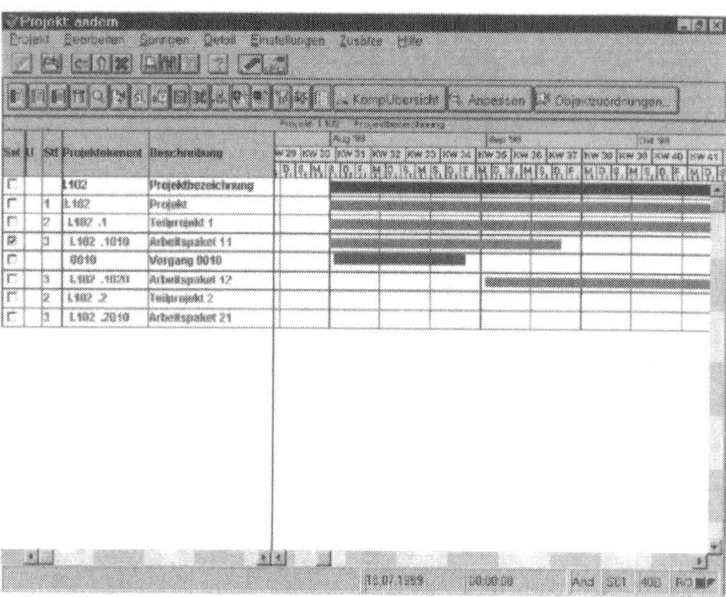

Abb. 3.131 Projektplantafel mit Vorgang
Der Vorgang wird als dunkelblauer Balken im Diagrammbereich der Projektplantafel graphisch dargestellt.

Die Aufgabe

Anordnungsbeziehungen erstellen.

Die Lösungsschritte

Um eine Anordnungsbeziehung (Normalfolge) zwischen zwei Vorgängen zu erstellen, klicken Sie auf die Schaltfläche . Der Cursor ändert sich zu einem Stift . Klicken Sie im Diagrammbereich auf das Ende des „Vorgänger-Vorgangs“ und ziehen Sie bei gedrückter Maustaste den Stift auf den Anfang des „Nachfolger-Vorgangs“. Vorgänger und Nachfolger werden durch einen Pfeil verbunden. Klicken Sie auf die Schaltfläche , um den Cursor zum ursprünglichen Mauszeiger zu ändern.

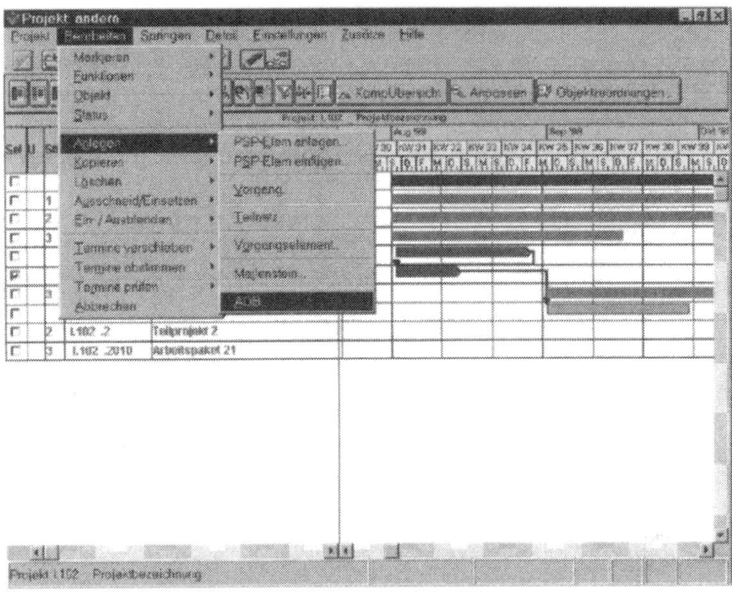

Abb. 3.132 Anlegen von Anordnungsbeziehungen

Um die Anordnungsbeziehung zu bearbeiten, wählen Sie die Menüfunktion ***Bearbeiten / Anlegen / AOB***.

Es erscheint die Eingabemaske zur Anordnungsbeziehung.

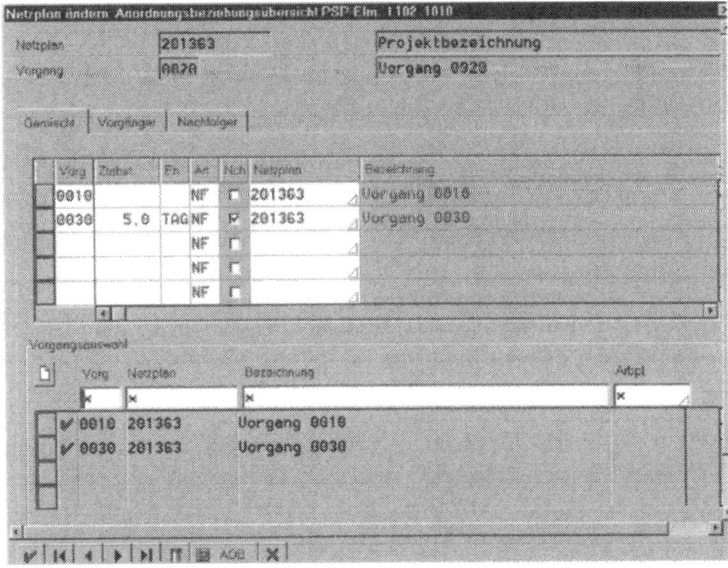

Abb. 3.133 Stammdaten zu Anordnungsbeziehungen

Geben Sie den Zeitabstand ein.

Die Aufgabe

Vorgänge terminieren.

Die Lösungsschritte

Um alle Vorgänge in der Projektplantafel zu terminieren, klicken Sie auf die Schaltfläche und anschließend auf die Schaltfläche

In der Statuszeile erscheint die Meldung ***Terminierung ausgeführt***.

Die Aufgabe

Meilenstein zu einem PSP-Element anlegen.

Die Lösungsschritte

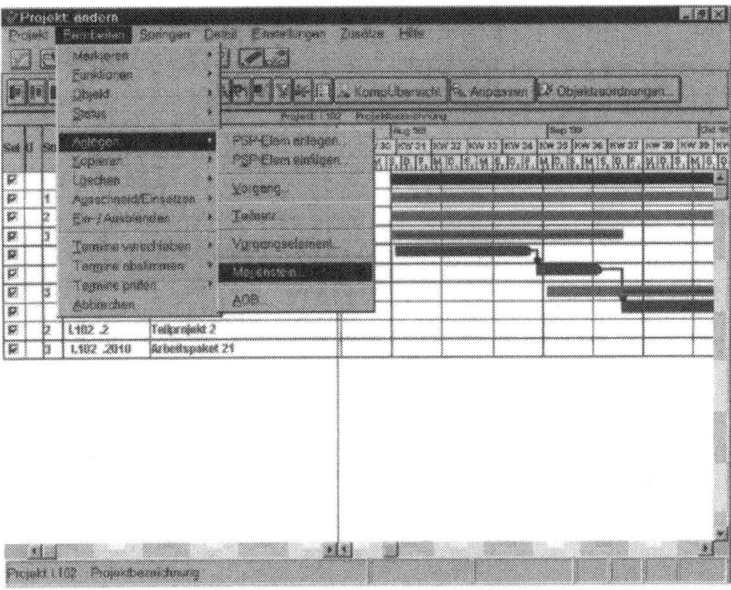

Abb. 3.134 Anlegen eines Meilensteins

Um einen Meilenstein zu einem PSP-Element anzulegen, starten Sie im Fenster ***Projekt: ändern***. Wählen Sie das auf der Stufe 1 stehende PSP-Element durch Anklicken des Selektionskästchen aus. Wählen Sie die Menüpunkte ***Bearbeiten / Anlegen / Meilenstein***.

Es erscheint die Dialogbox ***Projekt ändern: Meilensteindetail***.

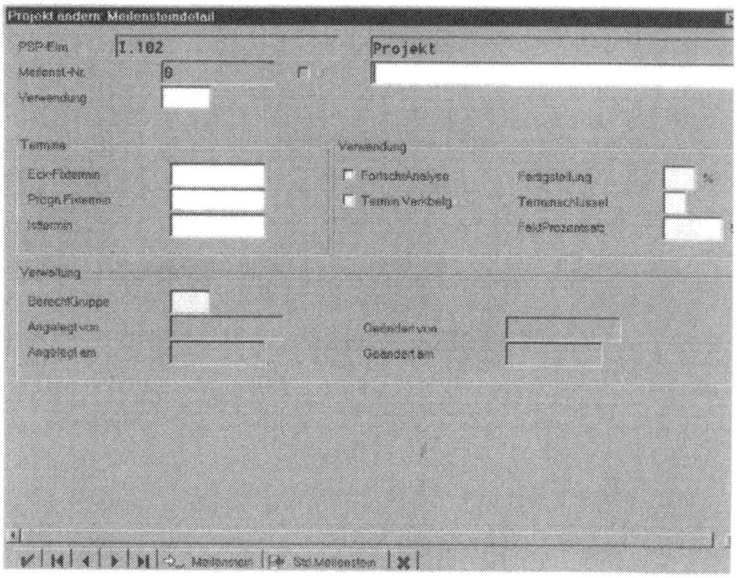

Abb. 3.135 Stammdaten zum Meilenstein

Tragen Sie die Bezeichnung des Meilensteins in das Eingabefeld unterhalb der PSP-Elementbezeichnung und den Meilenstein-Termin in das Eingabefeld ***Eck-Fixtermin*** ein. Bestätigen Sie Ihre Eingaben mit der Schaltfläche 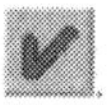 .

Es erscheint die Projektplantafel mit dem neu angelegten Meilenstein.

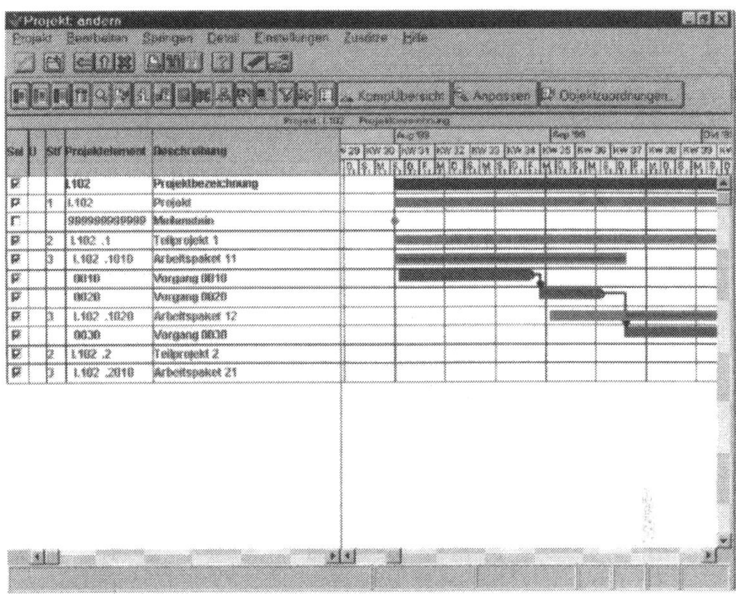

Abb. 3.136 Projektplantafel mit Meilensteinen

Die Aufgabe

PSP-Elemente freigeben.

Die Lösungsschritte

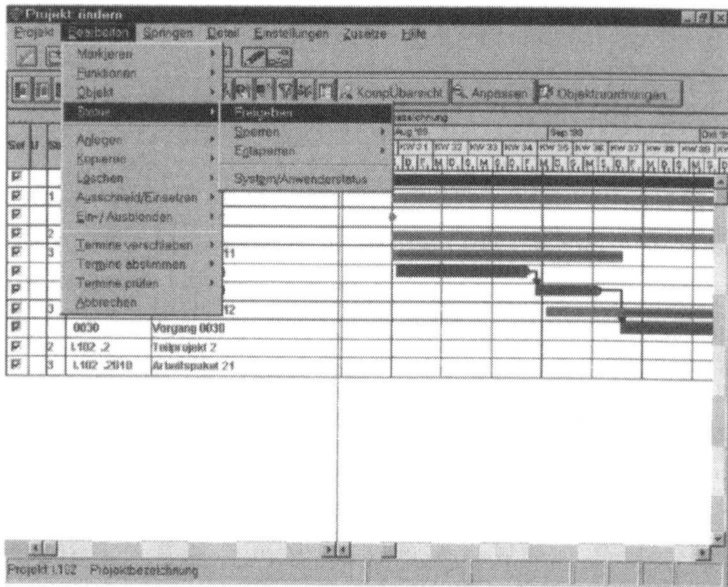

Abb. 3.137 Setzen eines Systemstatus

Um bei allen Vorgängen den Status **FREI** zu setzen, starten Sie im Fenster ***Projektplantafel: ändern***. Klicken Sie auf die Schaltfläche .

Wählen Sie anschließend die Menüfunktion ***Bearbeiten / Funktionen / Freigeben***.

Es erscheint die Meldung ***Projektelemente wurden freigegeben***. Sichern Sie Ihre Änderung mit der Schaltfläche .

Die Aufgabe

Ist-Termine rückmelden.

Die Lösungsschritte

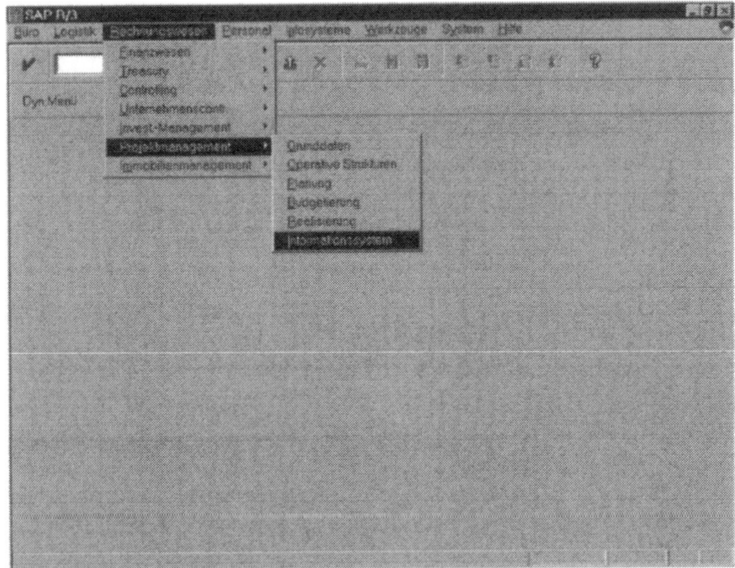

Abb. 3.138 Einstiegsfenster SAP R/3

Starten Sie vom Einstiegsmenü SAP R/3 ***Rechnungswesen / Projektmanagement / Informationssystem***.

Es erscheint das Fenster ***Projektinformationssystem***.

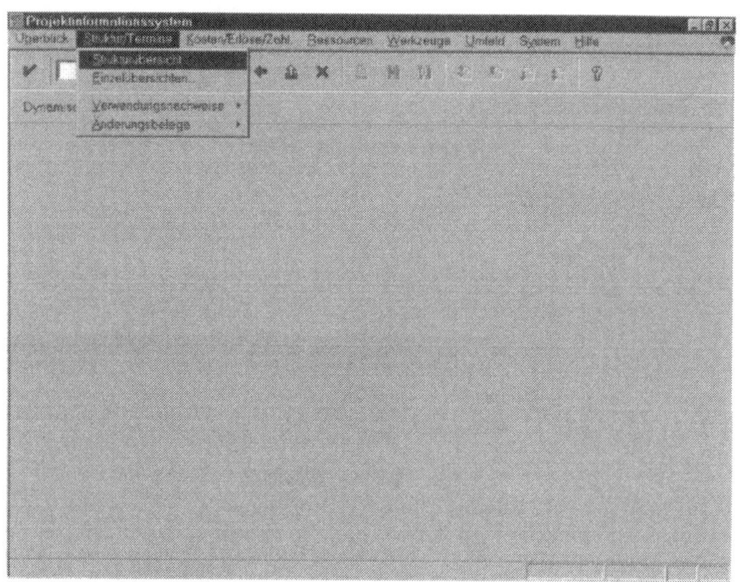

Abb. 3.139 Einstiegsfenster Projektinformationssystem

Wählen Sie die Menüfunktion ***Struktur/Termine / Strukturübersicht***. Es erscheint das Fenster ***Projekt-Informationssystem: Einstieg Struktur***.

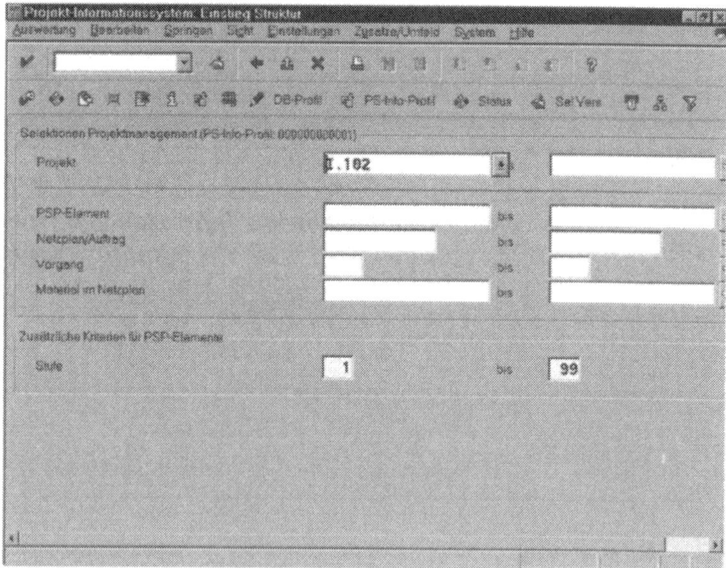

Abb. 3.140 Selektionsbild Strukturübersichtsbericht

Tragen Sie in das Feld ***Projekt*** die Projektnummer ein und bestätigen Sie Ihre Eingabe mit der Schaltfläche , um sich die Strukturübersicht anzeigen zu lassen. Es erscheint das Fenster ***Projekt-Informationssystem: Übersicht Struktur***.

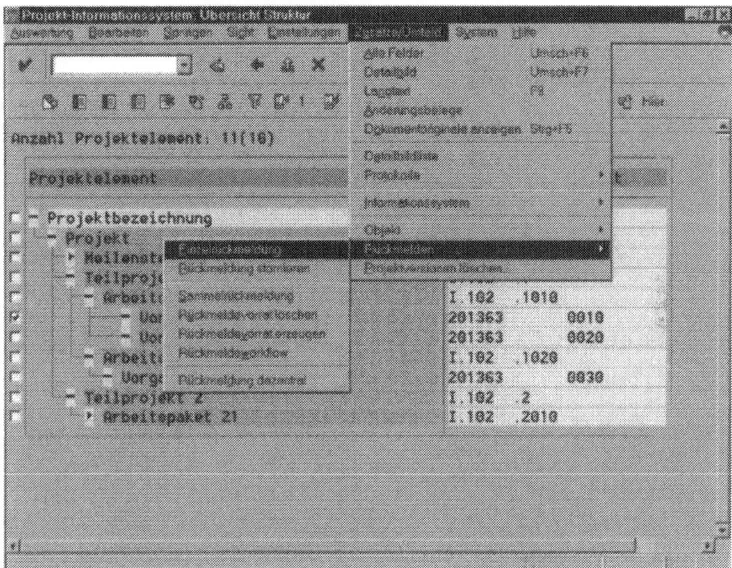

Abb. 3.141 Strukturübersichtsbericht

Wählen Sie die Vorgänge durch Markieren der Selektionskästchen aus, die zurückgemeldet werden sollen. Wählen Sie die Menüfunktion ***Zusätze / Umfeld / Rückmelden / Einzelrückmeldung***. Es erscheint das Fenster ***Rückmeldung zum Netzplan erfassen: Istdaten***.

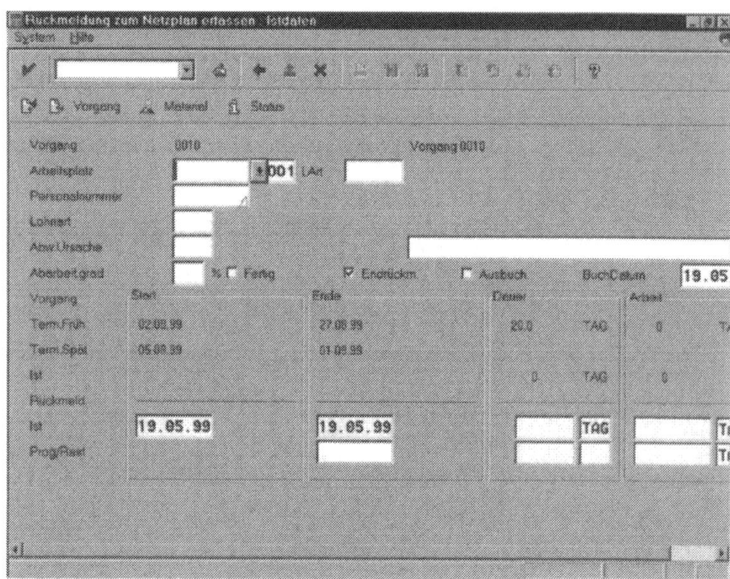

Abb. 3.142 Stammdaten zur Rückmeldung eines Vorgang

Geben Sie die Daten zur Rückmeldung ein. Bestätigen Sie Ihre Eingabe mit der Schaltfläche .

Die Aufgabe

Ist-Termine zum Meilenstein rückmelden.

Die Lösungsschritte

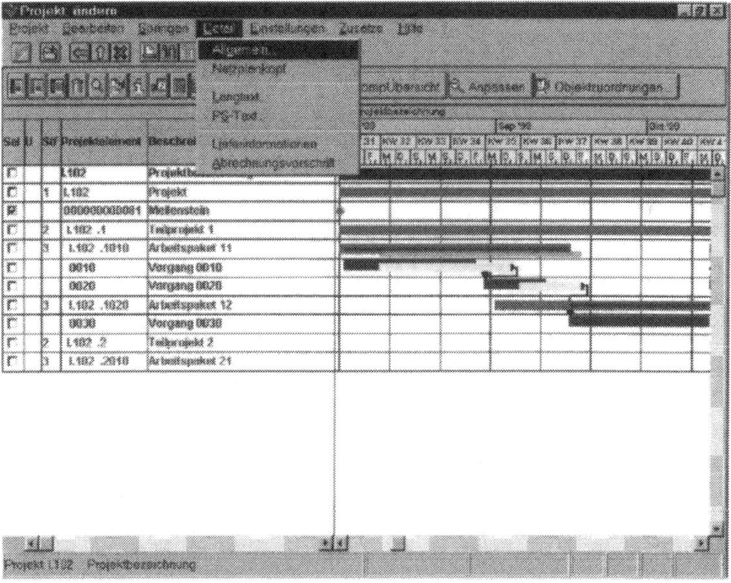

Abb. 3.143 Rückmeldung eines Meilensteins

Um den Ist-Termin zum Meilenstein zu erfassen, wählen Sie im Fenster ***Projektplantafel: ändern*** durch Selektieren/Markieren den Meilenstein aus und wählen Sie die Menüfunktion ***Detail / Allgemein***. Es erscheint die Dialogbox ***Projekt ändern: Meilensteindetail***.

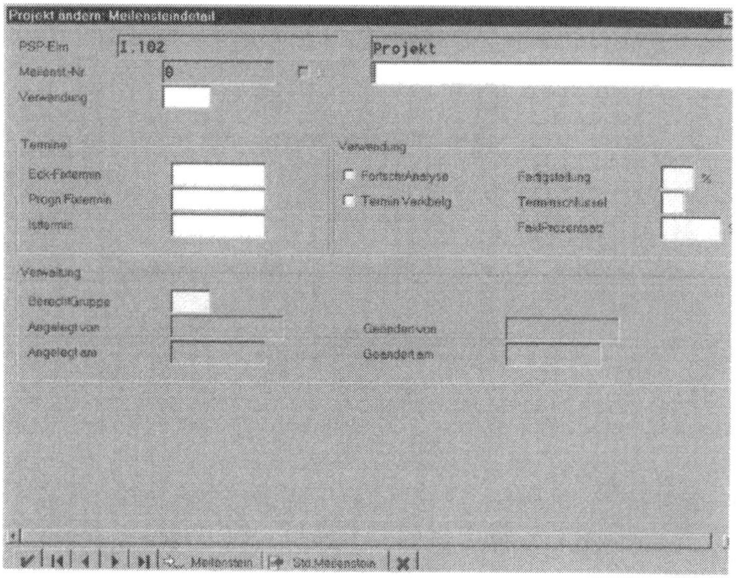

Abb. 3.144 Stammdaten zur Rückmeldung eines Meilensteins

Geben Sie den Ist-Termin des Meilensteins ein und bestätigen Sie Ihre Eingabe mit der Schaltfläche  .

Die Aufgabe

Anpassung der Planwerte an die Ist-Termine.

Die Lösungsschritte

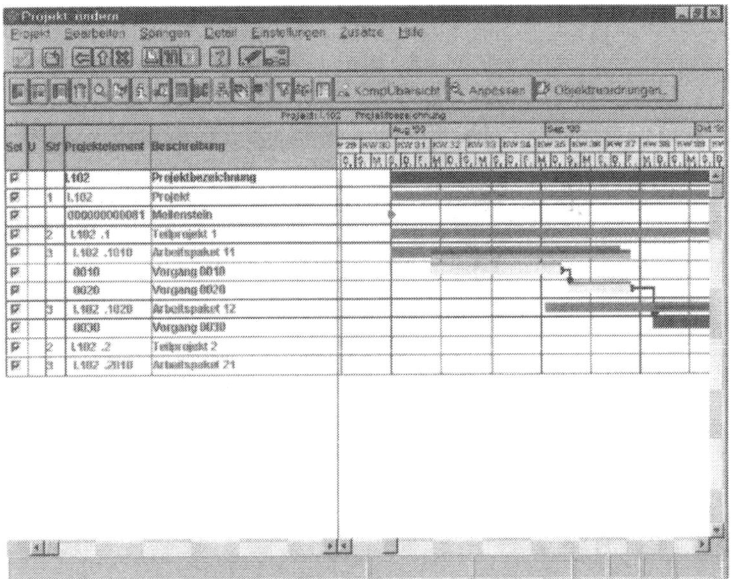

Abb. 3.145 Projektdefinition

Um alle PSP-Elemente zu markieren, klicken Sie auf die Schaltfläche . Klicken Sie anschließend auf die Schaltfläche , um die Terminierung durchzuführen. Hierbei findet automatisch eine Anpassung des Plantermins an den Ist-Termin statt.

Die Aufgabe

Anpassung an PSP-Elemente.

Die Lösungsschritte

Die Terminierung der Planwerte unterscheidet sich noch von den Eckterminen der PSP-Elemente.
Bei der Übernahme der neuterminierten Werte auf die PSP-Elemente werden die Ecktermine angepasst.

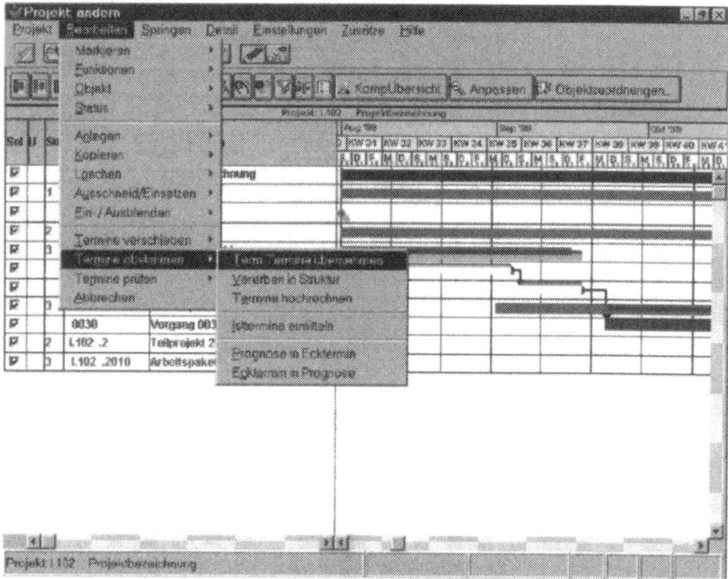

Abb. 3.146 Anpassung der Ecktermine

Starten Sie im Fenster ***Projekt: ändern***. Klicken Sie auf die Schaltfläche , um alle PSP-Elemente zu markieren. Wählen Sie anschließend die Menüfunktion ***Bearbeiten / Termine abstimmen / Term. Termine übernehmen***. Es erscheint die Projektplantafel mit den angepassten Terminen.

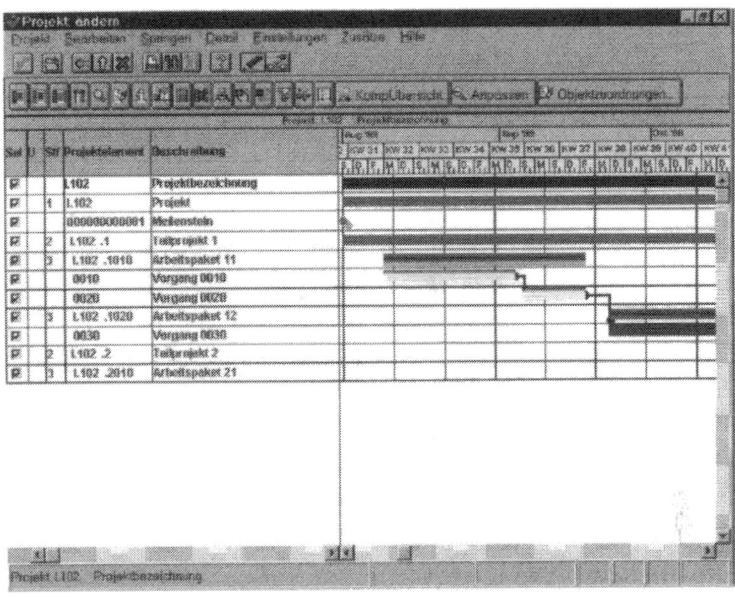

Abb. 3.147 Projektplantafel mit angepassten Eckterminen

Tipps und Tricks

Die Projektplantafel eignet sich nicht zu Simulationszwecken, da für alle Daten, die in SAP erfasst bzw. geändert werden, Änderungsbelege geschrieben werden. Für Simulationszwecke sollten die Termindaten über die Standardschnittstelle von SAP bspw. nach MSProject geschrieben werden.

Diese Erscheinungsbild erhalten Sie, wenn Sie in Ihrem SAP-System folgende Customizing-Einstellungen vornehmen:

Plantafelprofil (siehe Kap. 7.3.7)

Netzplanprofil (siehe Kap. 7.3.8)

3.16 Terminplanung

Der Schnelleinstieg

Vom Einstiegsbild SAP R/3 über ***Rechnungswesen / Projektmanagement / Planung*** zum Fenster ***Projektplanung***. Wählen Sie anschließend die Menüfunktion ***Termin / Ecktermine ändern***. Es erscheint das ***Fenster Terminplanung ändern: Ecktermine***. Tragen Sie bei ***Projektdef.*** die ***Projektnummer*** ein und klicken Sie auf die Schaltfläche [Ecktermine]. Es erscheint das Fenster ***Terminplanung ändern: Ecktermine***. Berücksichtigung des Fabrikkalenders aus der Projektdefinition.

Die Grundlagen

Terminierung bedeutet die Ausrichtung der Vorgänge nach Dauer, Anordnungsbeziehung, Terminierungsform und Terminlage. Dabei werden zwei Terminlagen unterschieden:

- früheste Lage: Die Vorgänge werden ausgehend vom frühest möglichen Zeitpunkt angeordnet.
- späteste Lage: Die Vorgänge werden ausgehend vom spätest möglichen Zeitpunkt angeordnet.

Die Aufgabe

Im Folgenden wird gezeigt, wie Sie Termine eingeben und eine Terminplanung vornehmen.

Die Lösungsschritte

Starten Sie vom SAP R/3 Einstiegsbild und wählen Sie die Menüfunktion ***Rechnungswesen / Projektmanagement / Planung***, um in die Projektplanung zu gelangen.

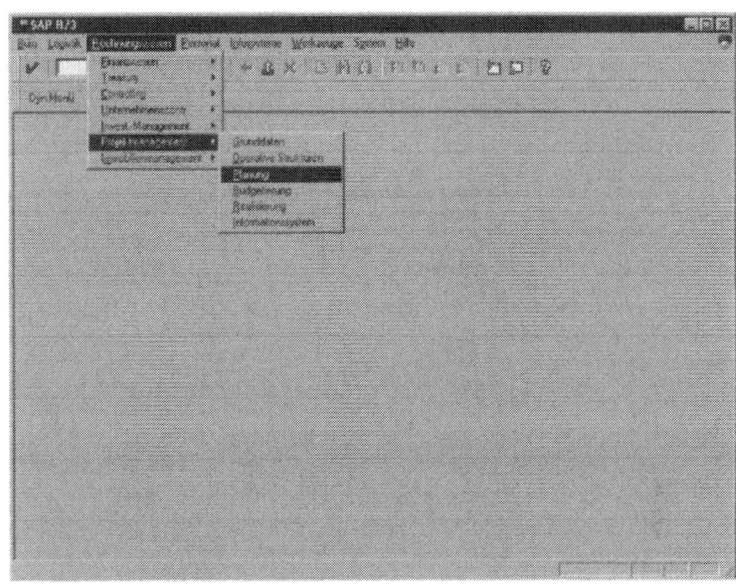

Abb. 3.148 Einstiegsfenster SAP R/3

Im Fenster ***Projektplanung*** wählen Sie die Menüfunktion ***Termine / Ecktermine*** ändern.

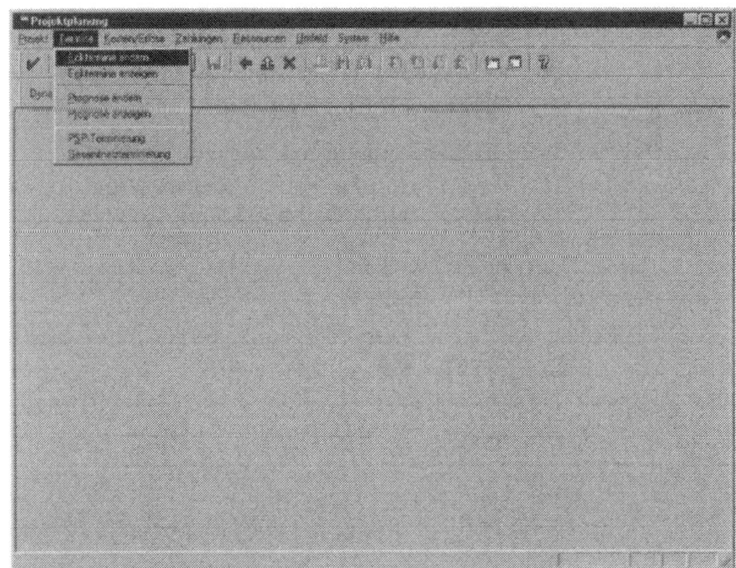

Abb. 3.149 Einstiegsfenster Terminplanung

Es erscheint das Fenster ***Terminplanung ändern: Ecktermine***. Geben Sie die Projektnummer in das dafür vorgesehene Feld ein und klicken Sie auf die Schaltfläche Ecktermine.

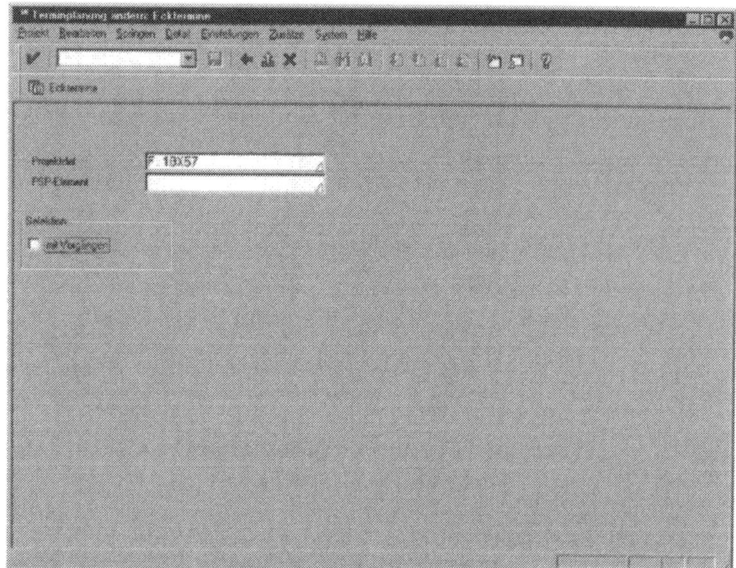

Abb. 3.150 Aufruf Terminplanung

Es erscheint das Fenster ***Terminplanung ändern: Ecktermine***. Markieren Sie das zu beplanende PSP-Element und klicken Sie anschließend auf das Register Ecktermine.

Es erscheint das Fenster ***Terminplanung ändern: Ecktermine***. Geben Sie die Daten ein und bestätigen Sie die Eingabe mit der Schaltfläche ✔.

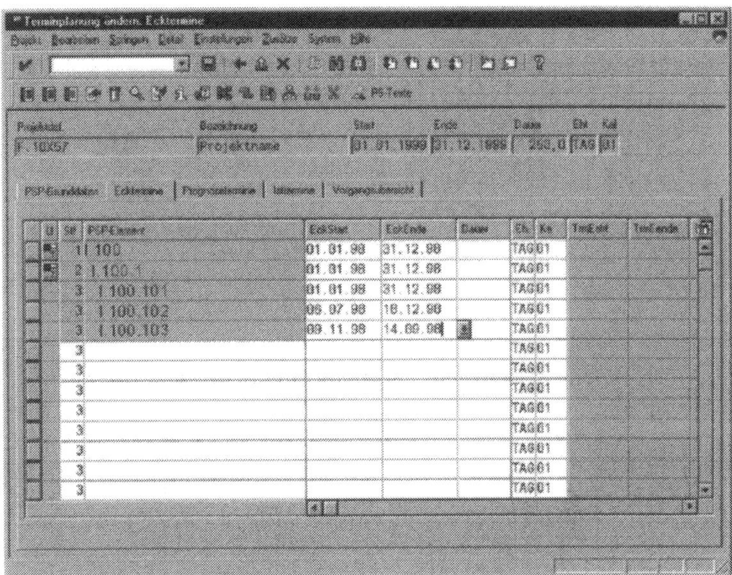

Abb. 3.151 Projektstrukturplan in Listform

Es erscheint wieder das Fenster ***Terminplanung ändern: Ecktermine***.

4 Grundlagen zum Modul IM

Bei SAP R/3 handelt es sich um eine Standardsoftware, die für die verschiedenen betriebswirtschaftlichen Aufgabenbereiche ein eigenes Modul anbietet. Gleichzeitig sind die verschiedenen Module vollständig ineinander integriert. Somit steht ein ganzheitliches System zur Verfügung, das alle betriebswirtschaftlichen Aufgaben erfüllt.
Das Modul IM (Investitionsmanagement) unterstützt mit seinen Berichten die Verwaltung und Steuerung von übergreifenden Investitionsbudgets. Neben der projektorientierten Analyse im Modul PS haben Sie mit IM die Möglichkeit einer dv-gestützten, gesamtheitlichen Berichterstattung über alle Investitionsprojekte eines Unternehmens.

4.1 Allgemeines zum Modul Investitionsmanagement

Im Vorfeld der Leistungserstellung müssen Investitionen getätigt werden, die in einer dynamischen Marktwirtschaft immer mehr an Bedeutung gewinnen. Sie binden langfristig knappe Kapitalressourcen im Unternehmen und erhöhen den Fixkostenblock des Unternehmens.
Der Umfang und die Komplexität von Investitionen in einem Unternehmen machen den Einsatz von Software zur Unterstützung der unternehmensweiten(konzern-) Investitionsabwicklung unumgänglich. SAP stellt mit der Anwendung IM ein Instrumentarium zur Verfügung, das den Investitionsprozess von der Planungs-, über die Realisierungs- bis hin zur Aktivierungsphase begleitet. Dies beinhaltet Funktionen für die buchhalterische und controllingorientierte Abwicklung einzelner Investitionsmaßnahmen.
Hervorzuheben ist, dass das IM sich der Funktionalitäten und Daten der Module FI, CO, PS, AM und PM bedient. Die integrative Verknüpfung der einzelnen Funktionalitäten zu einem Gesamtprozess ermöglicht ein effizientes Investitions-Controlling, das der Bedeutung von kapitalintensiven Investitionen Rechnung trägt.
Die Anwendung IM eignet sich für Unternehmen, die regelmäßig kapitalintensive Investitionen tätigen. Wichtige Entscheidungs-

kriterien für den Einsatz des IM sind jeweils die Anzahl und die Komplexität der Investitionsmaßnahmen, deren Bedeutung für das Unternehmen und die Höhe des Investitionsbudgets.
Die Komponente IM kann eingesetzt werden für die Planung und Abwicklung von Sachanlageinvestitionen, Anlagen im Bau und für Instandhaltungsinvestitionen. Investitionen in Beteiligungen oder Wertpapiere werden über das Modul Treasury abgewickelt.

4.2 Einzelkomponenten des Investitionsmanagement

Das IM besteht im Release 4.5b aus vier Komponenten:

1. Investitionsprogramme
2. Investitionsmaßnahmen
3. Informationssystem
4. Investitionsanforderungen

4.2.1 Investitionsprogramme

Das Investitionsprogramm besteht aus hierarchisch geordneten Programmpositionen. Die Komponente IM ermöglicht durch flexible strukturierbare Organisationseinheiten (Programmpositionen) die Abbildung von alternativen Unternehmensstrukturen. Hierbei haben Sie die Alternative, das Investitionsprogramm nach beliebigen Kriterien, z. B. Verantwortungsbereichen, Bilanzpositionen, Investitionsarten oder Investitionszwecken zu strukturieren und ihnen Investitionsbudgets zuzuordnen. Ein Investitionsprogramm stellt hiermit eine hierarchische Abbildung aller geplanten und genehmigten (budgetierten) Investitionsaufwendungen eines Unternehmens dar.
Bei jeder Programmposition können organisatorische Festlegungen, wie z. B. Kostenrechnungskreis, Buchungskreis, Gesellschaft, Werk, Profit-Center oder Verantwortlicher hinterlegt werden. Zusätzlich können über die Benutzerfelder weitere Merkmale definiert werden, die dann als Berichtsauswahlkriterium dienen.
Die Unternehmensorganisation bildet in den meisten Fällen die Grundlage für den Aufbau des Investitionsprogramms. Bei der Strukturierung sollten Aspekte der gewünschten Investitionsberichterstattung Berücksichtigung finden.

Stammdaten

Das Investitionsprogramm beinhaltet zwei Grundelemente, die die Grundeinstellungen und Struktur des Investitionsprogramms bestimmen. Es handelt sich hierbei um die Programmdefinition und um Programmpositionen. Innerhalb der Grundelemente werden im Folgenden die wichtigsten Stammdaten erläutert.

Programmdefinition

Bei der Anlage des Investitionsprogramms muss in einem ersten Schritt die Programmdefinition angelegt werden.
Die Programmdefinition beinhaltet, ähnlich wie die Projektdefinition, allgemeine Grundeinstellungen, die einen verbindlichen Rahmen für das gesamte Investitionsprogramm darstellen. Zusätzlich können Stammdatenfelder für die nachfolgenden Investitionsprogrammpositionen vorbelegt werden. Innerhalb der Programmdefinition sind folgende Grundeinstellungen vorzunehmen und werden im Customizing festgelegt:

Programmart

Die Programmart beinhaltet Grundeinstellungen für die Zeitdauer der Programmplanung und Budgetierung, die wiederum in einem Plan- bzw. Budgetprofil hinterlegt werden. Daneben können Sie hier einstellen, ob die Funktion Budgetverteilung eingesetzt wird. Die Programmart, das Plan- bzw. Budgetprofil werden im Customizing definiert.
Mit der Hinterlegung der Programmart im Projektbudgetprofil können Sie z. B. erreichen, dass die Projektbudgetierung erst nach Zuordnung zum Investitionsprogramm mit entsprechender Programmart durchgeführt wird.

Genehmigungsgeschäftsjahr

Das Genehmigungsgeschäftsjahr legt den Zeitpunkt dar, wann das Investitionsprogramm genehmigt wird. Es beinhaltet keine Aussage über den Planungs- bzw. Budgetierungshorizont.

Geschäftsjahresvariante

Die Geschäftsjahresvariante beinhaltet die Einteilung des Geschäftsjahres in Perioden, die im Berichtswesen analysiert werden können. Die Jahreseinteilung in Perioden kann von gesetzlichen Berichtszeiträume abweichen und sollte nach Controlling-Gesichtspunkten bestimmt werden.

Währung

Die Plan- bzw. Budgetwerte werden in dieser Währung im Berichtswesen angezeigt.

Programmpositionen

Einzelne Elemente eines Investitionsprogramms werden als Programmpositionen bezeichnet. Die einzelnen Programmpositionen beinhalten eigene Stammdatenfelder, die für Auswertungszwecke herangezogen werden z. B. Profit-Center, Buchungskreis, Kostenstelle, Gesellschaft, Geschäftsbereich...

Benutzerfelder

Neben Standardfeldern bietet SAP sog. Benutzerfelder an, die frei definiert werden können. Diese Benutzerfelder dienen als Erweiterung der vorhandenen Standardfelder. Sie werden im Customizing festgelegt. Die Benutzerfelder werden nach Text-, Mengen-, Wert- und Terminfelder differenziert. Hervorzuheben ist, dass keine Konsistenzprüfung der Inhalte erfolgt. Im Informationssystem können diese Felder ausgewertet werden.

4.2.2 Investitionsmaßnahmen

Investitionsmaßnahmen dienen dazu, die Plan- als auch Istkosten bzw. Ausgaben nach controllingorientierten und abrechnungstechnischen Gesichtpunkten von den übrigen Kosten eines Unternehmens zu separieren. SAP bietet die Option, Investitionsvorhaben über Investitionsprojekte und/oder Innenaufträge abzubilden.

Innenaufträge dienen für einfache, übersichtliche und mit weniger Risiko behaftete Investitionsmaßnahmen, die ein geringes Volumen beanspruchen.
Die Abbildung über Investitionsprojekte sollte dagegen zur Anwendung kommen, wenn lang laufende, risikobehaftete und umfangreiche Vorhaben durchgeführt werden, die betriebswirtschaftlich einer besonderen Überwachung unterliegen sollten. (siehe Kapitel 6.0 – Integration)

4.2.3 Informationssystem

Innerhalb des Berichtswesen bietet SAP neben den Standardreports die Option, weitere Berichte über die allgemeine Anbindung an die Recherchefunktion im SAP R/3 zu erstellen. Das Informationssystem kennzeichnet sich durch eine flexible Darstellung der Berichte, Verzweigung in andere Berichte und graphische Aufbereitung aus.

4.2.4 Maßnahmenanforderungen

SAP bietet mit der Funktionalität Maßnahmenanforderung die Möglichkeit, gewünschte Investitionen im Vorfeld eines Projekts bzw. Innenauftrags vor ihrer Genehmigung direkt im System zu erfassen und mit einem Genehmigungsverfahren zu verbinden. Die Planwerte in der Maßnahmenanforderung können für eine Wirtschaftlichkeitsbetrachtung herangezogen und in die gesamtheitliche Planung übernommen werden. Für die Wirtschaftlichkeitsanalyse stehen standardisierte Investitionsrechnungen zur Verfügung. Die Funktionalität der Maßnahmenanforderungen werden im Rahmen der folgenden Ausführung nicht behandelt.

4.3 Zuordnung von Investitionsmaßnahmen zum Investitionsprogramm

Die unternehmensweite Steuerung und Überwachung von Investitionsmaßnahmen wird durch die Zuordnung der einzelnen Projekte oder Innenaufträge zu einer oder mehreren Investitionsprogrammpositionen ermöglicht. Bei der Zuordnung werden die Investitionsmaßnahmen mit der untersten Hierarchieebene (Investitionsprogrammposition IPP) des Investitionsprogramms verknüpft.

Ziel der Verknüpfung ist eine Klassifikation der Investitionen nach unterschiedlichen Klassifikationsmerkmalen. Häufig sind organisatorische oder produktbereichsorientierte Merkmale in der Praxis anzutreffen. (siehe Kapitel 6.0 – Integration)

4.4 Funktionen der Komponente Investitionsmanagement

4.4.1 Investitionsplanung

Das Modul IM ermöglicht im allgemeinen eine Investitionsplanung, die zum einen auf konkreten Maßnahmen im Planungsstadium aufbaut. Zum anderen haben sie die Alternative, eine pauschale, maßnahmenunabhängige Planung vorzunehmen, deren Höhe z. B. aus betriebswirtschaftlichen oder steuerrechtlichen Überlegungen abgeleitet wird (z. B. Bilanzorientierter Ansatz, Berücksichtigung von Investitionsförderungen). In der Praxis werden häufig Investitionen in Sachanlagevermögen für Forschungsbereiche pauschal geplant, da die Forschung in ihrer Eigenart sehr dynamisch ist und Vorhersagen unmittelbar von Forschungsergebnissen abhängig sind.

Maßnahmenbasierte Bottom – Up - Planung

Bei einer maßnahmenbasierten Investitionsplanung liegen konkrete Vorschläge der geplanten Vorhaben vor. Die Investitionsplanung auf der Stufe der Maßnahmen unterscheidet sich durch den Detaillierungsgrad von der programmbasierten Planung. (siehe Kapitel 6.0 – Integration)

Programmbasierte Bottom – Up - Planung

Voraussetzung für eine programmbasierte Bottom-Up-Planung ist die Erstellung eines strukturierten Investitionsprogramms. Die einzelnen geplanten Werte werden auf den untersten Investitionsprogrammpositionen erfasst und auf die oberste Programmebene hochgerollt.

Unabhängig der Programmstruktur bietet das Modul IM die Trennung der Investitionsplanung nach Budgetarten. Die Trennung könnte z. B. nach aktivierungspflichtigem Aufwand oder Gemeinkosten oder nach verschiedenen Finanzierungstöpfen erfolgen.

Kombinierte Bottom-Up-Planung

Die kombinierte Bottom-Up-Planung ist eine Verknüpfung der programmbasierten und maßnahmenabhängigen Planung. Diese Alternative ist zu wählen, wenn neben pauschalen Planwerten auch konkrete Maßnahmen zum Planungszeitpunkt bekannt sind.

Planversionen

Die Bottom-Up-Planung kann in verschiedenen Planversionen geführt werden. In der Praxis werden Planversionen zum einen zur Abbildung von Planungsständen (Zeitbezug) herangezogen. Zum anderen können Planversionen für den gleichen zu planenden Sachverhalt eingesetzt werden, um die subjektiven Sicherheitspolster der planenden Personen zu minimieren. Die Höhe des subjektiven Sicherheitspolsters ist unter anderem von folgenden Einflussfaktoren abhängig:

- Erfahrung
- Persönliche Risikoaversion
- Bildung
- Sach-Know-how

Dies erfolgt meist in Form von definierten Personengruppen, die unabhängig voneinander planen. Als Ergebnis wird meist der Durchschnittswert der geplanten Größen in die Planung einbezogen. Die aktuelle Planversion im SAP R/3 ist Null.

4.4.2 Investitionsprogrammbudgetierung

Unter Programmbudgetierung ist die verbindliche Genehmigung der zuvor geplanten Investitionen im Investitionsprogramm. Davon zu unterscheiden ist die Genehmigung der konkreten Investitionsmaßnahmen (Projektbudget oder Auftragsbudget).
Das Programmbudget kann in drei Kategorien geführt werden, um alle Aktualisierungen des ursprünglichen Budgets analysieren zu können:

a) Originalbudget
Unter Originalbudget werden die erstmalig genehmigten Mitteln verstanden

b) Nachtragsbudget
Das Nachtragsbudget umfasst Aufstockungen des Originalbudgets

c) Rückgabebudget
Das Rückgabebudget umfasst Reduzierungen des Budgets.
Das aktuelle Budget ist das Ergebnis aus Original- und Nachtragsbudget reduziert um Rückgaben. Die Funktionalität kann auch für das Maßnahmenbudget im PS- oder CO-Modul eingesetzt werden, so dass eine Budgethistorie aufgebaut wird.

Programmbasierte Budgetierung mit separater Maßnahmenbudgetierung

Bei der programmbasierten Budgetierung werden die zugeordneten Maßnahmen nicht automatisch zum gleichen Zeitpunkt budgetiert. Es erfolgt eine chronologische und funktionale Separierung der Programm- und Maßnahmenbudgetierung. Die Maßnahmenbudgetierung kann, z. B. bei pauschalen Budgets, erst bei der Konkretisierung eines Investitionsvorhabens erfolgen. In diesem Fall werden im Berichtswesen die Maßnahmenbudgets dem Programmpositionsbudget gegenübergestellt.
Diese Variante ist in Betracht zu ziehen, wenn eine Voraussage über die Budgetverteilung auf Maßnahmen nicht möglich oder nicht gewollt ist. (siehe Kapitel 6.0 – Integration)

Maßnahmenbasierte Budgetierung mit Budgetverteilung

Bei der maßnahmenbasierten Budgetierung durch Budgetverteilung wird wie in der obigen Erläuterung, das Investitionsbudget top-down bis auf die unterste Hierarchie im IM verteil, um dann anschließend auf die Maßnahmen verteilt zu werden. (siehe Kapitel 6.0 – Integration)

Budgetartenorientierte Budgetierung

Die Budgetierung nach Budgetarten entspricht der o. g. Budgetierungsmethodik. In diesem Falle erfolgt die Trennung nach Budgetarten (Finanzierungstöpfe). (siehe Kapitel 6.0 – Integration)

4.5 Statusverwaltung

Die Sicherstellung des organisatorischen Ablaufs der Planung und Abwicklung von Investitionen wird durch die Statusverwaltung von SAP R/3 gewährleistet. Die Statusverwaltung ermöglicht durch die Festlegung von Anwenderstatus u. a. die Steuerung aller betriebswirtschaftlichen Aktivitäten innerhalb des Investitionsprozesses. Die Verbindung von betriebswirtschaftlichen Aktivitäten mit dazugehörigen Berechtigungen erlauben eine optimale Gestaltung der Entscheidungsfindung. Neben den Systemstatus Eröffnet, Freigegeben, Gesperrt, usw. können zusätzlich Anwenderstatus definiert werden.

4.6 Abschreibungsvorschau

Für die frühzeitige Kostenplanung wurde mit der Abschreibungssimulation ein Instrument entwickelt, das diesen Anforderungen Rechnung trägt. (siehe Kapitel 6.0 – Integration)

4.6.1 Funktionsumfang

In die Abschreibungssimulation können sowohl geplante Investitionen als auch das aktive Anlagevermögen einbezogen werden. Die Resultate können anschließend in das Modul CO-Kostenartenrechnung übernommen werden.

Abhängig vom Genauigkeitsgrad und der Konkretisierungsphase der Investitionsplanung ist eine Abschreibungssimulation auf der Ebene der Investitionsprogrammposition, der Projektebene und der Ebene der Innenaufträge durchführbar.

Die Abschreibungssimulation kann auch unter Berücksichtigung der drei Ebenen und dem aktiven Anlagenbestand erfolgen. (siehe Kapitel 6.0 – Integration)

4.6.2 Abschreibungsparameter

Die Eingabe der Abschreibungsparameter ist zwingende Voraussetzung für die Durchführung der Simulation. Hierbei müssen die Planwerte/Budgetwerte auf der jeweiligen Ebene durch Abschreibungsparameter ergänzt werden. (siehe Kapitel 6.0 – Integration)

4.7 Verfügungen auf Investitionsmaßnahmen

Im Rahmen dieser Ausarbeitung wird kurz ein Überblick über mögliche Verfügungen gegeben. Verfügungen für die Erstellungen einer Investitionsmaßnahme sind alle Ist-Kosten (Ausgaben, Auszahlungen) und offene Bestellungen oder Bestellanforderungen. Folgende Möglichkeiten sind in Betracht zu ziehen:

1. Beschaffung von Anlagen
2. Externer Warenbezug
3. Interne Warenentnahme
4. Interne Leistungsentnahme
5. Anzahlungen

4.8 Informationssystem

Das Berichtswesen im IM unterstützt das Investitionsmanagement von der Investitionsplanung-, über die Durchführung- bis hin zur Abrechnungs- und Aktivierungsphase. Durch die Integration innerhalb des Moduls IM und innerhalb des SAP R/3-Systems sind flexible Darstellungen mit Hilfe der Recherche-Technik von SAP R/3 und aktuelle Informationsauswertungen möglich.
Die Verfügbarkeitsorientierten Berichte sind wichtiger Bestandteil der Abwicklung von Investitionen. In diesen Berichten sind Informationen über die genehmigten Mittel auf Programm- und Maßnahmenebene vorhanden. Denen werden die Ist-Ausgaben und offene Bestellanforderungen bzw. Bestellungen von Maßnahmen als Obligo gegenübergestellt.

4.8.1 Informationssystem Investitionsprogramm

Auf der Ebene des Investitionsprogramms sind Analysen von Plan- und Budgetwerten sowie den zugeordneten Maßnahmen nach verschiedenen Kriterien möglich. Für die Budgetüberwachung unterscheidet das IM zwischen Original-, Nachtrags- und Vortragsbudget.

4.8.2 Informationssystem Investitionsmaßnahmen

Die Investitionsmaßnahmen können durch Projekte oder Innenaufträge abgebildet werden. Falls sie über Projekte abgewickelt werden, stehen die Auswertungsmöglichkeiten des PS zur Verfügung. Im anderen Falle bedient sich das IM der Berichtsmöglichkeiten des Auftragswesens.

4.8.3 Informationssystem Anlagenbuchhaltung

Es stehen Ihnen alle Standardberichte der Anlagenbuchhaltung über eine Verknüpfung zum IM zur Verfügung. Insbesondere ist hier auf den Abschreibungssimulationsbericht hinzuweisen.

4.9 Jahreswechsel

Die Investitionsprogramme werden charakterisiert durch den Investitionsprogrammnamen und das Genehmigungsjahr, das dem Geschäftsjahr entspricht. Folglich ist für jedes Geschäftsjahr ein Investitionsprogramm einzurichten. Zur Reduzierung des Zeitaufwands stellt das IM für den Geschäftsjahreswechsel verschiedene Funktionalitäten bereit. Die Struktur des Investitionsprogramms kann aus dem vergangenen Jahr kopiert und anschließend bei Bedarf aktualisiert werden. Alle Maßnahmen, die den Systemstatus Eröffnet, Freigegeben oder Technisch Abgeschlossen haben, können in das nächste Jahr mit ihren Plan- und Budgetwerten optional übernommen werden. Diese Maßnahmen werden dann als alte Maßnahmen im System gekennzeichnet. Somit ist eine Unterscheidung zwischen im vergangenen Jahr und im aktuellen Jahr genehmigten Maßnahmen möglich. Wichtig ist hierbei, dass nicht in Anspruch genommenes Programmbudget von abgeschlossenen Maßnahmen verfällt.

5 Anwendungsfall Modul IM

5.1 Investitionsprogramme

5.1.1 Stammdaten

Programmdefinition

Der Schnelleinstieg

Vom Einstiegsbild SAP R/3 über die Menüfunktion ***Rechnungswesen / Investitionsmanagement / Programme*** zu den ***Investitionsprogrammen***. Anschließend über die Menüfunktion ***Stammdaten / Programmdefinition / Anlegen*** in das Fenster ***Programmdefinition anlegen***. Eingabe des Investitionsprogrammnamens, des Genehmigungsjahres und der Programmart. Abschließend abspeichern der eingegebenen Daten mit der Schaltfläche .

Die Grundlagen

Das Investitionsprogramm beinhaltet zwei Grundelemente, die die Grundeinstellungen und Struktur des Investitionsprogramms bestimmen. Es handelt sich hierbei um die Programmdefinition und um Programmpositionen.
Bei der Anlage des Investitionsprogramms muss in einem ersten Schritt die Programmdefinition angelegt werden.
Die Programmdefinition beinhaltet, ähnlich wie die Projektdefinition, allgemeine Grundeinstellungen, die einen verbindlichen Rahmen für das gesamte Investitionsprogramm darstellen. Zusätzlich können Stammdatenfelder für die nachfolgenden Investitionsprogrammpositionen vorbelegt werden.

Die Aufgabe

Im Folgenden wird anhand eines Anwendungsbeispiels erläutert, wie eine Programmdefinition angelegt wird und welche Schritte dabei notwendig sind.

Die Lösungsschritte

Wählen Sie im Einstiegsmenü SAP R/3 die Menüfunktion ***Rechnungswesen / Investitionsmanagement /Programme***, um in die ***Investitionsprogramme*** zu gelangen.

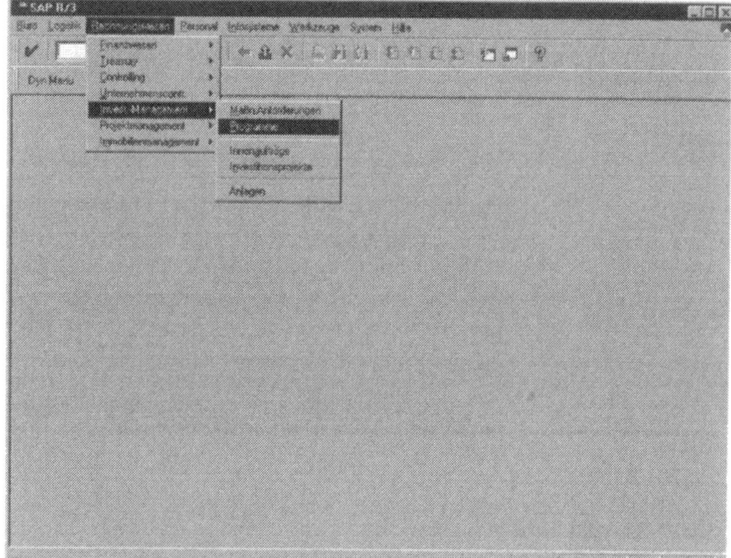

Abb. 5.1 Einstiegsfenster SAP R/3

Es erscheint das Fenster ***Investitionsprogramme***. Wählen Sie die Menüfunktion ***Stammdaten / Programmdefinition / Anlegen***.

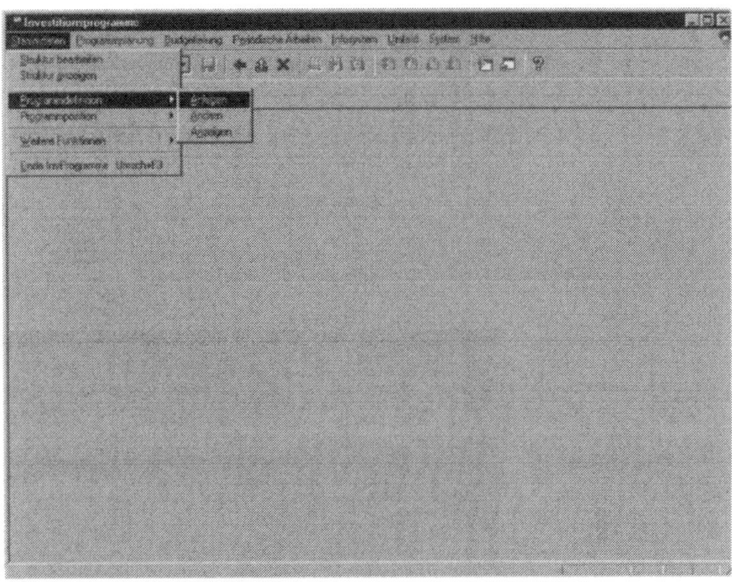

Abb. 5.2 Einstiegsfenster SAP R/3

Es erscheint das Fenster ***Programmdefinition anlegen***.

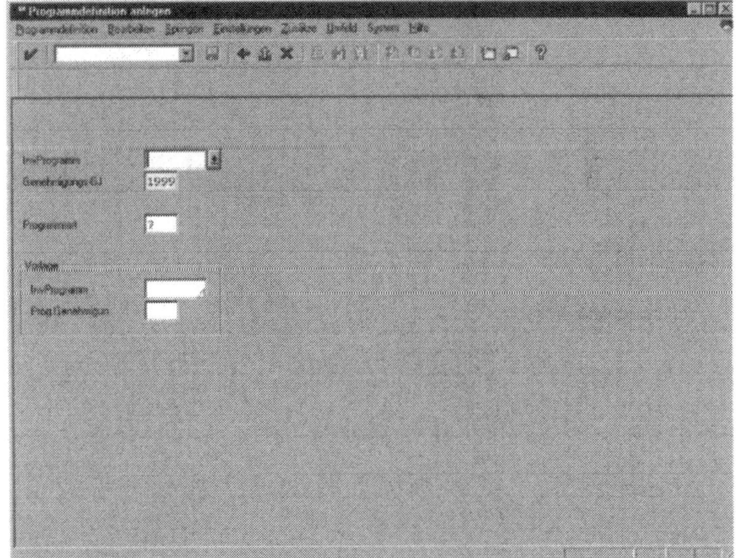

Abb. 5.3 Aufruf Programmdefinition

Geben Sie den Investitionsprogrammnamen, das Genehmigungsjahr und die Programmart ein und bestätigen Sie die Eingabe mit der Schaltfläche.

Es erscheint das Fenster ***Programmdefinition anlegen***. Geben Sie einen ausführliche Bezeichnung des Investitionsprogramms, die Geschäftsjahresvariante und die Währung ein und speichern Sie die Eingabe mit der Schaltfläche.

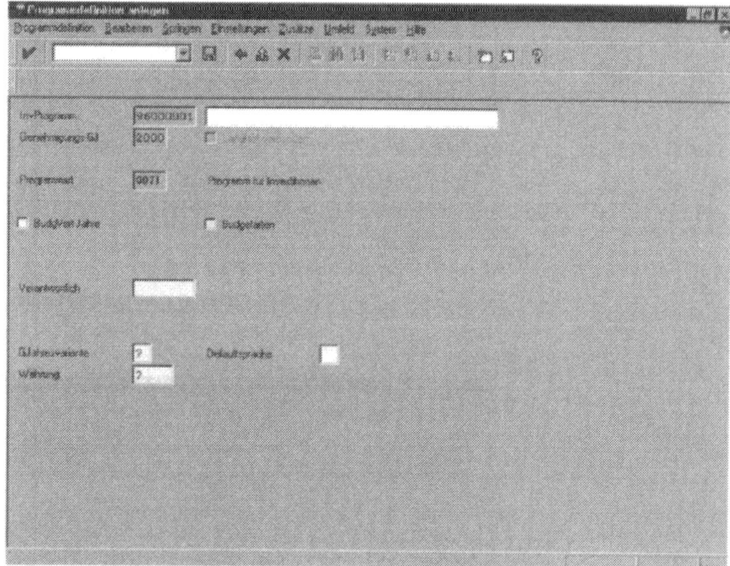

Abb. 5.4 Fenster zur Pflege der Programmdefinition

Tipps und Tricks

Falls ähnliche bzw. identische Programmdefinitionen vorhanden sind, können Sie über Kopieren Vorlage eine Programmdefinition kopieren.

5.1.2 Programmposition

Der Schnelleinstieg

Vom Einstiegsmenü SAP R/3 über die Menüfunktion ***Rechnungswesen / Investitionsmanagement / Programme*** zu den ***Investitionsprogrammen***. Anschließend über die Menüfunktion ***Stammdaten / Struktur bearbeiten*** in das Fenster ***Programmstruktur ändern***. Eingabe des Programmnamens und des Genehmigungsjahres und Eingabe mit der Schaltfläche bestätigen. Es erscheint das Fenster ***Struktur von...***. Über die Schaltfläche können Sie nun die Programmpositionen anlegen. Abschließend die angelegten Programmpositionen mit der Schaltfläche speichern.

Die Grundlagen

Das Investitionsprogramm beinhaltet zwei Grundelemente, die die Grundeinstellungen und Struktur des Investitionsprogramms bestimmen. Es handelt sich hierbei um die Programmdefinition und um Programmpositionen.

Die Struktur des Investitionsprogramms wird über hierarchisch geordnete Programmpositionen abgebildet. In der Praxis bildet die Unternehmensorganisation häufig die Grundlage für den Aufbau des Investitionsprogramms. Die Programmpositionen besitzen Standardfelder, wie z. B. Buchungskreis, Geschäftsbereich, Werk, Bilanzposition, die im Informationssystem als Auswertungskriterien herangezogen werden können.

Die Aufgabe

Im Folgenden wird gezeigt, wie die Investitionsprogrammstruktur und damit die Programmpositionen angelegt werden können.

Die Lösungsschritte

Wählen Sie im Einstiegsmenü SAP R/3 die Menüfunktion ***Rechnungswesen / Investitionsmanagement / Programme***.

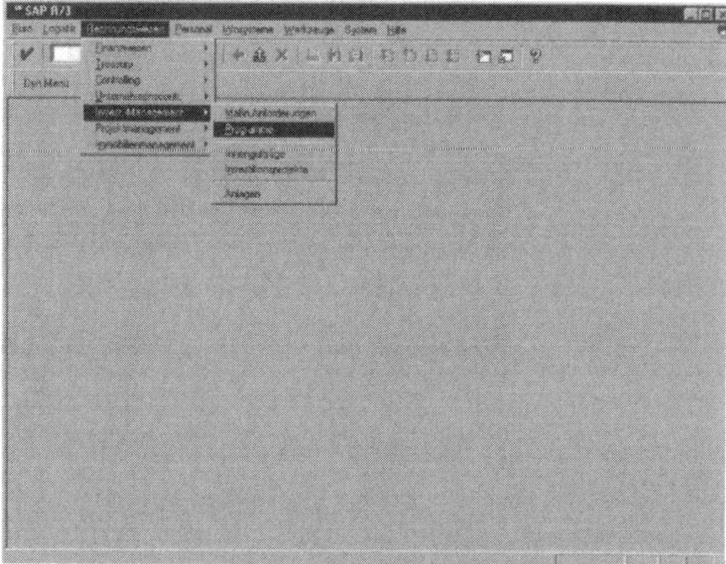

Abb. 5.5 Einstiegsfenster SAP R/3

Es erscheint das Fenster ***Investitionsprogramme.*** Wählen Sie hier die Menüfunktion ***Stammdaten / Struktur bearbeiten***.

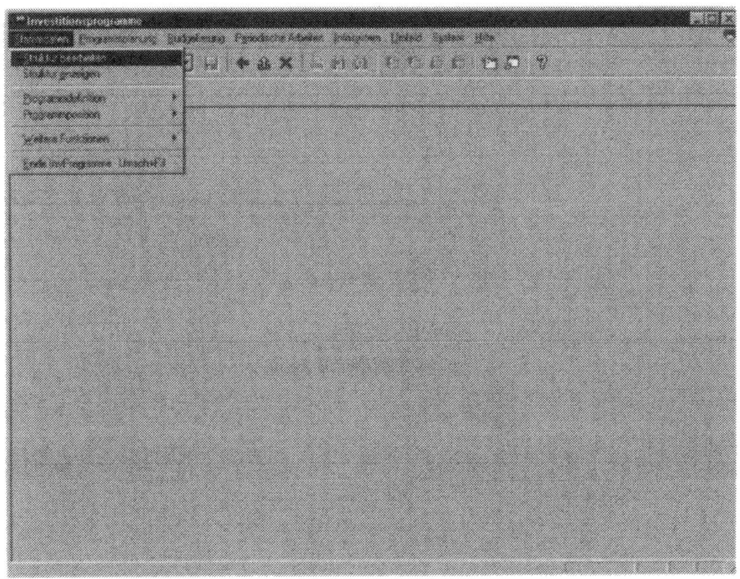

Abb. 5.6 Einstiegsfenster Investitionsprogramm

Es erscheint das Fenster ***Programmstruktur ändern***. Geben Sie den Programmnamen und das Genehmigungsjahr ein und bestätigen Sie die Eingabe mit der Schaltfläche .

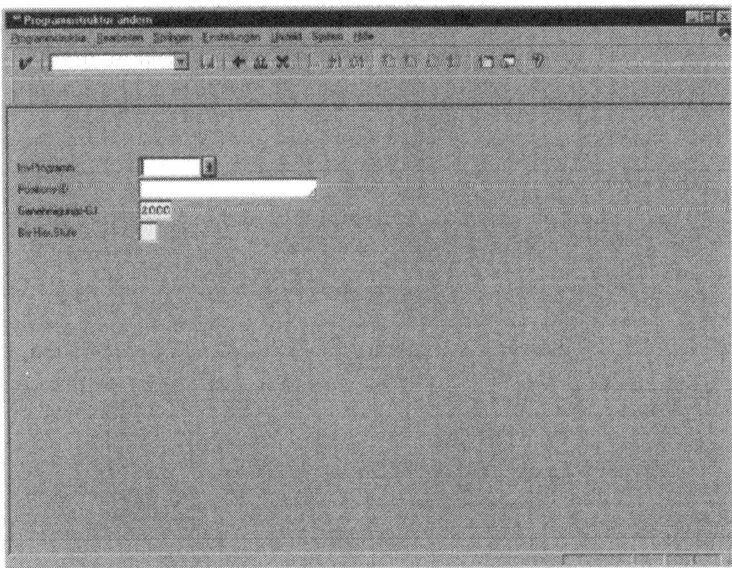

Abb. 5.7 Aufruf Programmstruktur

Es erscheint das Fenster ***Struktur von ....*** Markieren Sie mit dem Cursor die Programmdefinition und klicken Sie dann auf die Schaltfläche .

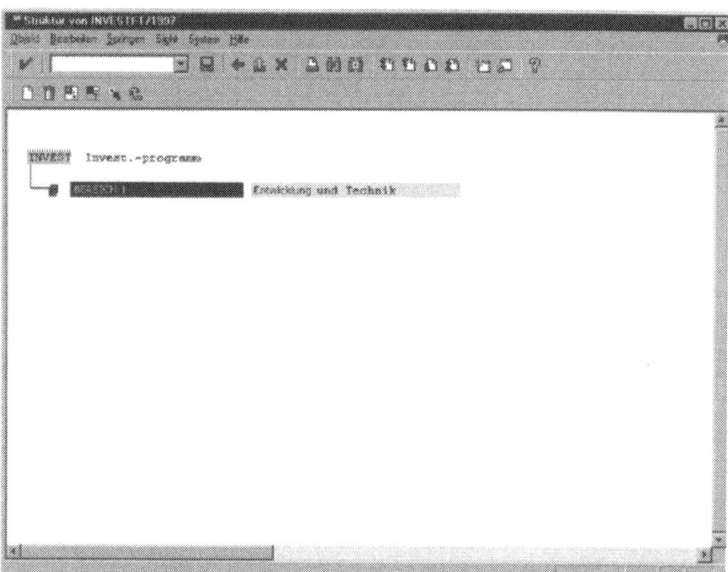

Abb. 5.8 Programmstruktur

Es erscheint die Dialogbox ***InvProgrammposition anlegen***. Geben Sie die Programmdefinition und Bezeichnung nochmals ein und fügen Sie den Kostenrechnungskreis noch hinzu.

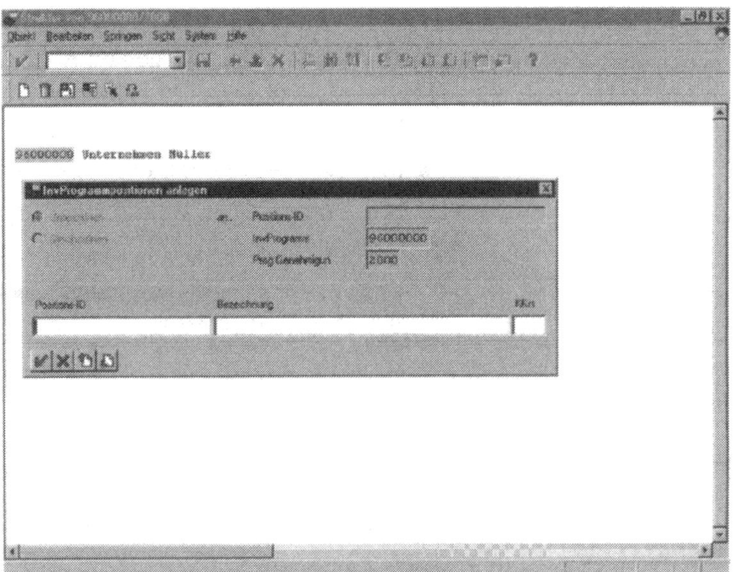

Abb. 5.9 Anlegen einer Programmposition

Anschließend können Sie durch Markieren der im ersten Schritt angelegten Programmdefinition und Betätigen der Schaltfläche die Programmpositionen (IPPs) anlegen.

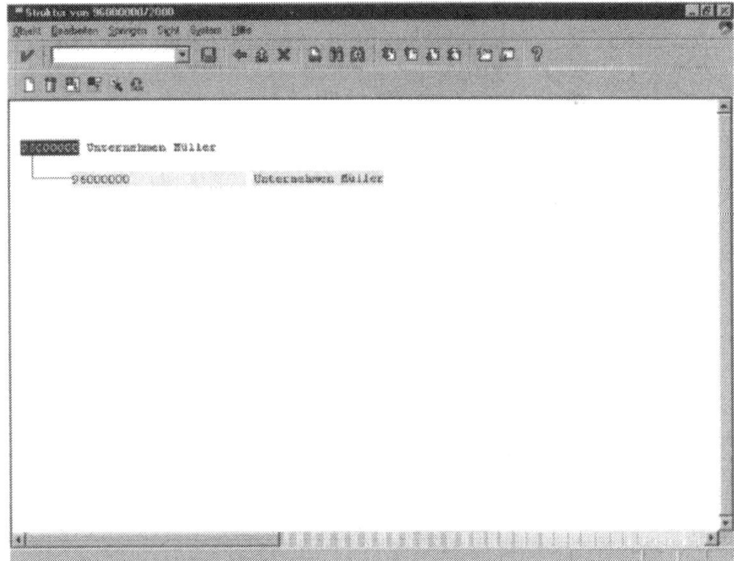

Abb. 5.10 Programmstruktur

Es erscheint dann die Dialogbox ***InvProgrammpositionen anlegen***. Es können nun die gewünschten Programmpositionen eingetragen werden bis die komplette Investitionsprogrammstruktur angelegt ist.

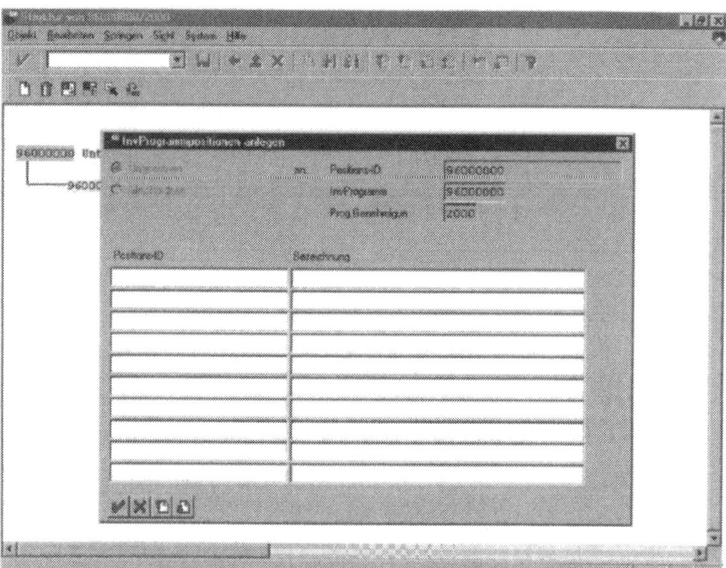

Abb. 5.11 Anlegen von Programmpositionen

Es erscheint wieder das Fenster ***Struktur von ...***, mit der angelegten Investitionsprogrammstruktur.

Abschließend müssen Sie dann Ihre Eingaben mit der Schaltfläche sichern.

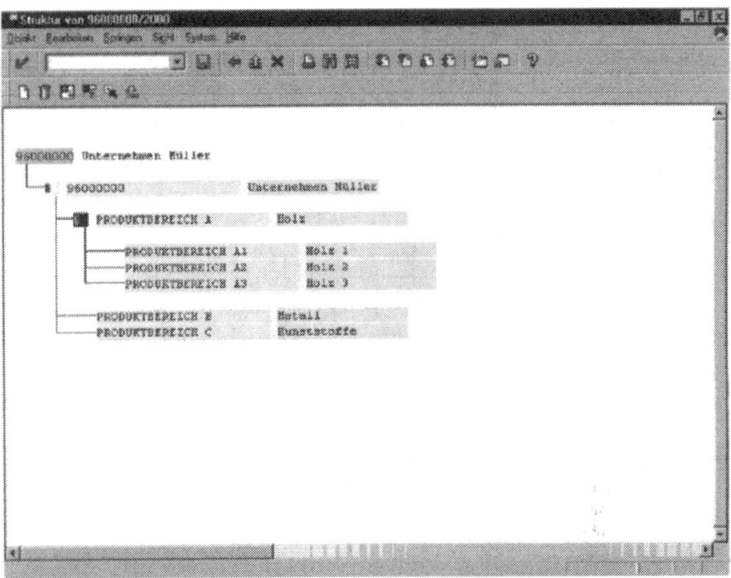

Abb. 5.12 Programmstruktur

Tipps und Tricks

Falls eine vorhandene Programmstruktur als Vorlage gewählt werden kann, steht eine Kopierfunktion zur Verfügung. Anschließend können Sie das zuvor kopierte Investitionsprogramm aktualisieren.

5.1.3 Pflege der Benutzerfelder

Der Schnelleinstieg

Vom SAP R/3 Einstiegsbild über die Menüfunktion ***Rechnungswesen / Investitionsmanagement / Programme*** zum Fenster ***Investitionsprogramme***.
Anschließend über die Menüfunktion ***Pstammdaten / Struktur bearbeiten*** in das Fenster ***Programmstruktur ändern***.
Eingabe des Investitionsprogrammnamens, der Programmposition und des Genehmigungsjahres. Anschließend Eingabe bestätigen mit der Schaltfläche ✔. Es erscheint das Fenster: ***Pstruktur von ...***. Mit Doppelklick gelangen Sie auf die Detail-

maske der Programmposition. Anschließend über die Menüfunktion ***Springen / Benutzerfelder*** in das Fenster für die Pflege der Benutzerfelder. Eingabe der Benutzerfelder und anschließende Bestätigung.

Die Grundlagen

Neben Standardfelder bietet SAP sog. Benutzerfelder an, die frei definiert werden können. Diese Benutzerfelder dienen als Erweiterung der vorhandenen Standardfelder. Sie werden im Customizing festgelegt. Die Benutzerfelder werden nach Text-, Mengen-, Wert- und Terminfelder differenziert. Hervorzuheben ist, dass keine Konsistenzprüfung der Inhalte erfolgt. Im Informationssystem können diese Felder ausgewertet werden.

Die Aufgabe

Im Folgenden wird gezeigt, wie man konkret an die Benutzerfelder gelangt und wie diese gepflegt werden.

Die Lösungsschritte

Starten Sie vom SAP R/3 Einstiegsbild und wählen Sie die Menüfunktion ***Rechnungswesen / Investitionsmanagement / Programme***, um in das Fenster ***Investitionsprogramme*** zu gelangen.

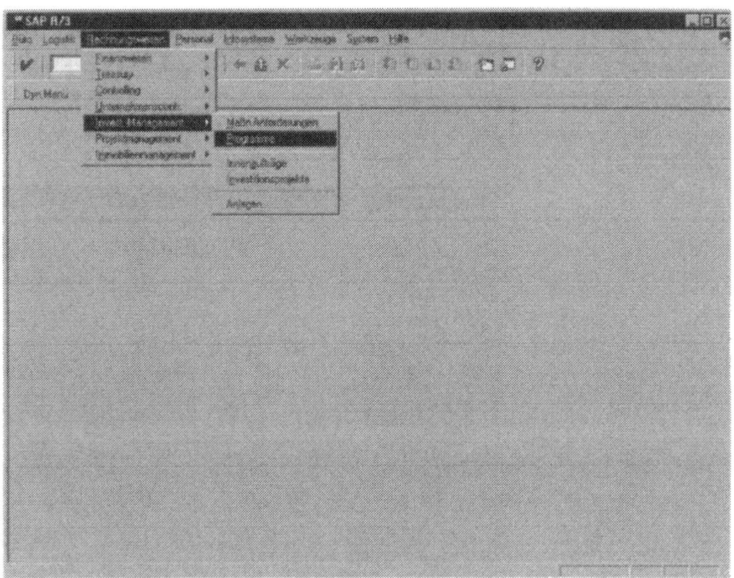

Abb. 5.13 Einstiegsfenster SAP R/3

Es erscheint das Fenster ***Investitionsprogramme***. Wählen Sie hier nun die Menüfunktion ***Stammdaten / Struktur bearbeiten***.

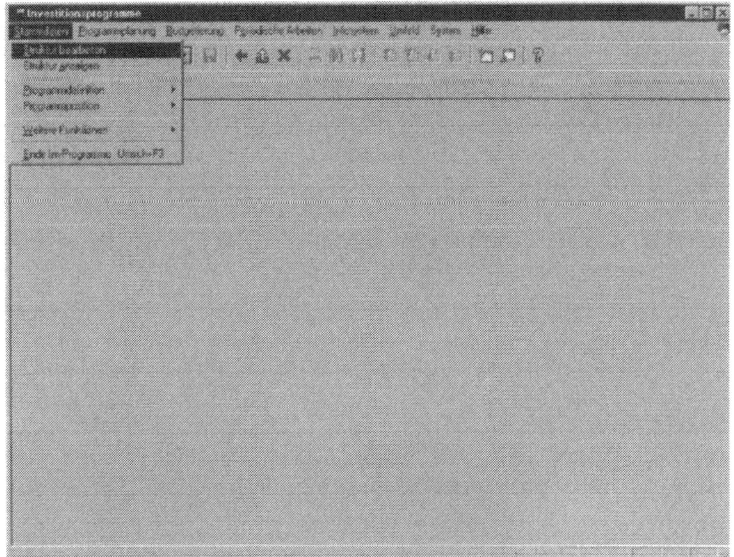

Abb. 5.14 Einstiegsfenster Investitionsprogramm

Es erscheint das Fenster ***Programmstruktur ändern***. Geben Sie Programmname und Genehmigungsjahr ein und bestätigen Sie die Eingabe mit der Schaltfläche ✔.

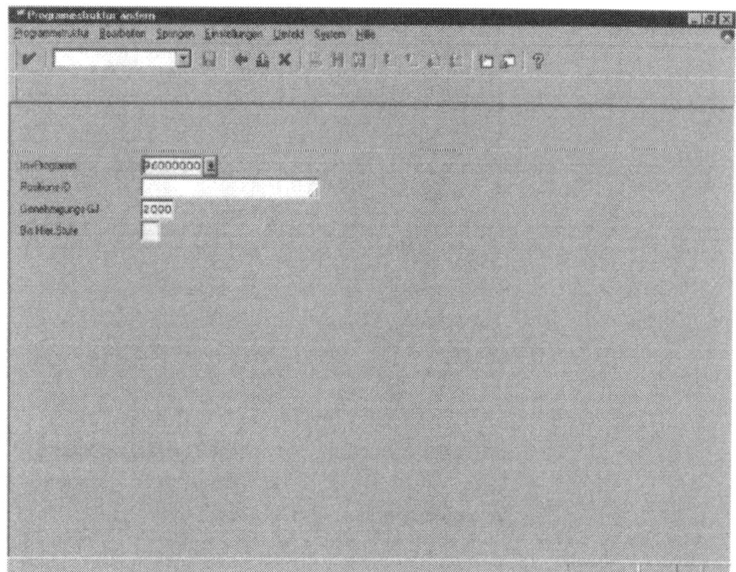

Abb. 5.15 Aufruf Programmstruktur

Es erscheint das Fenster ***Struktur von ...***. Mit Doppelklick gelangen Sie auf die Detailmaske der Programmposition.

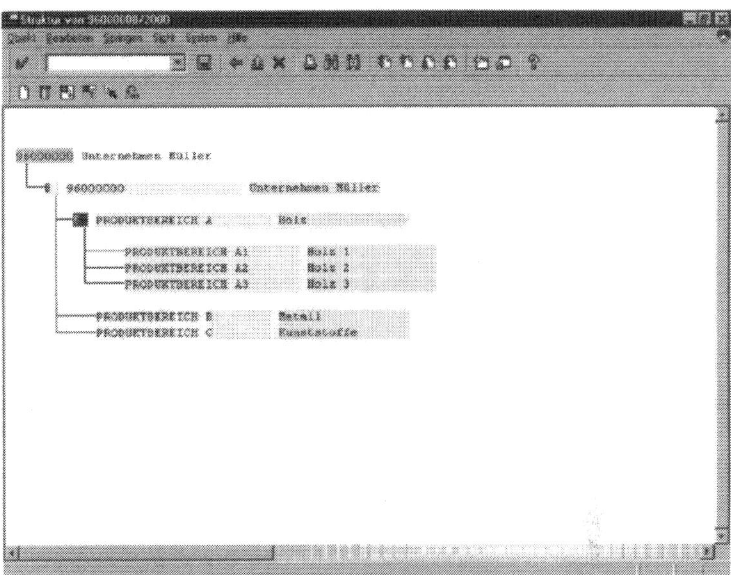

Abb. 5.16 Programmstruktur

Es erscheint das Fenster ***Programmposition ändern***.

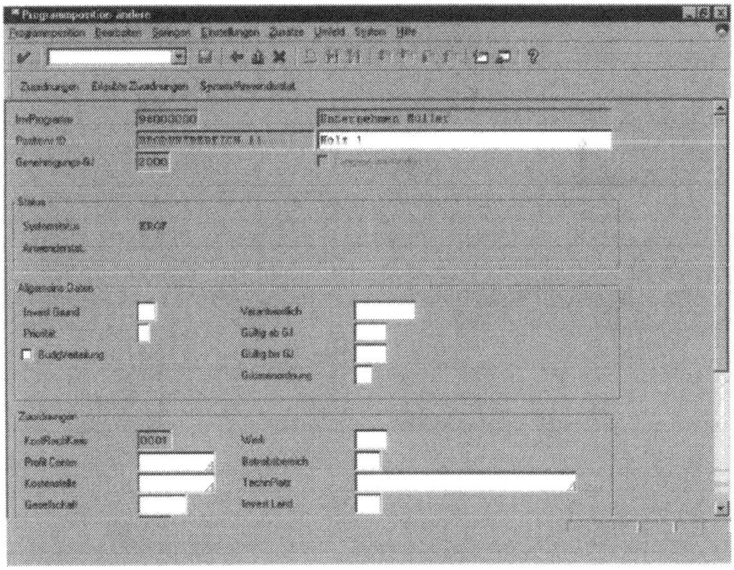

Abb. 5.17 Stammdaten Programmpositionen

Über die Menüfunktion ***Springen / Benutzerfelder*** gelangen Sie in die Benutzerfelder, die zuvor im Customizing definiert worden sind. Hier haben Sie die Möglichkeit, die Benutzerfelder zu der ausgewählten Programmposition einzupflegen und anschließend abzuspeichern.

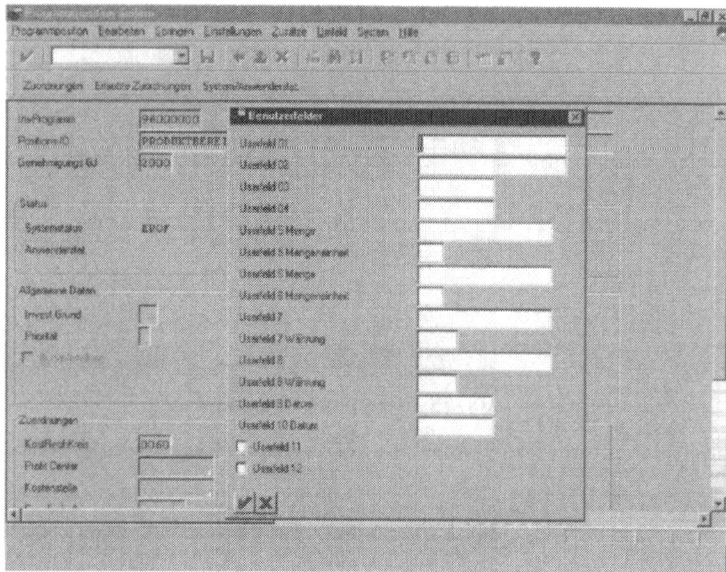

Abb. 5.18 Pflege von Benutzerfeldern

Tipps und Tricks

Siehe Kapitel 3.4 - Benutzerfelder

5.2 Zuordnung von Investitionsmaßnahmen zum Investitionsprogramm

Der Schnelleinstieg

1. Über die Stammdatenpflege der IPP:
Vom Einstiegsbild SAP R/3 über die Menüfunktion ***Rechnungswesen / Investitionsmanagement / Programme*** zum Fenster ***Investitionsprogramme***. Über die Menüfunktion ***Stammdaten / Struktur bearbeiten*** erscheint das Fenster ***Programmstruktur ändern***. Eingabe des Investitionsprogrammnamens, der Programmposition und des Genehmigungsjahrs. Eingabe bestätigen mit der Schaltfläche . Durch Doppelklick auf Programmposition erscheint das Fenster ***Programmposition ändern***. Zuordnung vornehmen und Art der Maßnahme bestätigen.

2. Über die Stammdatenfelder der Investitionsmaßnahmen
Vom Einstiegsbild SAP R/3 über die Menüfunktion ***Rechnungswesen / Projektmanagement / Operative Strukturen*** zum Fenster ***Operative Projektstrukturen***. Über die Menüfunktion ***Projektstrukturplan ändern*** erscheint das Fenster ***Projekt ändern: Einstieg***. Eingabe der Projektnummer, die zugeordnet werden soll, und Eingabe bestätigen mit der Schaltfläche . Es erscheint das Fenster ***Projekt ändern: PSP-Elementübersicht***. Markieren eines PSP-Elements und anschließend Menüfunktion ***Zusätze / Investitionsprogramme*** auswählen. Nun Zuordnungen vornehmen.

Die Grundlagen

Durch die Zuordnung der Investitionsmaßnahmen zum Investitionsprogramm ist es möglich, eine unternehmensweite Planung, Überwachung und Berichterstattung aller Investitionsmaßnahmen nach der im Vorfeld definierten Programmstruktur durchzuführen.

Die unternehmensweite Steuerung und Überwachung von Investitionsmaßnahmen wird durch die Zuordnung der einzelnen Projekte oder Innenaufträge zu einer oder mehreren Investitionsprogrammpositionen ermöglicht. Bei der Zuordnung werden die Investitionsmaßnahmen mit der untersten Hierarchieebene (Investitionsprogrammposition IPP) des Investitionsprogramms verknüpft.

Ziel der Verknüpfung ist eine Klassifikation der Investitionen nach unterschiedlichen Klassifikationsmerkmalen. Häufig sind organisatorische oder produktbereichsorientierte Merkmale in der Praxis anzutreffen.

Die Aufgabe

Im Folgenden wird gezeigt, wie ein Investitionsprojekt aus der IPP heraus zugeordnet wird und wie die Zuordnung aus den Projektstammdaten vollzogen wird. Dies wird anhand von zwei möglichen Lösungsschritten gezeigt.

Die Lösungsschritte

Pflege über die Stammdaten der IPP.
Starten Sie vom SAP R/3 Einstiegsbild und wählen Sie die Menüfunktion ***Rechnungswesen / Investitionsmanagement / Programme.***

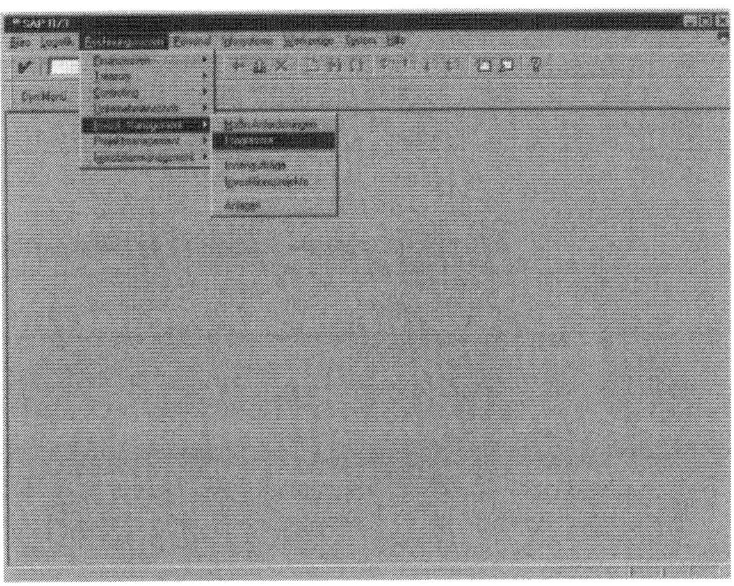

Abb. 5.19 Einstiegsfenster SAP R/3

Es erscheint das Fenster ***Investitionsprogramme***. Wählen Sie die Menüfunktion ***Stammdaten / Struktur bearbeiten***.

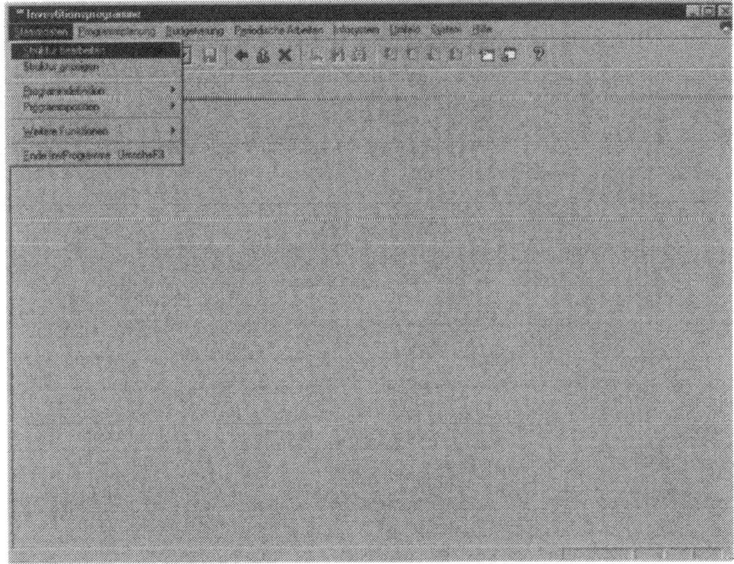

Abb. 5.20 Einstiegsfenster Investitionsprogramme

Es erscheint das Fenster ***Programmstruktur ändern***. Geben Sie den Investitionsprogrammnamen, die Programmposition und das Genehmigungsjahr ein und bestätigen Sie die Eingabe mit der Schaltfläche ✔.

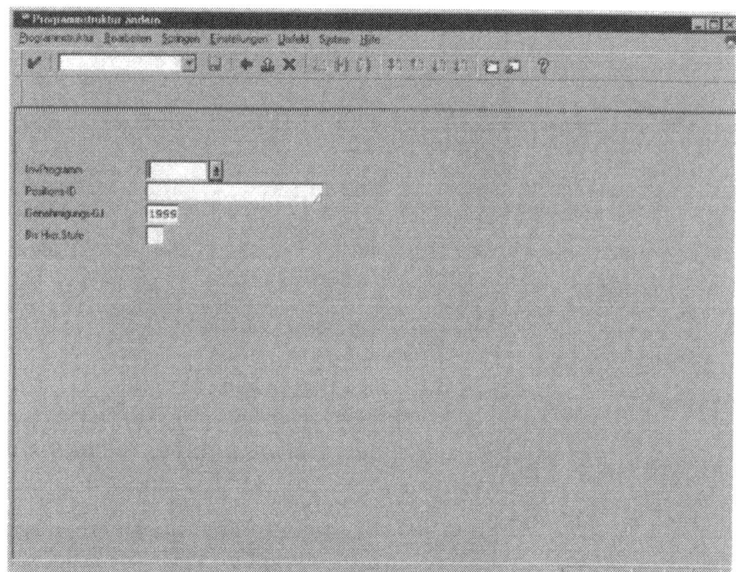

Abb. 5.21 Aufruf Programmstruktur / Programmposition

Durch Doppelklick auf die entsprechende Programmposition erscheint das Fenster ***Programmposition ändern***.

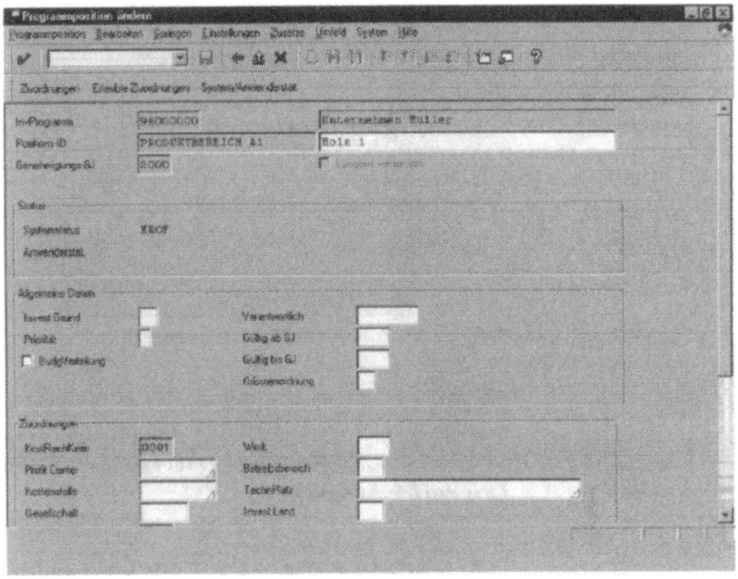

Abb. 5.22 Stammdaten Programmposition

Über die Schaltflache Zuordnungen erhalten Sie die Dialogbox ***Auswahl Zuordnungen***.

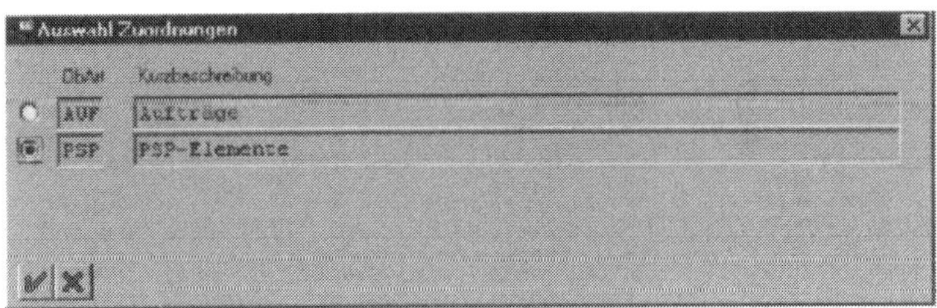

Abb. 5.23 Zuordnung der Maßnahmenauswahl

Bitte wählen Sie die Art der Maßnahme aus und bestätigen Sie mit der Schaltfläche .

Es erscheint die Dialogbox ***Zuordnungen (PSP-Elemente)***. Tragen Sie die Investitionsmaßnahmen-Nr. ein, die der betreffenden IPP zugeordnet werden soll. Bestätigen Sie die Eingabe mit der Schaltfläche .

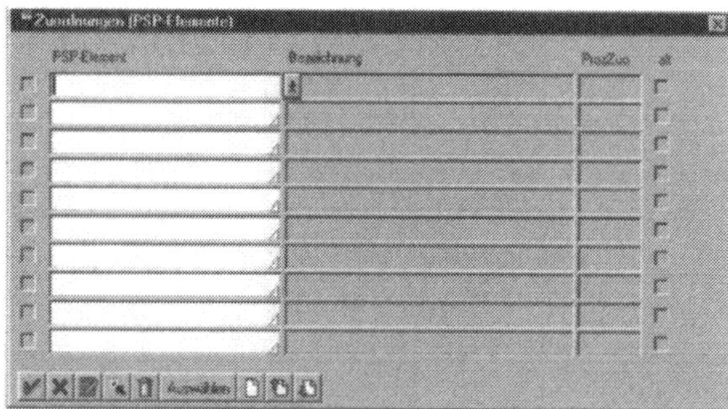

Abb. 5.24 Zuordnung PSP-Element

Pflege der Stammdatenfelder der Investitionsmaßnahmen.
Starten Sie vom SAP R/3 Einstiegsbild und wählen Sie die Menüfunktion ***Rechnungswesen / Projektmanagement / Operative Strukturen***.

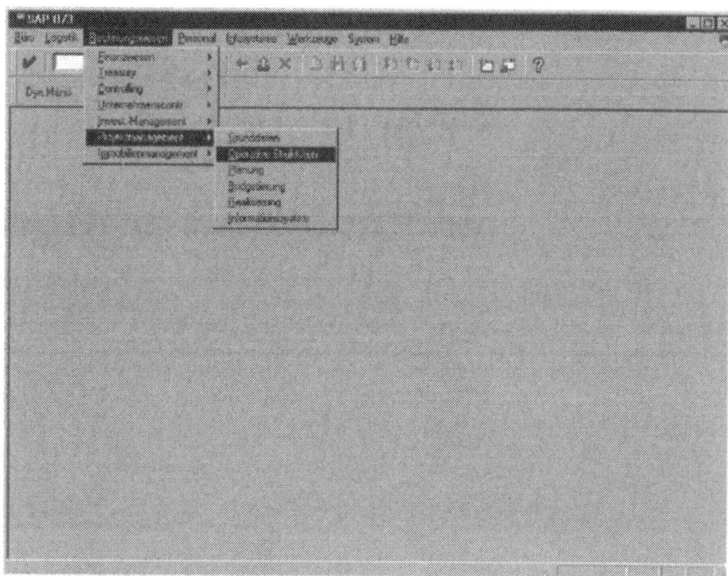

Abb. 5.25 Einstiegsfenster SAP R/3

Es erscheint das Fenster ***Operative Projektstrukturen***. Wählen Sie die Menüfunktion ***Projektstrukturplan / Ändern***.

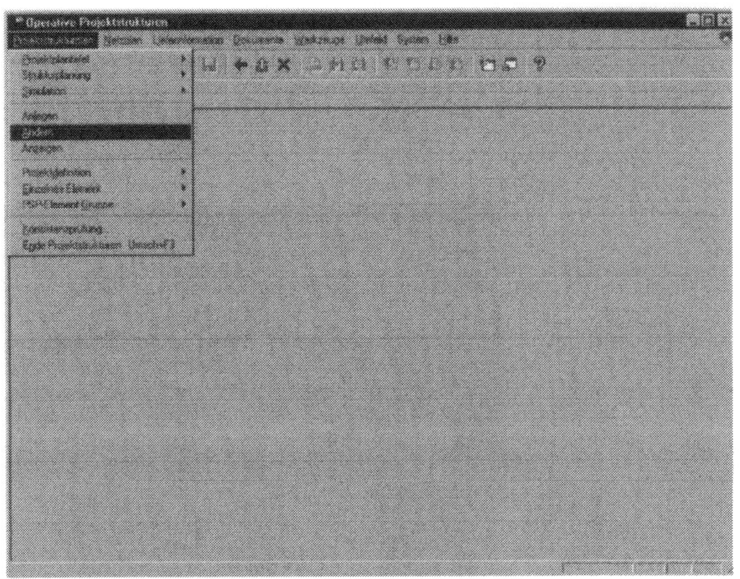

Abb. 5.26 Einstiegsfenster Operative Projektstrukturen

Es erscheint das Fenster ***Projekt ändern: Einstieg***.

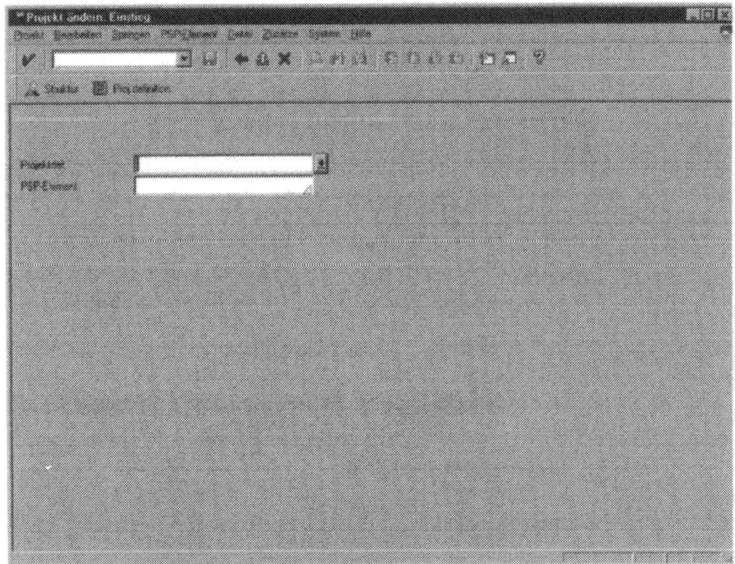

Abb. 5.27 Aufruf Projektstrukturplan

Geben Sie die Projektnummer ein, die zugeordnet werden soll und bestätigen Sie die Eingabe mit der Schaltfläche . Es erscheint das Fenster ***Projekt ändern: PSP-Elementübersicht***.

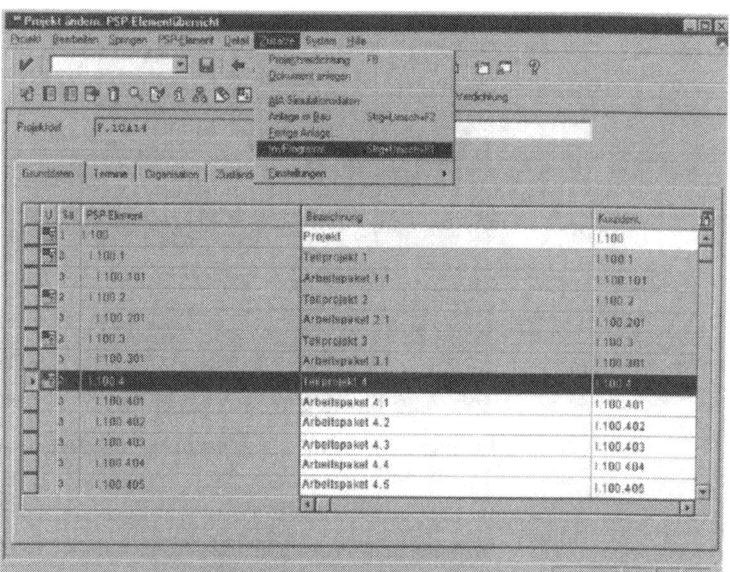

Abb. 5.28 Projektstrukturplan in Listform

Markieren Sie ein PSP-Element und wählen Sie die Menüfunktion ***Zusätze / InvProgramm ...***.

Es erscheint die Dialogbox ***Zuordnung zu Investitionsprogrammposition***. Hier haben Sie die Möglichkeit, die Zuordnung anzulegen, indem Sie den Investitionsprogrammnamen, die Investitionsprogrammposition und das Genehmigungsjahr eintragen. Abschließend bestätigen Sie die Eingabe mit der Schaltfläche .

Abb. 5.29 Zuordnung Programmposition zu PSP-Element

Falls ein Projekt auf mehrere Programmpositionen zugeordnet werden soll, stehen Ihnen drei Alternativen zur Verfügung:

- prozentuale Aufteilung des Investitionsprojekts nur über IPP möglich. Mehrfachaufteilung. Hierbei werden die Plan-/ Budget- und Ist-Werte auf TOP-PSP-Element-Ebene prozentual auf die IPPs verteilt.

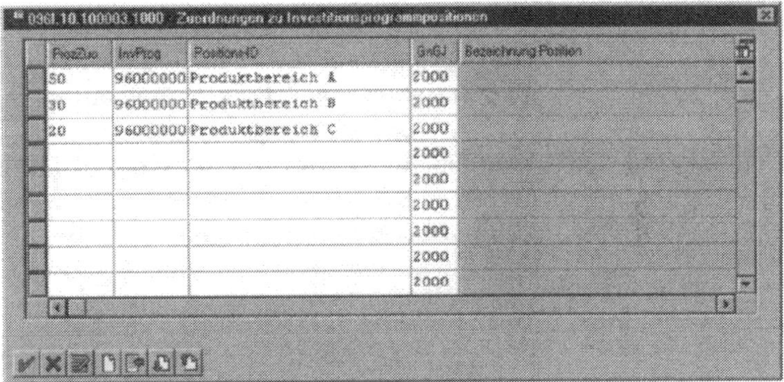

Abb. 5.30 Prozentuale Mehrfachaufteilung

- Zuordnung einzelner PSP-Elemente innerhalb eines Projekts auf mehrere IPPs mit 1:1 Zuordnung. Hierbei werden die Plan-/ Budget- und Ist-Werte pro PSP-Element auf die IPP hochgerollt. Das TOP-PSP-Element wird dabei nicht zugeordnet.
- Zuordnung von einem PSP-Element zu mehreren IPPs.

5.3 Investitionsplanung

5.3.1 Maßnahmenbasierte Bottom-Up-Planung

Der Schnelleinstieg

Vom Einstiegsbild SAP R/3 über die Menüfunktion ***Rechnungswesen / Investitionsmanagement / Programme*** zu den ***Investitionsprogrammen***. Anschließend über die Menüfunktion ***Programmplanung / Vorschlag Plan*** in das Fenster ***Hochrollen Planwerte aus Maßnahmen / Maßnahmenanforderungen***. Eingabe des Programmnamens und des Genehmigungsjahres. Zusätzlich können noch verschiedene Parametereinstellungen vorgenommen werden.

Bestätigen der Eingabe mit der Schaltfläche .

Die Grundlagen

Bei einer maßnahmenbasierten Investitionsplanung liegen konkrete Vorschläge der geplanten Vorhaben vor. Die Investitionsplanung auf der Stufe der Maßnahmen unterscheidet sich durch den Detaillierungsgrad von der programmbasierten Planung.

Die eigentliche Planung erfolgt bei der maßnahmenbasierten Vorgehensweise auf konkreten Investitionsprojekten oder Innenaufträgen. Es stehen Ihnen alle Funktionalitäten zur Kostenplanung der Module PS bzw. CO zur Verfügung. Diese Werte können über eine auszuführende Funktion in die zugeordnete(n) Investitionsprogrammposition(en) übernommen und anschließend bis auf die erste Stufe des Investitionsprogramms hochsummiert werden.

Voraussetzung ist die Zuordnung der Investitionsmaßnahmen zu den entsprechenden Investitionsprogrammpositionen.

Die Aufgabe

Im Folgenden wird gezeigt, wie die auf Projekten oder Innenaufträgen geplanten Investitionen auf die zugeordneten IPP maschinell zu übernehmen sind.

Die Lösungsschritte

Wählen Sie im Einstiegsmenü SAP R/3 die Menüfunktion ***Rechnungswesen / Investitionsmanagement / Programme***. Es erscheint das Fenster ***Investitionsprogramme***.

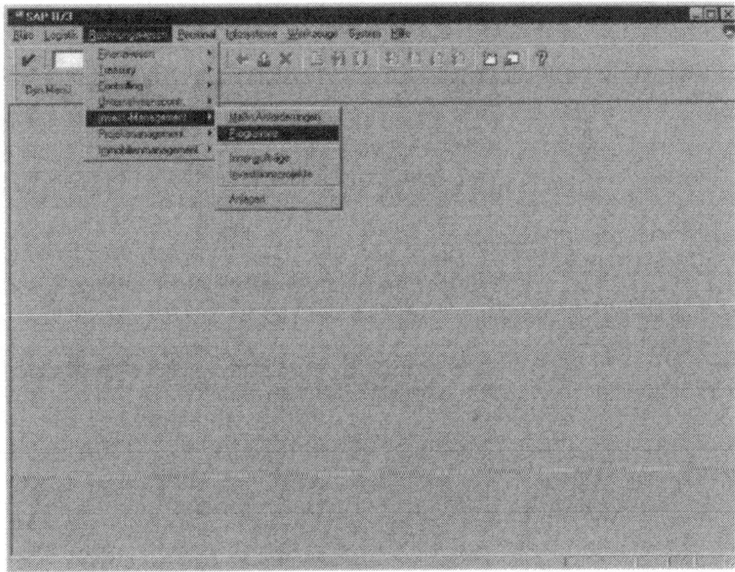

Abb. 5.31 Einstiegsfenster SAP R/3

Wählen Sie anschließend die Menüfunktion ***Programmplanung / Vorschlag Plan***.

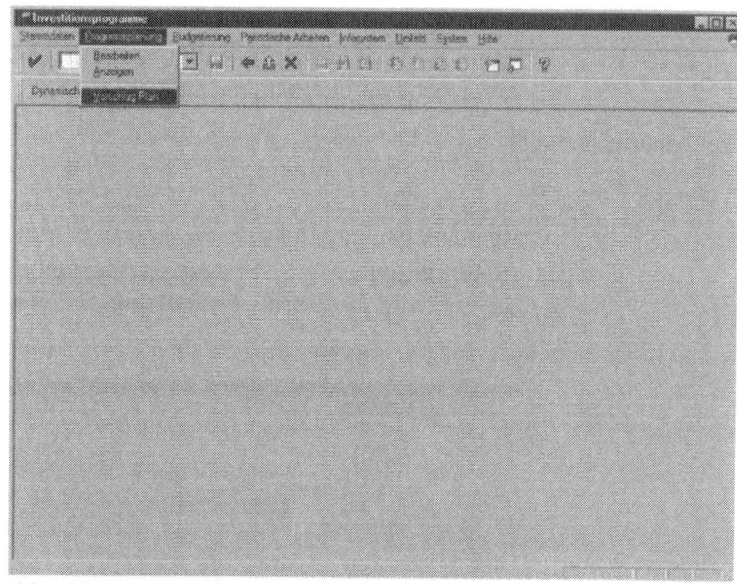

Abb. 5.32 Einstiegsfenster Investitionsprogramme

Sie gelangen in das Fenster ***Hochrollen Planwerte aus Maßnahmen/Maßnahmenanforderungen***.

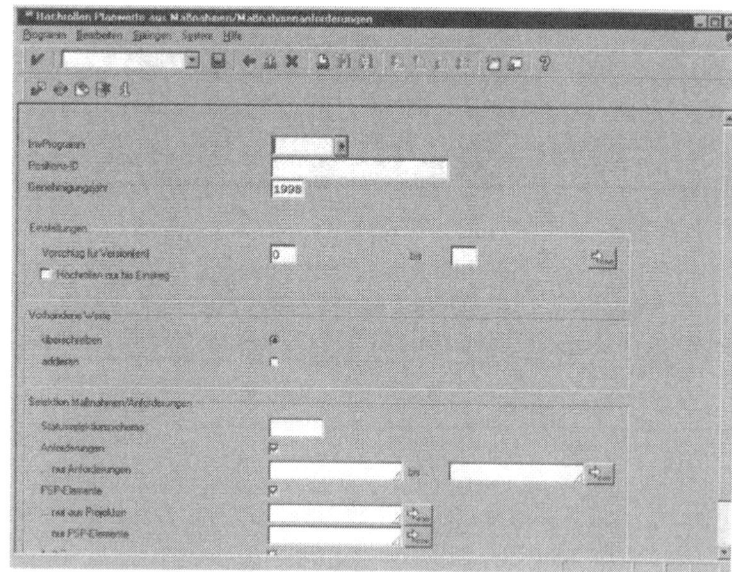

Abb. 5.33 Übernahme geplanter Investitionen auf IPP's

Geben Sie Programmname und Genehmigungsjahr ein und betätigen Sie die Eingabe mit der Schaltfläche .
Anschließend erhalten Sie die Meldung: „Planwerte sind übernommen".
Zur Überprüfung können Sie in das Berichtswesen oder in die Planungsfunktion einsteigen.

5.3.2 Programmbasierte Bottom-Up-Planung

Der Schnelleinstieg

Vom SAP R/3 Einstiegsbild über die Menüfunktion ***Rechnungswesen / Investitionsmanagement / Programme*** zum Fenster ***Investitionsprogramme***.
Anschließend über die Menüfunktion ***Programmplanung / Bearbeiten*** in das Fenster: ***Programmplanung ändern: Einstieg***. Eingabe des Programmnamens, Genehmigungsjahres und der Planversion und Bestätigung mit der Schaltfläche .
Es erscheint das Fenster: ***Programmplanung ändern: Positionsübersicht***. Eingabe der Jahresplanwerte oder der Gesamtplanwerte.

Die Grundlagen

Bei der programmbasierten Bottom-up-Planung wird in der Planungsphase im Gegensatz zum maßnahmenbasierten Ansatz nicht auf Projekte oder Innenaufträge geplant, sondern vorerst auf Programmpositionen.
Voraussetzung für eine programmbasierte Bottom-Up-Planung ist die Erstellung eines strukturierten Investitionsprogramms. Die einzelnen geplanten Werte werden auf den untersten Investitionsprogrammpositionen erfasst und auf die oberste Programmebene hochgerollt.
Unabhängig der Programmstruktur bietet das Modul IM die Trennung der Investitionsplanung nach Budgetarten. Die Trennung könnte z. B. nach aktivierungspflichtigem Aufwand oder Gemeinkosten oder nach verschiedenen Finanzierungstöpfen erfolgen.

Die Aufgabe

Im Folgenden wird gezeigt, wie eine programmbasierte Bottom-up-Planung im Detail aussieht und welche Schritte dabei vorgenommen werden müssen.

Die Lösungsschritte

Starten Sie vom SAP R/3 Einstiegsbild und wählen Sie die Menüfunktion ***Rechnungswesen / Investitionsmanagement / Programme***.

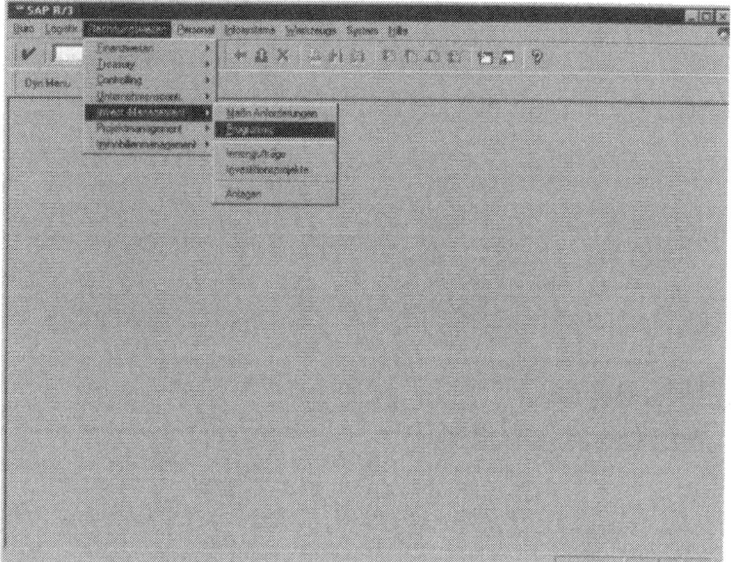

Abb. 5.34 Einstiegsfenster SAP/R 3

Es erscheint das Fenster ***Investitionsprogramme***. Wählen Sie nun die Menüfunktion ***Programmplanung / Bearbeiten***.

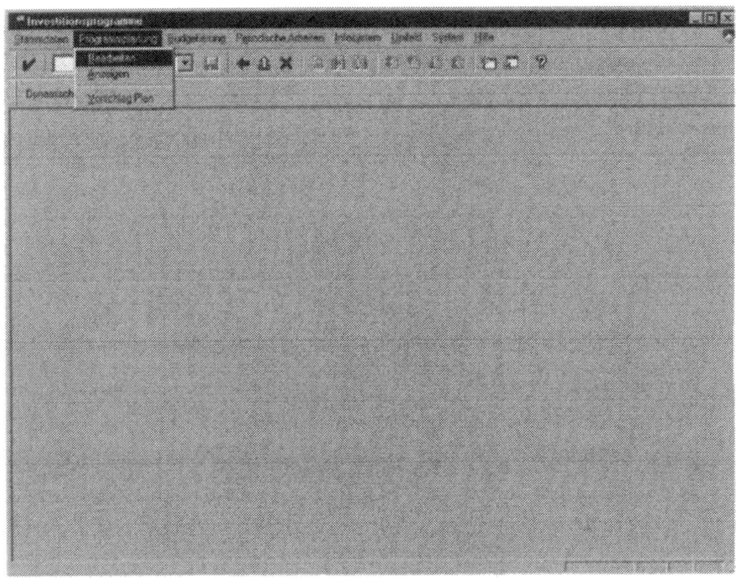

Abb. 5.35 Einstiegsfenster Investitionsprogramme

Es erscheint das Fenster ***Programmplanung ändern: Einstieg***.

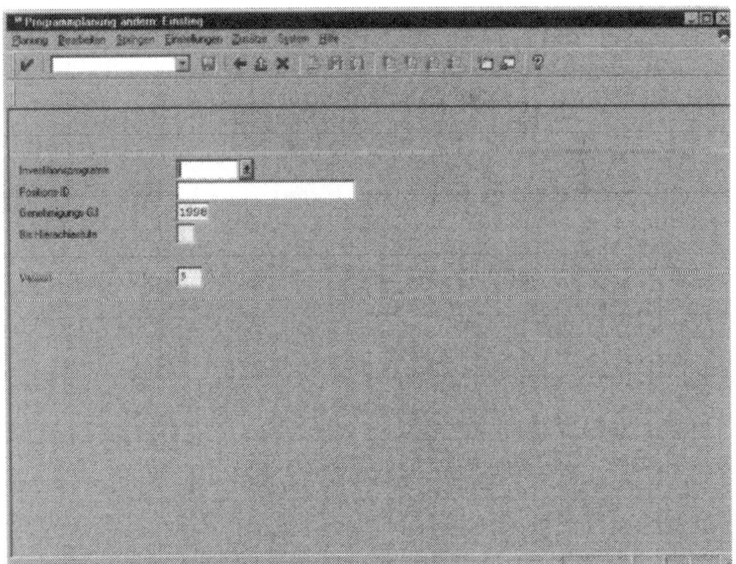

Abb. 5.36 Aufruf der Programmplanung

Geben Sie Programmname, Genehmigungsjahr und Planversion ein und bestätigen Sie die Eingabe mit der Schaltfläche .

Es erscheint das Fenster ***Programmplanung ändern: Positionsübersicht***.

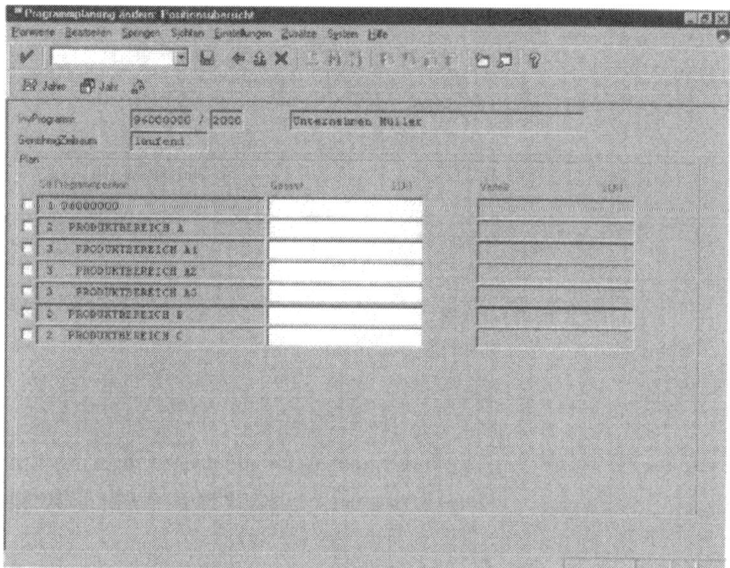

Abb. 5.37 Gesamtplanung Programmposition

Sie haben nun verschiedene Alternativen der Eingabensequenz:

1. Jahresplanwert

Klicken Sie auf .

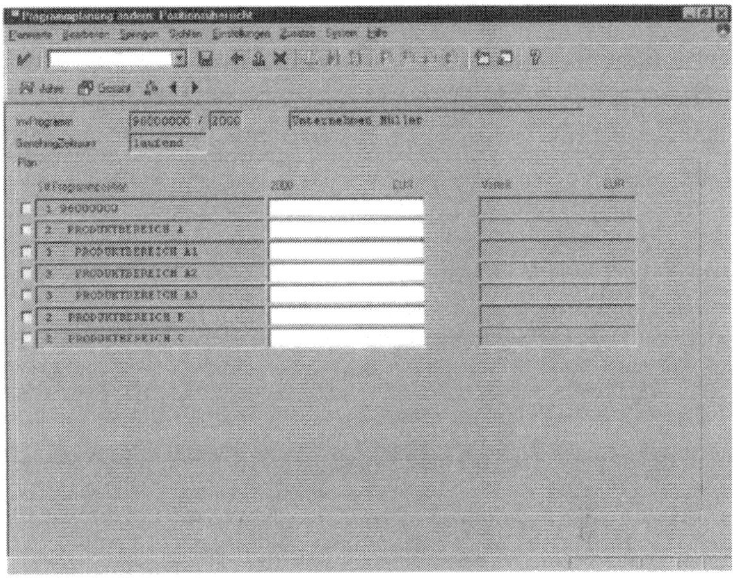

Abb. 5.38 Jahresplanung auf Programmposition

Geben Sie die Jahresplanwerte auf den entsprechenden Programmpositionen der untersten Hierarchieebene ein.

Über die Schaltfläche 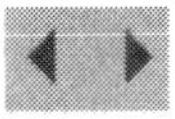 haben Sie die Möglichkeit, zwischen den Jahren zu wechseln.

2. Gesamtplanwert

Klicken Sie auf die Schaltfläche 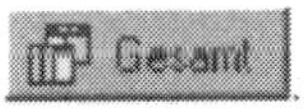 Gesamt. Geben Sie nun die Gesamtplanwerte ein.

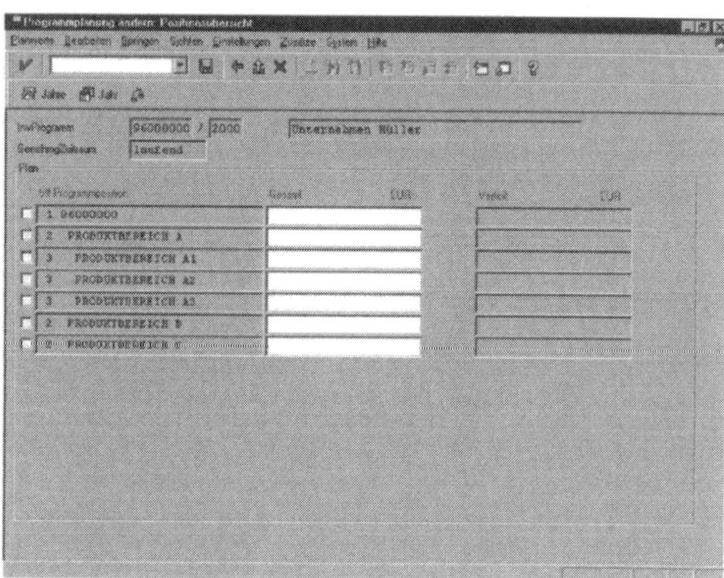

Abb. 5.39 Gesamtplanung auf Programmposition

Anschließend können Sie die Gesamt- und Jahresplanwerte auf die höchste Hierarchieebene über ***Bearbeiten / Markieren / alle Markieren / hochsummieren***.

Die Dialogbox ***Hochsummieren*** erscheint.

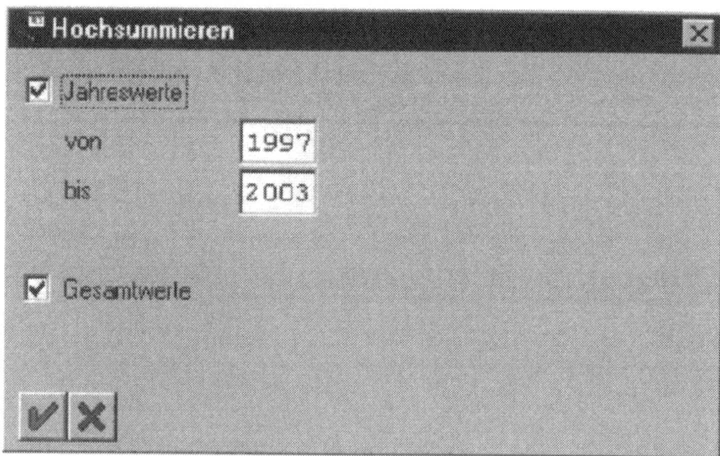

Abb. 5.40 Hochsummieren der Planwerte

Klicken Sie die Kontrollkästchen vor Jahres- und Gesamtplanwerte an und bestätigen Sie mit ✔. Anschließend werden die Planwerte hochsummiert. Bitte sichern Sie die Eingaben mit .

Tipps und Tricks

Sie können auch nach Eingabe der Jahresplanwerte die Gesamtplanwerte vom System ermitteln lassen.

5.3.3 Kombinierte Bottom-Up-Planung

Der Schnelleinstieg

1. Programmbasierte Planung:
Vom SAP R/3 Einstiegsbild über die Menüfunktion ***Rechnungswesen / Investitionsmanagement / Programme*** zum Fenster ***Investitionsprogramme***. Anschließend über die Menüfunktion ***Programmplanung / Bearbeiten*** in das Fenster ***Programmplanung ändern: Einstieg***. Eingabe von Programmname, Genehmigungsjahr und Planversion und Eingabe bestätigen mit der Schaltfläche . Es erscheint das Fenster ***Programmplanung ändern: Positionsübersicht***. Eingabe der Jahresplanwerte oder der Gesamtplanwerte.

2. Maßnahmenbasierte Planung:
Vom SAP R/3 Einstiegsbild über die Menüfunktion ***Rechnungswesen / Investitionsmanagement / Programme*** zum Fenster ***Investitionsprogramme***. Anschließend über die Menüfunktion ***Programmplanung / Vorschlag Plan*** in das Fenster ***Hochrollen Planwerte aus Maßnahmen / Maßnahmenanforderungen***. Eingabe von Programmname und Genehmigungsjahr. In diesem Fenster kann festgelegt werden, ob die Planwerte der Maßnahmen additiv hinzugefügt werden oder ob die vorhandenen Programmplanwerte durch die Maßnahmenplanwerte überschrieben werden sollen. In diesem Fall werden die Planwerte additiv zu den vorhandenen programmbasierten Planwerten hinzugefügt. Bestätigen der Eingabe mit der Schaltfläche .

Die Grundlagen

BASICSBASICSBAS

Die kombinierte Bottom-Up-Planung ist eine Verknüpfung der programmbasierten und maßnahmenabhängigen Planung. Diese Alternative ist zu wählen, wenn neben pauschalen Planwerten auch konkrete Maßnahmen zum Planungszeitpunkt bekannt sind.

Wenn also konkrete Investitionsmaßnahmen mit Planwerten zum Planungszeitpunkt vorhanden sind und zusätzlich eine pauschale Investitionsplanung berücksichtigt werden soll, können die Ansätze der maßnahmen- und programmbasierten Bottom-Up-Planung in Kombination zum Einsatz kommen.

Die Aufgabe

Im Folgenden wird gezeigt, wie eine kombinierte Bottom-up-Planung im Detail aussieht und welche Schritte dabei vorgenommen werden müssen. Hierzu wird in einem ersten Schritt die programmbasierte Planung vorgenommen und in einem zweiten Schritt die maßnahmenbasierte Planung.

Die Lösungsschritte

Führen Sie wie am obigen Schnelleinstieg aufgezeigt, die programmbasierte Investitionsplanung auf Programmpositionen durch. Hierzu starten Sie vom SAP R/3 Einstiegsbild und wählen die Menüfunktion ***Rechnungswesen / Investitionsmanagement / Programme,*** um in das Fenster der ***Investitionsprogramme*** zu gelangen.

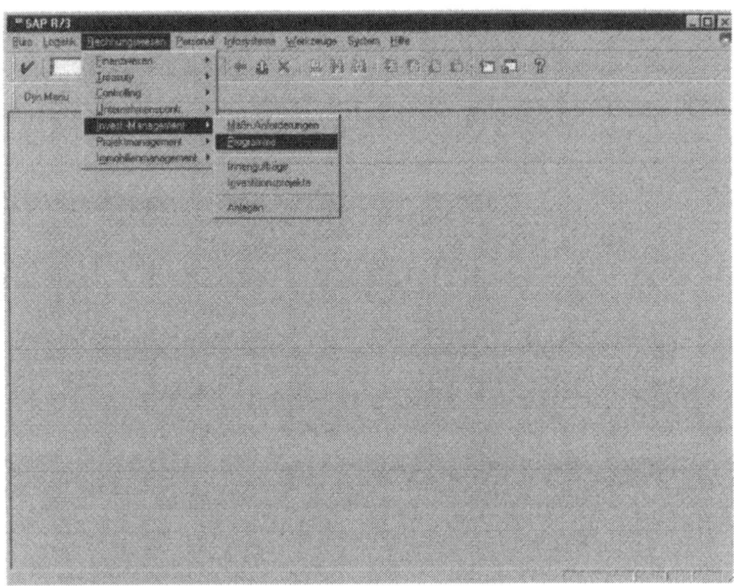

Abb. 5.41 Einstiegsfenster SAP R/3

Anschließend wählen Sie die Menüfunktion ***Programmplanung / Bearbeiten***, um in das Fenster ***Programmplanung ändern: Einstieg*** zu gelangen.

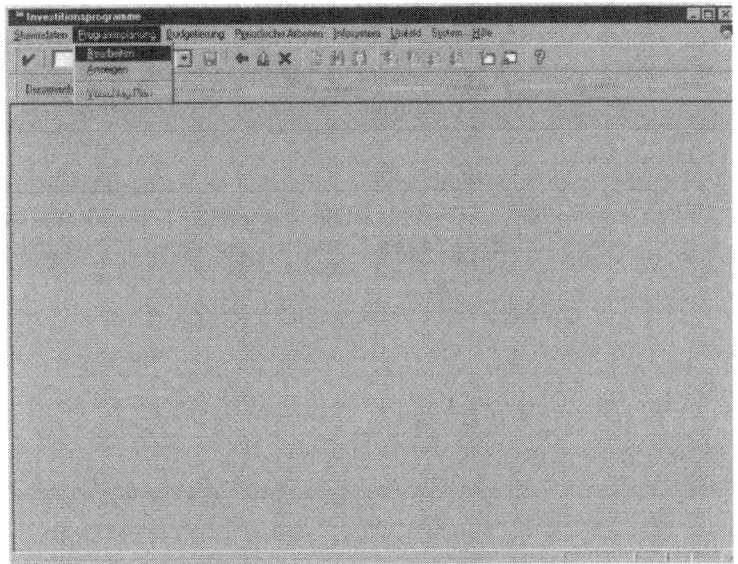

Abb. 5.42 Einstiegsfenster Investitionsprogramme

Im Fenster ***Programmplanung ändern: Einstieg*** können Sie den Programmnamen, Genehmigungsjahr und die Planversion eingeben und die Eingabe mit der Schaltfläche bestätigen.

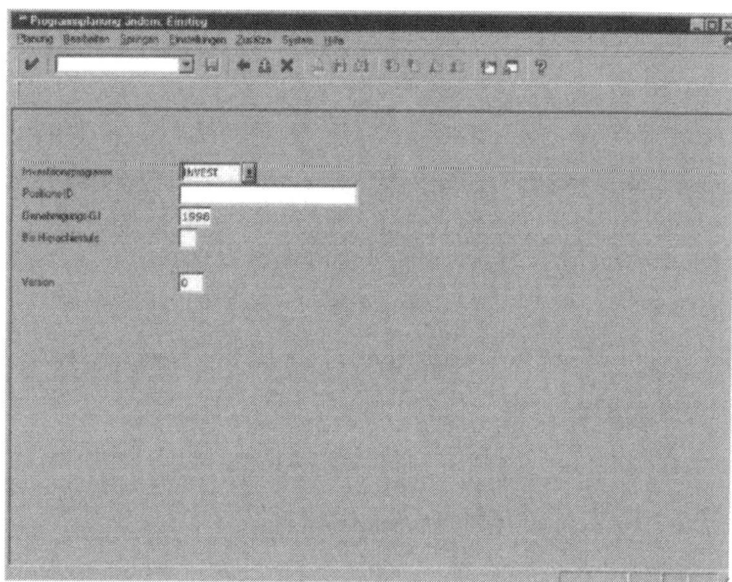

Abb. 5.43 Aufruf Programmplanung

Es erscheint das Fenster ***Programmplanung ändern: Positionsübersicht***. Gehen Sie im weiteren Verlauf so vor wie bei der programmbasierten Bottom-up-Planung beschrieben.

2. Starten Sie vom SAP R/3 Einstiegsbild und wählen Sie die Menüfunktion ***Rechnungswesen / Investitionsmanagement / Programme***, um in das Fenster ***Investitionsprogramme*** zu gelangen.

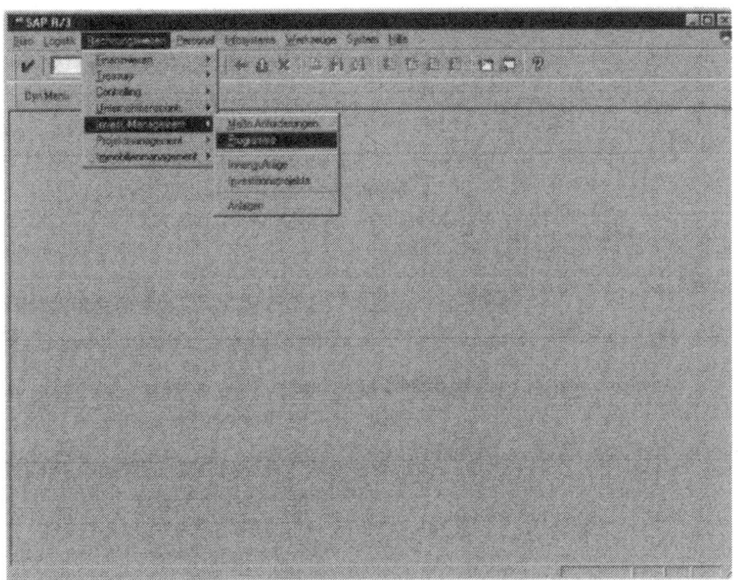

Abb. 5.44 Einstiegsfenster SAP R/3

Im Fenster ***Investitionsprogramme*** wählen Sie die Menüfunktion ***Programmplanung / Vorschlag Plan***.

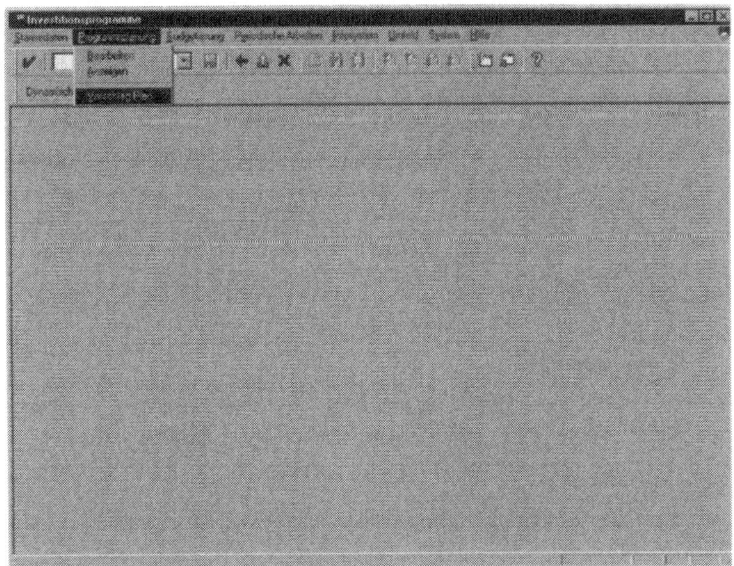

Abb. 5.45 Einstiegsfenster Investitionsprogramme

Es erscheint das Fenster ***Hochrollen Planwerte aus Maßnahmen/Maßnahmenanforderungen***. Geben Sie den Programmnamen und das Genehmigungsjahr ein.
Bei der Übernahme der Jahres- und Gesamtplanwerte aus Projekten oder Innenaufträgen erscheint eine Dialogbox mit der Frage: **Überschreiben oder addieren?**
Bitte kreuzen Sie das Feld mit addieren an.

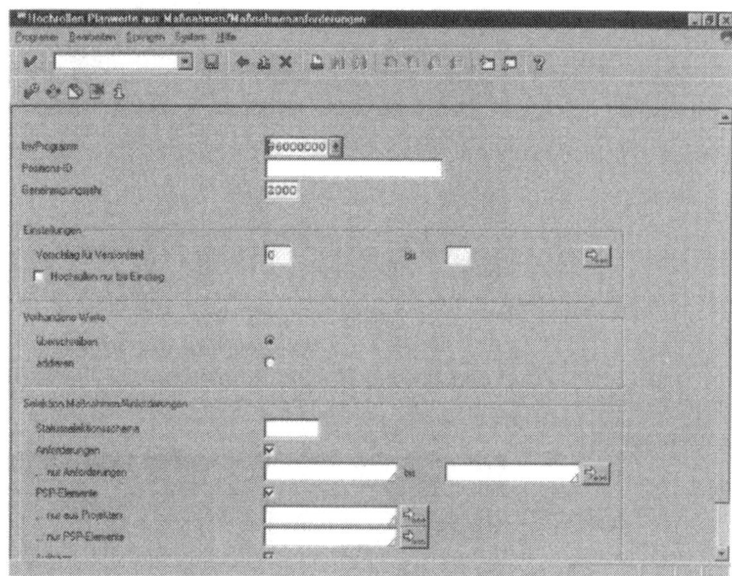

Abb. 5.46 Übernahme geplanter Investitionen auf IPP's
Die Planwerte aus Projekten oder Innenaufträgen werden additiv zu den vorhandenen programmbasierten Planwerten hinzugefügt.

Tipps und Tricks

Sie können Projekte, die Sie nicht hochsummieren wollen, von der Berücksichtigung ausschließen.

5.3.4 Planversion

Der Schnelleinstieg

Vom SAP R/3 Einstiegsbild über die Menüfunktion ***Rechnungswesen / Investitionsmanagement / Programme*** zum Fenster ***Investitionsprogramme***.
Anschließend über die Menüfunktion ***Programmplanung / Bearbeiten*** in das Fenster ***Programmplanung ändern: Einstieg***. Eingabe des Programmnamens, Genehmigungsjahres und der gewünschten Planversion. Dann Eingabe bestätigen mit der Schaltfläche ✔. Es erscheint das Fenster ***Programmplanung ändern: Positionsübersicht***. Eingabe der entsprechenden Planwerte.

Die Grundlagen

Die Bottom-Up-Planung kann in verschiedenen Planversionen geführt werden. In der Praxis werden Planversionen zum einen zur Abbildung von Planungsständen (Zeitbezug) herangezogen. Zum anderen können Planversionen für den gleichen zu planenden Sachverhalt eingesetzt werden, um die subjektiven Sicherheitspolster der planenden Personen zu minimieren. Die Höhe des subjektiven Sicherheitspolsters ist unter anderem von folgenden Einflussfaktoren abhängig:

- Erfahrung
- Persönliche Risikoaversion
- Bildung
- Sach-Know-how

Dies erfolgt meist in Form von definierten Personengruppen, die unabhängig von einander planen. Als Ergebnis wird meist der Durchschnittswert der geplanten Größen in die Planung einbezogen. Die aktuelle Planversion im SAP ist die Planversion Null.

Die Aufgabe

Im Folgenden wird gezeigt, wie in SAP R/3 die verschiedenen Planversionen für die Investitionsplanung innerhalb des Moduls IM geführt werden.

Die Lösungsschritte

Starten Sie vom SAP R/3 Einstiegsbild und wählen Sie die Menüfunktion ***Rechnungswesen / Investitionsmanagement / Programme***.

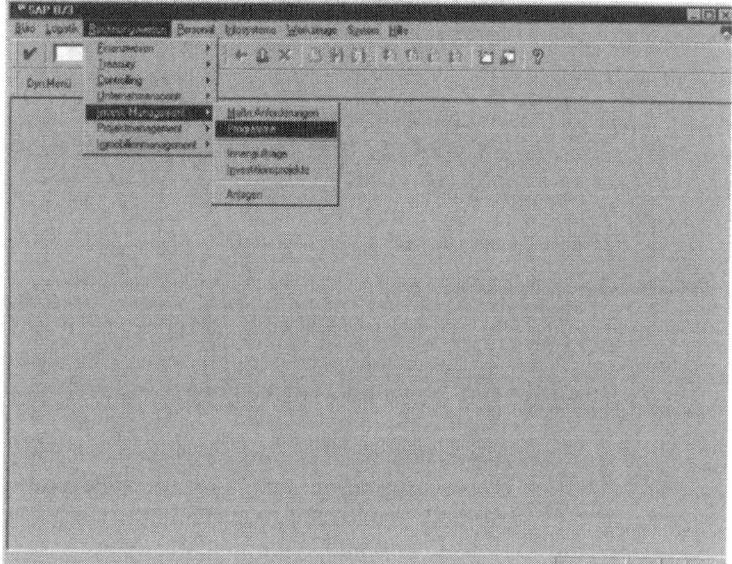

Abb. 5.47 Einstiegsfenster SAP R/3

Es erscheint das Fenster ***Investitionsprogramme***. Wählen Sie hier die Menüfunktion ***Programmplanung / Bearbeiten***.

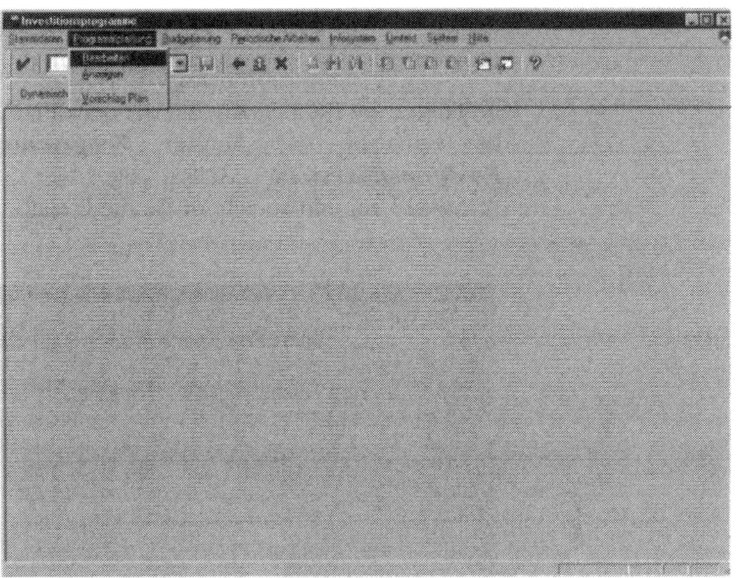

Abb. 5.48 Einstiegsfenster Investitionsprogramme

Es erscheint das Fenster ***Programmplanung ändern: Einstieg***.

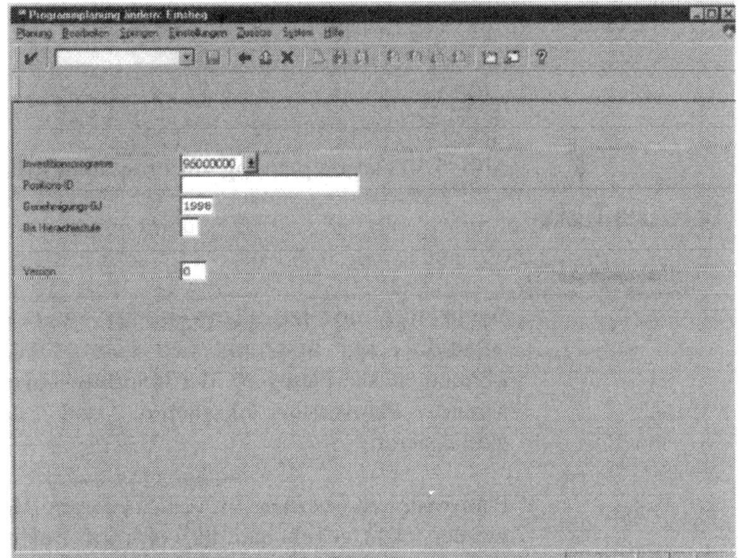

Abb. 5.49 Aufruf der Programmplanung der Planversion Null

Geben Sie im Fenster ***Programmplanung ändern: Einstieg*** Programmnamen, Genehmigungsjahr und Planversion ein und bestätigen Sie die Eingabe mit der Schaltfläche .
Es erscheint das Fenster ***Programmplanung ändern: Positionsübersicht***. Geben Sie hier die entsprechenden Planwerte ein und speichern Sie die Eingabe ab.

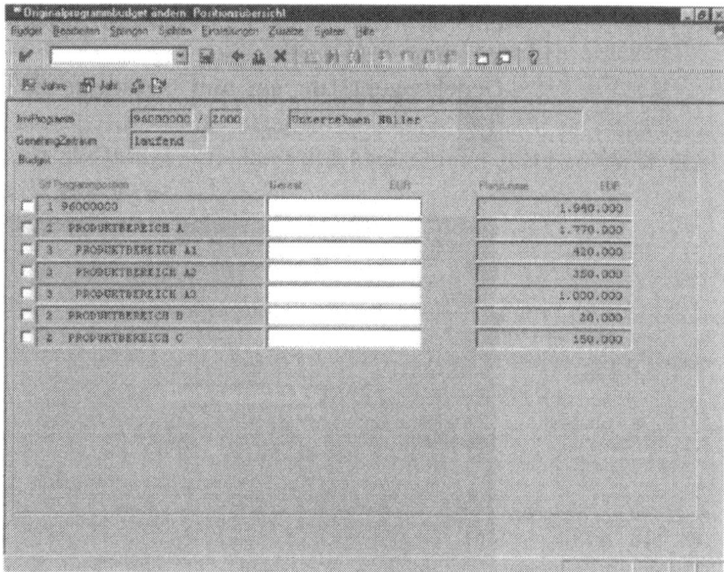

Abb. 5.50 Gesamtplanung auf Programmposition

Tipps und Tricks

Wenn nur einzelne Planwerte in einer zweiten Planversion gegenüber der ursprünglichen Planversion verändert werden, können sie die Planwerte der ursprünglichen Planversion in eine zweite Planversion kopieren und diese entsprechend aktualisieren.

Planversionen werden in verschiedenen Modulen geführt und werden nicht gegeneinander verprobt. Deshalb ist es ratsam, bei Einsatz der Planintegration z. B. zwischen PS-CO-IM eine einheitliche inhaltliche Definition zu wählen.

5.4 Investitionsprogrammbudgetierung

5.4.1 Programmbasierte Budgetierung mit separater Maßnahmenbudgetierung

Der Schnelleinstieg

Vom SAP R/3 Einstiegsbild über die Menüfunktion ***Rechnungswesen / Investitionsmanagement / Programme*** zum Fenster ***Investitionsprogramme***. Anschließend über die Menüfunktion ***Budgetierung / Original bearbeiten*** zum Fenster ***Originalprogrammbudget ändern: Einstieg***. Eingabe des Programmnamens und des Genehmigungsjahres und Eingabe bestätigen mit der Schaltfläche ✔.
Anschließend erscheint das Fenster ***Originalbudget ändern: Positionsübersicht***. Es können entsprechend den Jahres-/Gesamtplanwerten, die Jahres- und Gesamtbudgetwerte eingegeben werden.

Die Grundlagen

Die Programmbudgetierung ist die verbindliche Vorgabe von Investitionsbudgets für die jeweiligen Programmpositionen. Diese ist losgelöst von der Budgetierung der zugeordneten Investitionsmaßnahmen. Mit diesem Schritt werden nicht automatisch die zugehörigen Maßnahmen budgetiert bzw. genehmigt.

Im Gegensatz zur Bottom-up-Planung wird die Budgetierung top-down vollzogen.

Bei der programmbasierten Budgetierung werden die zugeordneten Maßnahmen nicht automatisch zum gleichen Zeitpunkt budgetiert. Es erfolgt eine chronologische und funktionale Separierung der Programm- und Maßnahmenbudgetierung. Die Maßnahmenbudgetierung kann, z. B. bei pauschalen Budgets, erst bei der Konkretisierung eines Investitionsvorhabens erfolgen. In diesem Fall werden im Berichtswesen die Maßnahmenbudgets dem Programmpositionsbudget gegenüber gestellt.

Diese Variante ist in Betracht zu ziehen, wenn eine Voraussage über die Budgetverteilung auf Maßnahmen nicht möglich oder nicht gewollt ist.

Die Aufgabe

Im Folgenden wird gezeigt, wie eine Investitionsprogrammbudgetierung im konkreten Fall durchgeführt wird.

Die Lösungsschritte

Starten Sie vom SAP R/3 Einstiegsbild und wählen Sie die Menüfunktion ***Rechnungswesen / Investitionsmanagement / Programme***, um zum Fenster ***Investitionsprogramme*** zu gelangen.

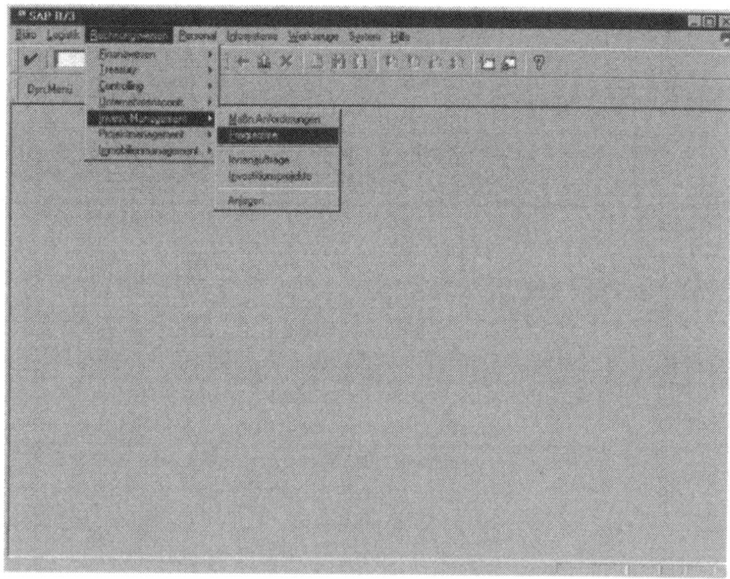

Abb. 5.51 Einstiegsfenster SAP R/3

Es erscheint das Fenster ***Investitionsprogramme***. Wählen Sie hier die Menüfunktion ***Budgetierung / Original Bearbeiten***, um in das Fenster ***Originalprogrammbudget ändern: Einstieg*** zu gelangen. Geben Sie Programmname und Genehmigungsjahr ein und bestätigen Sie mit der Schaltfläche ✔.

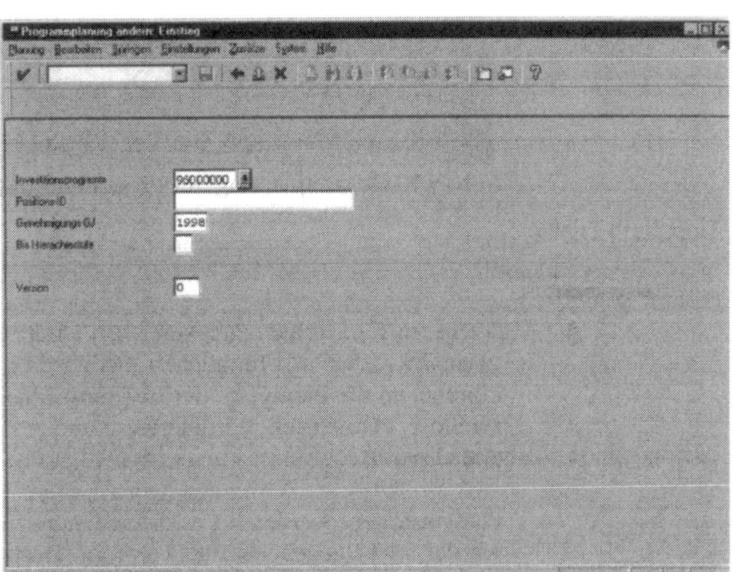

Abb. 5.52 Aufruf der Budgetplanung

Es erscheint das Fenster ***Originalprogrammbudget ändern: Positionsübersicht***

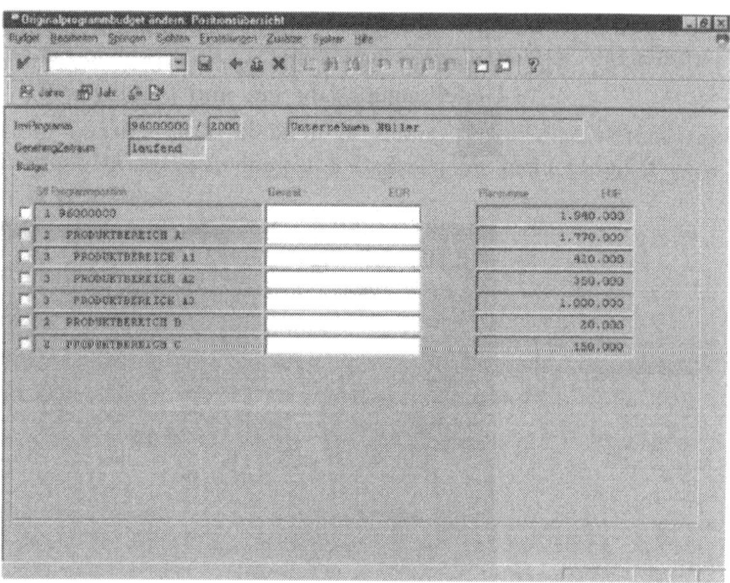

Abb. 5.53 Gesamt- Budgetplanung auf Programmposition

Anschließend können Sie, entsprechend den Jahres-/Gesamtplanwerten, die Jahres- und Gesamtbudgetwerte eingeben.

Tipps und Tricks

Falls die bottom-up geplanten Investitionsumfänge den verbindlichen Vorgaben entsprechen, können sie die Planwerte als Budgetwerte kopieren (gesamt/jahresbezogen).

Bei einer pauschalen Kürzung (relativ oder absolut) bietet SAP R/3 die Funktion an, die Planwerte als Bezugsbasis heranzuziehen und mit einem relativen oder absoluten Abschlag zu kopieren.

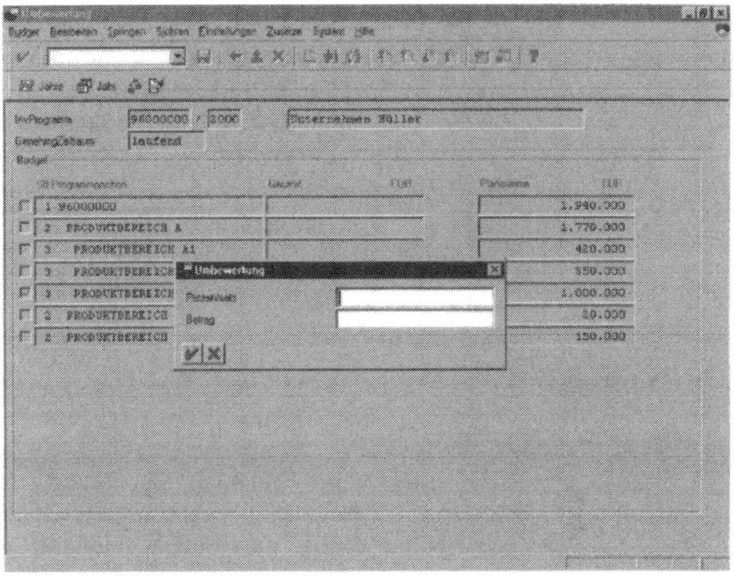

Abb. 5.54 Kopieren der Planwerte mit relativem oder absolutem Abschlag

Die Eingabe der Gesamtbudgets kann durch das System erleichtert werden, indem über das Icon GESAMT in der Planungsmaske über Sicht / kumuliert die kumulierten Budgets ermittelt werden. Falls die Summe der Jahresbudgets (kumuliertes Budget) dem Gesamtbudget entsprechen, werden über ***Bearbeiten / Markieren / alle Markieren / kopieren Sicht*** die kumulierten Budgets in die Spalte **Gesamtbudget** kopiert.

Die Budgetierung der Investitionsmaßnahmen wird nicht näher erläutert. Es wird darauf hingewiesen, dass bei der programmbasierten Budgetierung keine System-Konsistenzprüfung zwischen dem IPP-Budget und dem Maßnahmenbudget erfolgt, d. h. das Budget der zugeordneten Maßnahmen kann höher sein als das jeweilige IPP-Budget. Im Informationssystem ist eine Überwachung gegeben.

5.4.2 Maßnahmenbasierte Budgetierung mit Budgetverteilung

Der Schnelleinstieg

Vom SAP R/3 Einstiegsbild über die Menüfunktion ***Rechnungswesen / Investitionsmanagement / Programme*** zum Fenster ***Investitionsprogramme***. Anschließend über die Menüfunktion ***Budgetierung / Budgetverteilung / Bearbeiten*** zum Fenster ***Budgetverteilung***. Eingabe des Investitionsprogrammnamens und des Genehmigungsjahres und Eingabe bestätigen mit der Schaltfläche ✔.
Anschließend erscheint das Fenster ***Originalbudget ändern: Positionsübersicht***. Es kann nun das Maßnahmenbudget eingegeben werden.

Die Grundlagen

Die Investitionsprogrammbudgetierung wird analog dem vorherigen Abschnitt durchgeführt. Die Maßnahmen werden bei der Budgetierung mit Budgetverteilung im Gegensatz zum separaten Maßnahmenbudgetierung direkt aus dem Programmbudget budgetiert. Es erfolgt eine direkte Verdrahtung zwischen Programm- und Maßnahmenbudget. Bei dieser Vorgehensweise kann nicht mehr Budget auf die Maßnahmen verteilt werden, wie in der Programmposition vorhanden ist.
Bei der maßnahmenbasierten Budgetierung durch Budgetverteilung wird das Investitionsbudget top-down bis auf die unterste Hierarchie im IM verteilt.

Die Aufgabe

Im Folgenden wird gezeigt, wie eine Budgetverteilung auf Maßnahmen aus dem Investitionsprogramm heraus im konkreten Fall abläuft.

Die Lösungsschritte

Starten Sie vom SAP R/3 Einstiegsbild und wählen Sie die Menüfunktion ***Rechnungswesen / Investitionsmanagement / Programme***, um in das Fenster ***Investitionsprogramme*** zu gelangen.

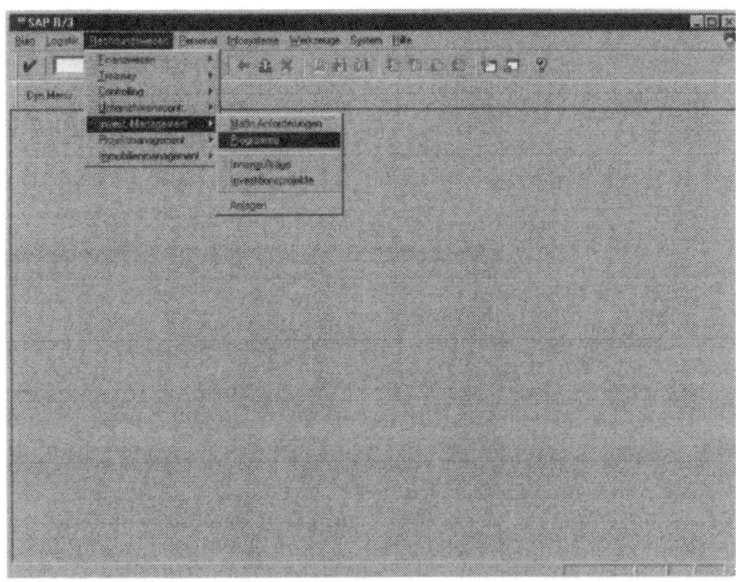

Abb. 5.55 Einstiegsfenster SAP R/3

Es erscheint das Fenster ***Investitionsprogramme.*** Wählen Sie hier die Menüfunktion ***Budgetierung / Budgetverteilung / Bearbeiten***, um in das Fenster ***Budgetverteilung*** zu gelangen.

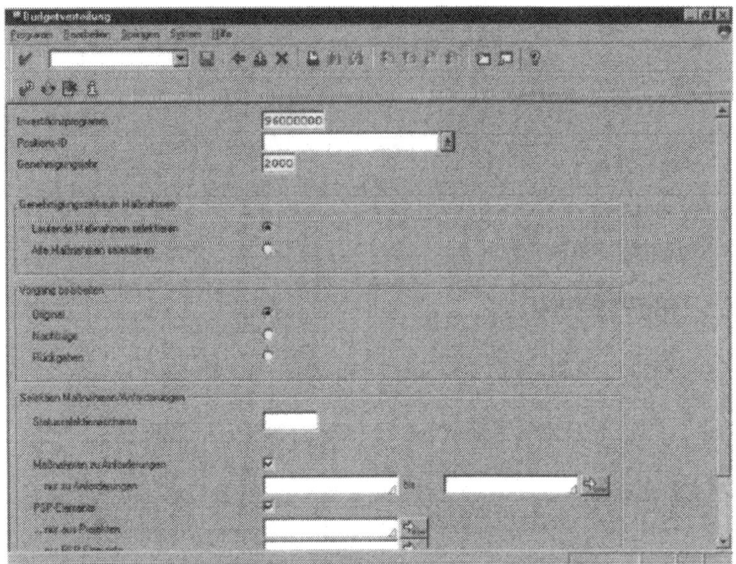

Abb. 5.56 Aufruf Budgetverteilung

Geben Sie im Fenster ***Budgetverteilung*** den Investitionsprogrammnamen und das Genehmigungsjahr ein. Darüber hinaus können Sie noch weitere Parameter festlegen. Es erscheint das Fenster ***Originalbudgetverteilung ändern: Positionsübersicht***.

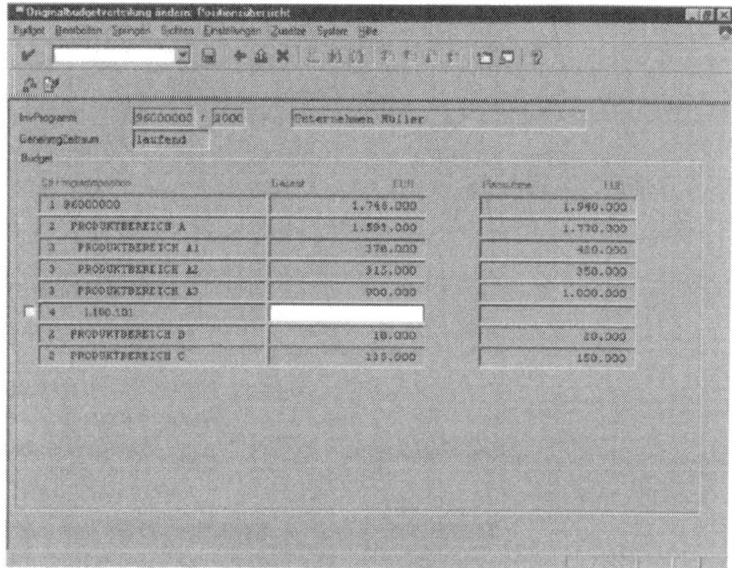

Abb. 5.57 Budgetverteilung auf Maßnahmen (Projekt)

Sie sehen nun in der Budgetierungsmaske die zur jeweiligen IPP zugeordnete Maßnahme. Tragen Sie das Maßnahmenbudget in die Planungsmaske ein und speichern die Eingaben ab.

Tipps und Tricks

Das Gesamtbudget lässt sich auch maschinell ermitteln und über die Kopierfunktion in die Spalte Gesamtbudget kopieren.

Falls es zu einer Überschreitung des IPP-Budget durch Maßnahmenbudgets kommt, muss vor der eigentlichen Budgetverteilung auf die Maßnahme das IPP-Budget erhöht bzw. von einer anderen IPP umgebucht werden. Sonst ist keine Budgetverteilung auf die zugeordnete Maßnahme möglich.

5.5 Statusverwaltung

Der Schnelleinstieg

Vom SAP R/3 Einstiegsbild über die Menüfunktion ***Rechnungswesen / Investitionsmanagement / Programme*** zum Fenster ***Investitionsprogramme***. Anschließend über die Menüfunktion ***Stammdaten / Struktur bearbeiten*** zum Fenster ***Programmstruktur ändern***. Eingabe des Programmnamens und des Genehmigungsjahres und Eingabe bestätigen mit der Schaltfläche ✔.

Anschließend erscheint das Fenster ***Struktur von....*** Über die Menüfunktion ***Bearbeiten / Status*** erhält man einen Überblick des Systemstatus.

Die Grundlagen

Die Sicherstellung des organisatorischen Ablaufs der Planung und Abwicklung von Investitionen wird durch die Statusverwaltung von SAP R/3 gewährleistet. Die Statusverwaltung ermöglicht durch die Festlegung von Anwenderstatus u. a. die Steuerung aller betriebswirtschaftlichen Aktivitäten innerhalb des Investitionsprozesses. Die Verbindung von betriebswirtschaftlichen Aktivitäten mit dazugehörigen Berechtigungen erlauben eine optimale Gestaltung der Entscheidungsfindung. Neben den Systemstatus Eröffnet, Freigegeben, Gesperrt, usw. können zusätzlich Anwenderstatus definiert werden.

Mit der Statusverwaltung steuern Sie die betriebswirtschaftlichen Aktivitäten innerhalb des Investitionsprozesses von der Planung über die Abwicklung bis hin zur Aktivierung. Durch die Verknüpfung mit den individuellen Berechtigungen können sie mit dieser Funktionalität weitgehendst die drei Ws steuern: Wer macht was wann innerhalb des Investitionsprozesses?

Die Aufgabe

Im Folgenden werden verschiedene Systemstatus vorgestellt und aufgezeigt, welche Erweiterungen möglich sind.

Die Lösungsschritte

Starten Sie vom SAP R/3 Einstiegsbild und wählen Sie die Menüfunktion ***Rechnungswesen / Investitionsmanagement / Programme***, um zum Fenster ***Investitionsprogramme*** zu gelangen.

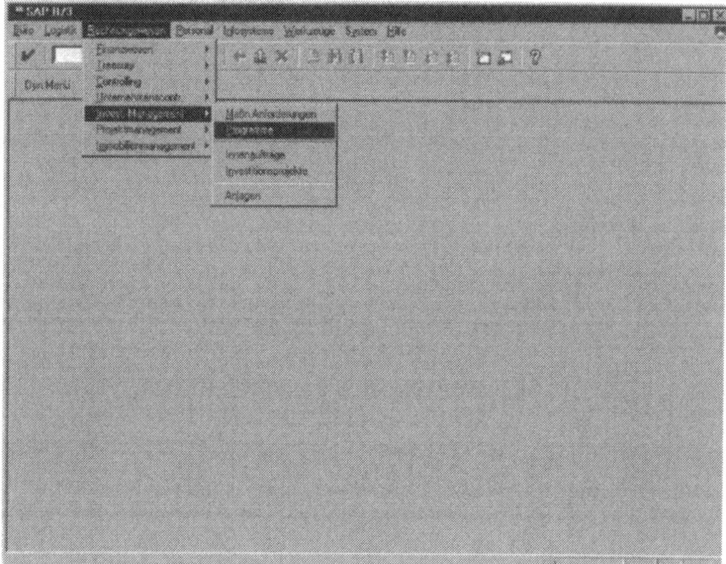

Abb. 5.58 Einstiegsfenster SAP R/3

Es erscheint das Fenster ***Investitionsprogramme***. Wählen Sie die Menüfunktion ***Stammdaten / Struktur bearbeiten***.

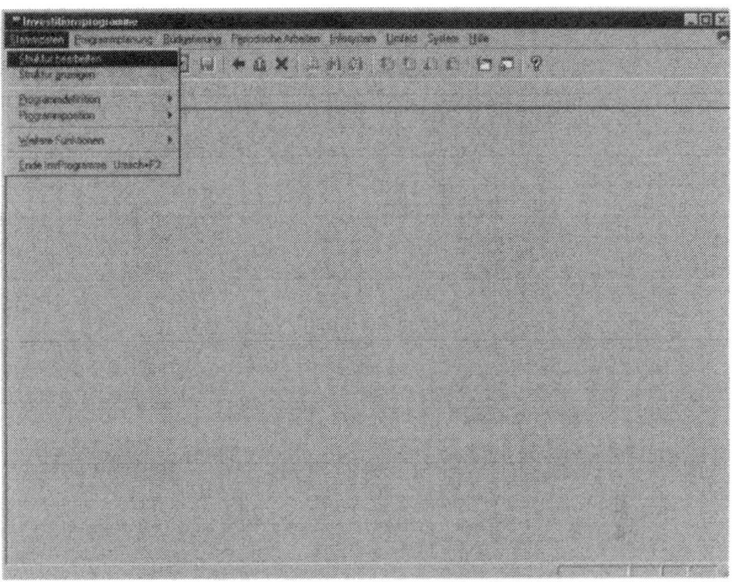

Abb. 5.59 Einstiegsfenster Investitionsprogramme

Es erscheint das Fenster ***Programmstruktur ändern***. Geben Sie den Programmnamen und das Genehmigungsjahr ein und bestätigen Sie die Eingabe mit der Schaltfläche .

Es erscheint das Fenster ***Struktur von ....***Wählen Sie die Menüfunktion ***Bearbeiten / Status***, um alle verfügbaren Systemstatus zu sehen.

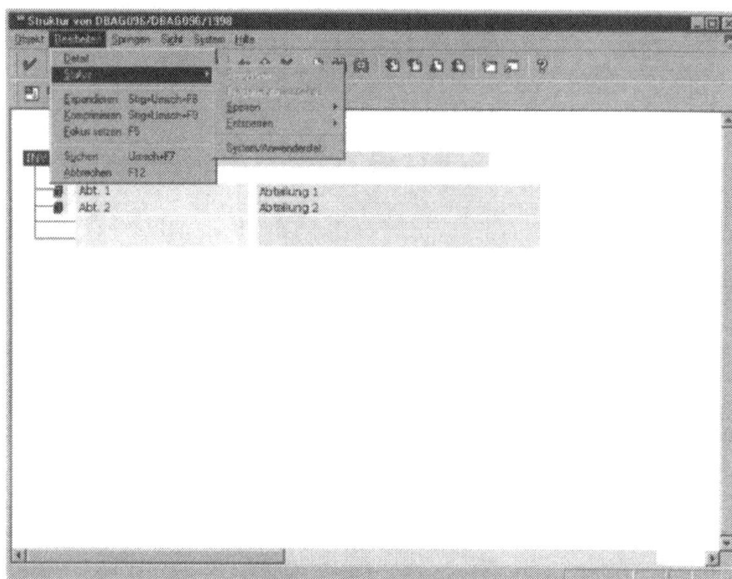

Abb. 5.60 Programmstruktur

Tipps und Tricks

Mit der Menüfunktion ***Bearbeiten / Status / System / Anwenderstatus*** erhalten Sie eine komplette Übersicht der jeweiligen Status und welche betriebswirtschaftlichen Vorgängen erlaubt und verboten sind.

5.6 Abschreibungsvorschau

Der Schnelleinstieg

Vom SAP R/3 Einstiegsbild über die Menüfunktion ***Rechnungswesen / Investitionsmanagement / Programme*** zum Fenster ***Investitionsprogramme***. Anschließend über die Menüfunktion ***Stammdaten / Struktur bearbeiten*** zum Fenster ***Programmstruktur ändern***.
Eingabe des Programmnamens und des Genehmigungsjahres und evtl. die zu bearbeitende Programmposition. Danach Doppelklicken auf die Programmposition und Eingabe des Inbetriebnahmedatums und der Anlagenklasse.

Die Grundlagen

Mit der Abschreibungsvorschau können Sie neben dem aktiven Anlagenbestand auch die geplanten Investitionen in die Vorschau einbeziehen und das Resultat in die Kostenstellenrechnung übernehmen.
Für die frühzeitige Kostenplanung wurde insbesondere mit der Abschreibungssimulation ein Instrument entwickelt, das diesen Anforderungen Rechnung tragt. In die Abschreibungssimulation können sowohl geplante Investitionen als auch das aktive Anlagevermögen einbezogen werden. Die Resultate können anschließend in das Modul CO-Kostenartenrechnung übernommen werden.
Abhängig vom Genauigkeitsgrad und der Konkretisierungsphase der Investitionsplanung ist eine Abschreibungssimulation auf der Ebene der Investitionsprogrammposition, der Projektebene und der Ebene der Innenaufträge durchführbar.
Die Eingabe der Abschreibungsparameter ist zwingende Voraussetzung für die Durchführung der Simulation. Hierbei müssen die Planwerte/Budgetwerte auf der jeweiligen Ebene mit Abschreibungsparameter ergänzt werden.

Die Aufgabe

Im Folgenden wird anhand eines Fallbeispiels erläutert, wie Abschreibungsparameter in SAP R/3 eingepflegt werden.

Die Lösungsschritte

Starten Sie vom SAP R/3 Einstiegsbild und wählen Sie die Menüfunktion ***Rechnungswesen / Investitionsmanagement / Programme***, um in das Fenster der ***Investitionsprogramme*** zu gelangen.

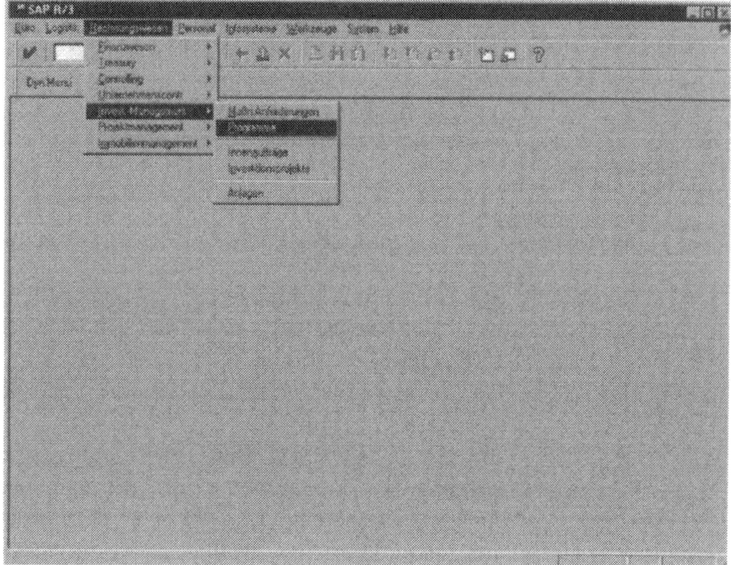

Abb. 5.61 Einstiegsfenster SAP R/3

Es erscheint das Fenster ***Investitionsprogramme***. Wählen Sie die Menüfunktion ***Stammdaten / Struktur bearbeiten***.

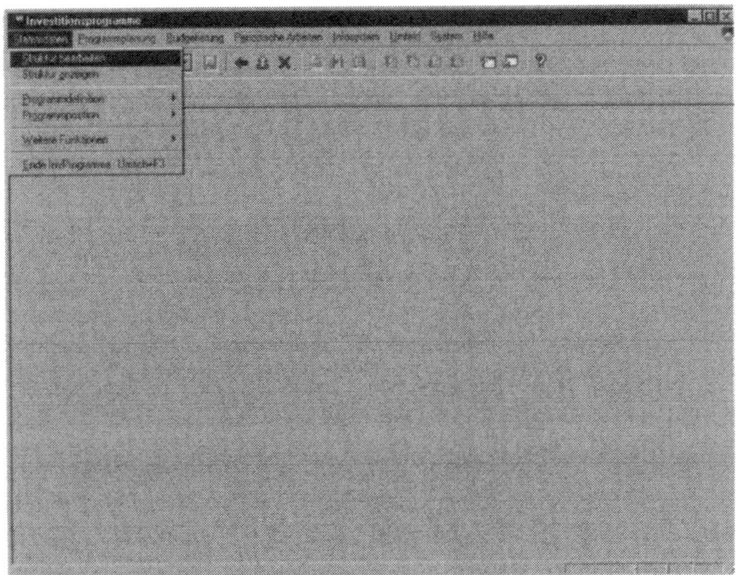

Abb. 5.62 Einstiegsfenster Investitionsprogramme

Es erscheint das Fenster ***Programmstruktur ändern***. Geben Sie den Programmnamen und das Genehmigungsjahr ein und evtl. die zu bearbeitende Programmposition. Anschließend klicken Sie auf die Schaltfläche .

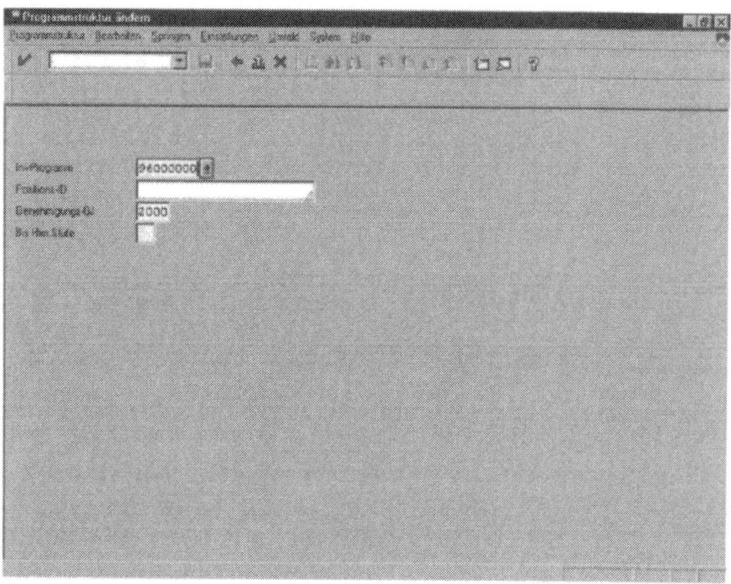

Abb. 5.63 Aufruf Programmposition

Es erschient das Fenster ***Programmposition ändern***.

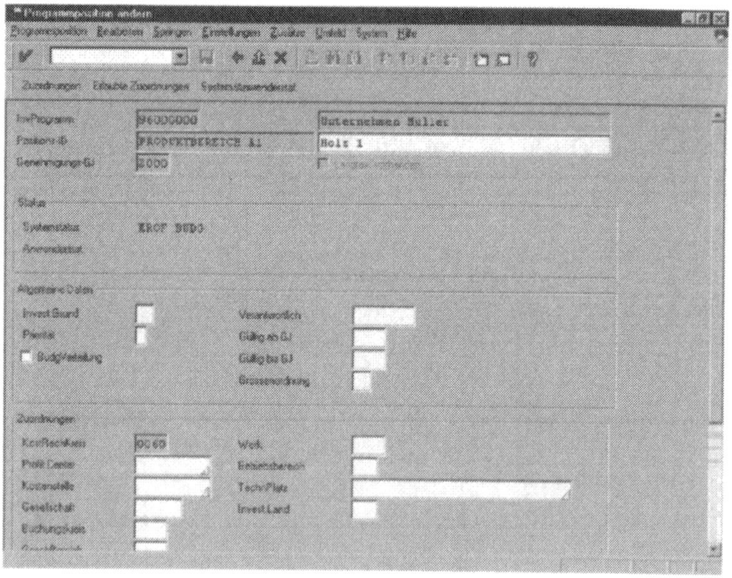

Abb. 5.64 Stammdaten Programmposition

Geben Sie das Inbetriebnahmedatum und die Anlagenklasse ein und klicken Sie dann auf die Schaltfläche .

Es erscheint das Fenster ***AfA-Simulation: Aufteilung***.

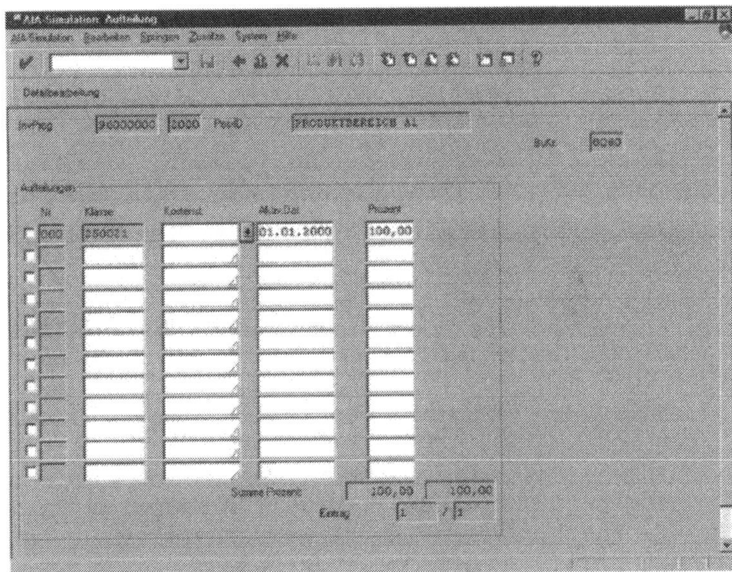

Abb. 5.65 Pflege der Abschreibungsparameter

Tipps und Tricks

Die Prozenteingabe wird erleichtert, wenn ein Excel-Sheet mit entsprechenden Dreisatzformeln als Eingabehilfe herangezogen wird. Im späteren Release ist eine Aufteilung der geplanten Investitionen auch über Äquivalenzziffern möglich.

Projekte und Innenaufträge können in die Abschreibungssimulation einbezogen werden, wenn dort AfA-Parameter hinterlegt worden sind. Die Eingabemöglichkeiten sind identisch.

5.7 Informationssystem

Der Schnelleinstieg

Planwertorientierter Bericht

Vom Einstiegsbild SAP R/3 über die Menüfunktion ***Rechnungswesen / Investitionsmanagement / Programme*** zu den ***Investitionsprogrammen***. Anschließend über die Menüfunktion ***Infosystem / Berichtsauswahl*** in den ***Anwendungsbaum Berichtsauswahl Investitionsmanagement***. Öffnen Sie die Ebenen ***Programme / Planwerte / Programm Gesamt-/Jahrsplan*** und führen Sie einen Doppelklick auf ***Gesamt-/Jahresplan im Programm*** durch. Es erscheint das Fenster ***Gesamt-/ Jahresplan im Programm***. Geben Sie den Namen des Investitionsprogramms ein und klicken Sie auf die Schaltfläche .

Budgetwertorientierter Bericht

Vom Einstiegsbild SAP R/3 über die Menüfunktion ***Rechnungswesen / Investitionsmanagement / Programme*** zu den ***Investitionsprogrammen***. Anschließend über die Menüfunktion ***Infosystem / Berichtsauswahl*** in den ***Anwendungsbaum Berichtsauswahl Investitionsmanagement***. Öffnen Sie die Ebenen ***Programme / Budgetwerte / Budget aus Maßnahmen*** und führen Sie einen Doppelklick auf ***Vergl. Programm-/MaßnahmenBudg.*** durch. Es erscheint das Fenster ***Budgetverteilung auf Maßnahmen***. Geben Sie den Namen des Investitionsprogramms ein und klicken Sie auf die Schaltfläche .

Verfügbarkeitsorientierter Bericht

Vom Einstiegsbild SAP R/3 über die Menüfunktion ***Rechnungswesen / Investitionsmanagement / Programme*** zu den ***Investitionsprogrammen***. Anschließend über die Menüfunktion ***Infosystem / Berichtsauswahl*** in den ***Anwendungsbaum Berichtsauswahl Investitionsmanagement***. Öffnen Sie die Ebenen ***Programme / Verfügbarkeit*** und führen Sie einen Doppelklick auf ***ProgrammBudget verfügbar*** durch. Es erscheint das Fenster ***Budgetverfügbarkeit***

Programm. Geben Sie den Namen des Investitionsprogramms ein und klicken Sie auf die Schaltfläche .

Die Grundlagen

BASICSBASICSBAS

Das Informationssystem des SAP R/3 Modul IM unterstützt mit seinen Berichten die Verwaltung und Steuerung von übergreifenden Investitionsbudgets. Neben der projektorientierten Analyse im Modul PS haben Sie mit IM die Möglichkeit einer dv-gestützten, gesamtheitlichen Berichterstattung über alle Investitionsprojekte eines Unternehmens.
Das Informationssystem bietet Ihnen Analysemöglichkeiten zu Plan-, Budget-, Ist- und Verfügungswerten auf jeder Hierarchiestufe. Zusätzlich ist die Verzweigung in die Stammdaten der Programmpositionen möglich. Die Integration mit PS hilft Ihnen, von der Hierarchieebene auf die Projekte zu verzweigen.
Durch die Technik des Drill-downs eignet sich das Informationssystem sehr gut für Analysen nach unterschiedlichem Detaillierungsgrad.

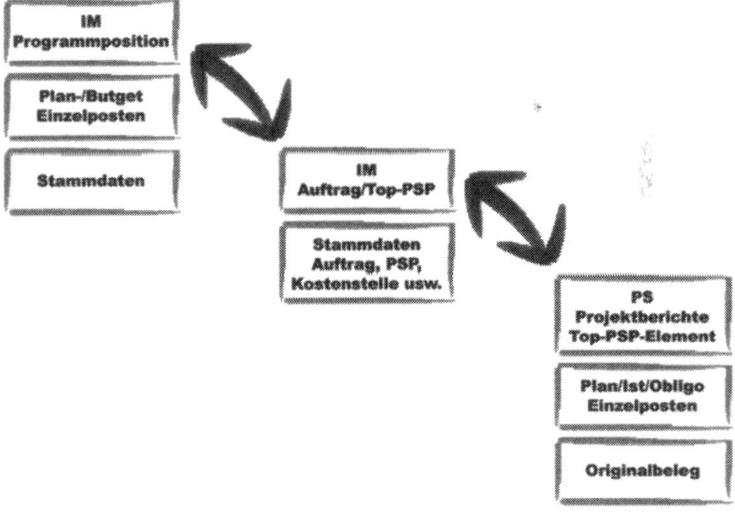

Die Aufgabe

Im Folgenden wird anhand des Planwertorientierten Berichts aufgezeigt, wie Sie in diese Berichte gelangen und wie diese Berichte aufgebaut sind.

Die Lösungsschritte

Wählen Sie im Einstiegsbild SAP R/3 die Menüfunktion ***Rechnungswesen / Investitionsmanagement / Programme***, um in die ***Investitionsprogramme*** zu gelangen.

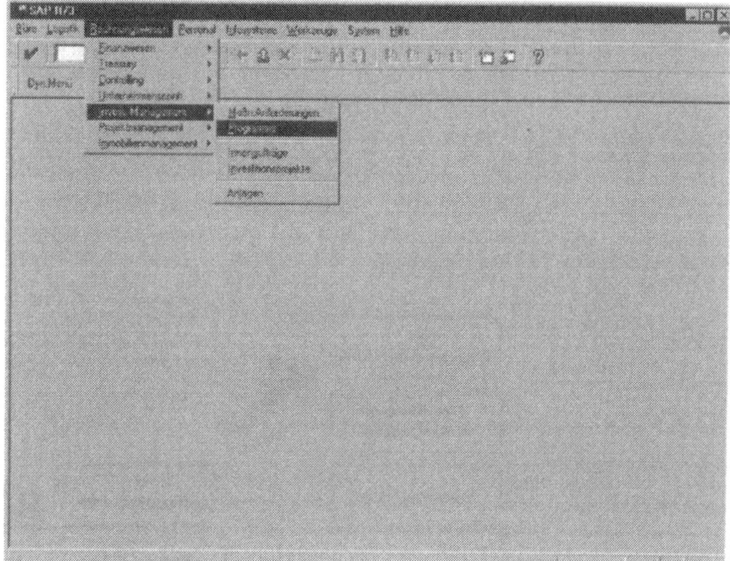

Abb. 5.66 Einstiegsfenster SAP R/3

Es erscheint das Fenster ***Investitionsprogramme***. Wählen Sie die Menüfunktion ***Infosystem / Berichtsauswahl***.

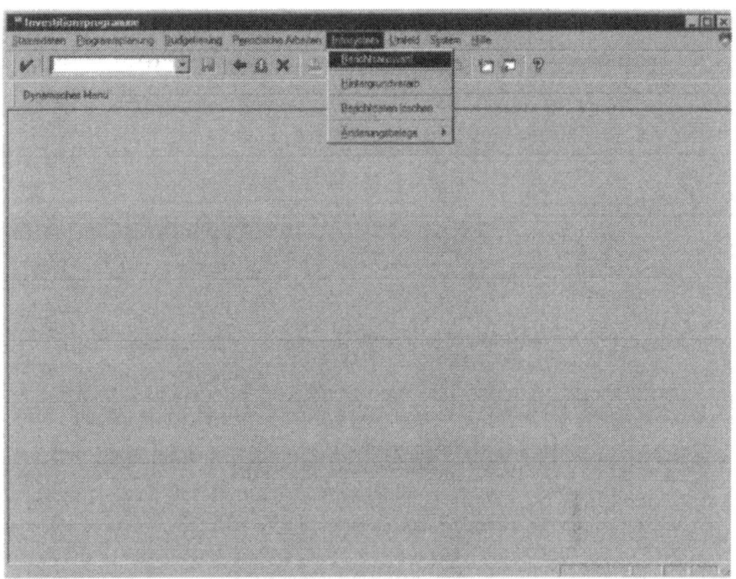

Abb. 5.67 Einstiegsfenster Investitionsprogramme

Es erscheint das Fenster ***Anwendungsbaum Berichtsauswahl Investitionsmanagement***. Öffnen Sie die Ebenen ***Programme / Planwerte / Programm Gesamt-/JahresPlan***. Führen Sie einen Doppelklick auf Gesamt-/Jahresplan im Programm durch.

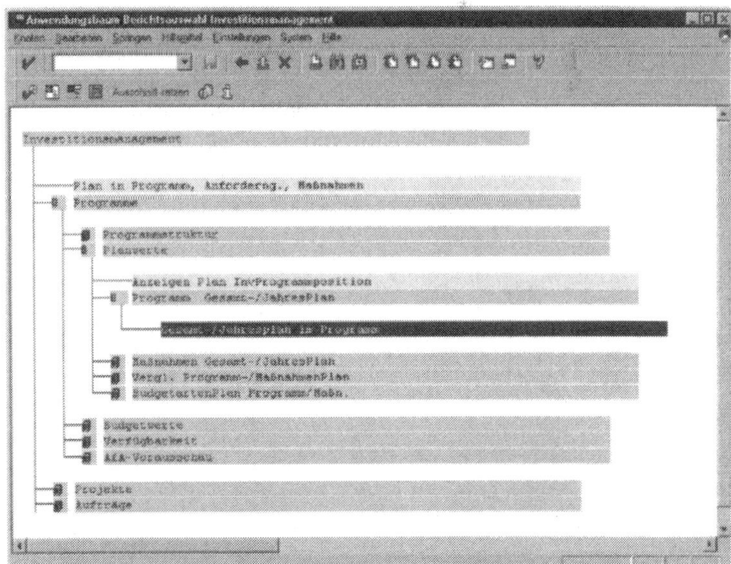

Abb. 5.68 Berichtsbaum

Es öffnet sich das Fenster ***Gesamt-/Jahresplan im Programm***. Geben Sie den Namen des Investitionsprogramms ein und das Genehmigungsjahr und bestätigen Sie die Eingabe mit der Schaltfläche .

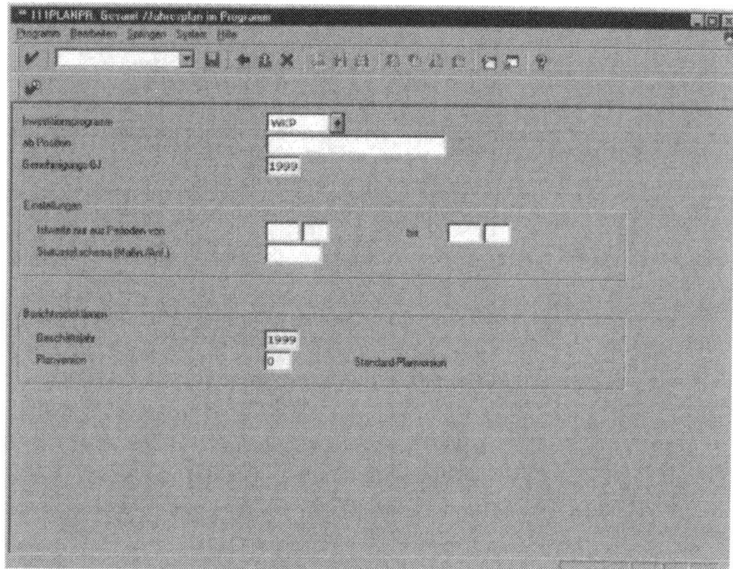

Abb. 5.69 Selektionsbild zum Bericht

Es erscheint das Fenster ***Gesamt-/Jahresplan im Programm: Übersicht***. Sie sehen die gesamten und jahresbezogenen Investitionsplanungen, aufgeschlüsselt nach den unterschiedlichen Organisationseinheiten.

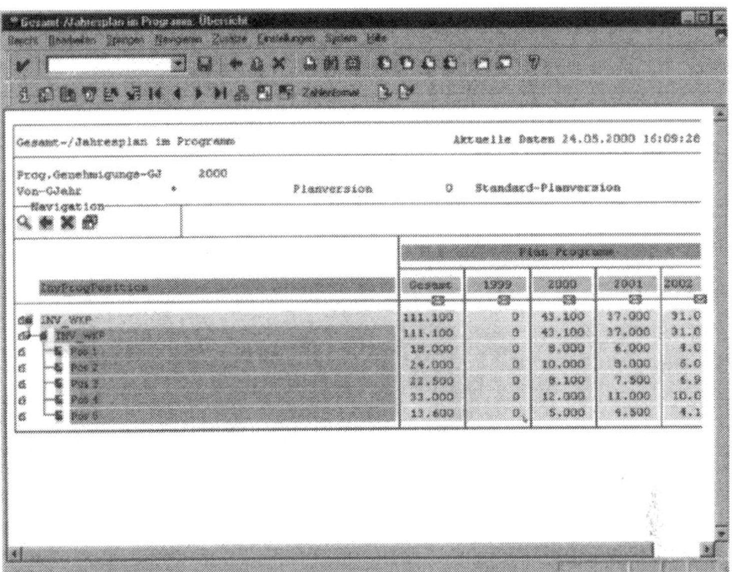

Abb. 5.70 Strukturbericht - planorientiert

5.8 Jahreswechsel

Der Schnelleinstieg

Vom Einstiegsbild SAP R/3 über die Menüfunktion ***Rechnungswesen / Investitionsmanagement / Programme*** zu den ***Investitionsprogrammen***. Anschließend über die Menüfunktion ***Periodische Arbeiten / Jahreswechsel / Eröffnung neues Jahr*** in das Fenster ***Eröffnung neues Genehmigungsjahr***. Eingabe des Investitionsprogramms und des Genehmigungsjahrs und bestätigen Sie die Eingabe mit der Schaltfläche .

Die Grundlagen

Für jedes Geschäftsjahr ist ein neues Investitionsprogramm anzulegen. SAP R/3 bietet mit der Funktion Jahreswechsel die Möglichkeit, ein neues Investitionsprogramm aus dem alten Investitionsprogramm zu generieren. Zusätzlich werden Maßnahmen, die durchgeführt und abgeschlossen wurden, aus dem Berichtswesen entfernt.

Die Aufgabe

Im Folgenden wird gezeigt, wie ein Jahreswechsel durchgeführt wird.

Die Lösungsschritte

Wählen Sie im Einstiegsmenü SAP R/3 die Menüfunktion ***Rechnungswesen / Investitionsmanagement / Programme***, um in die ***Investitionsprogramme*** zu gelangen.

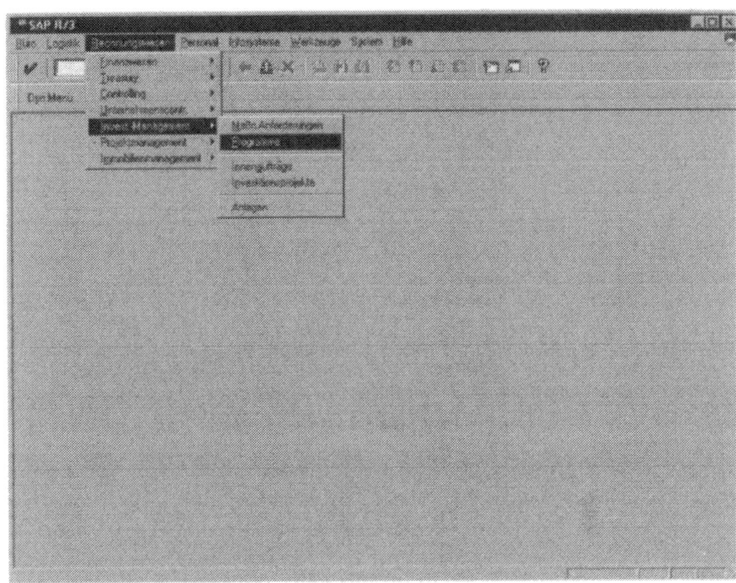

Abb. 5.71 Einstiegsfenster SAP R/3

Es erscheint das Fenster ***Investitionsprogramme***. Wählen Sie die Menüfunktion ***Periodische Arbeiten / Jahreswechsel / Eröffnung neues Jahr***.

Abb. 5.72 Einstiegsfenster Investitionsprogramme

Es erscheint das Fenster ***Eröffnung neues Genehmigungsjahr***.

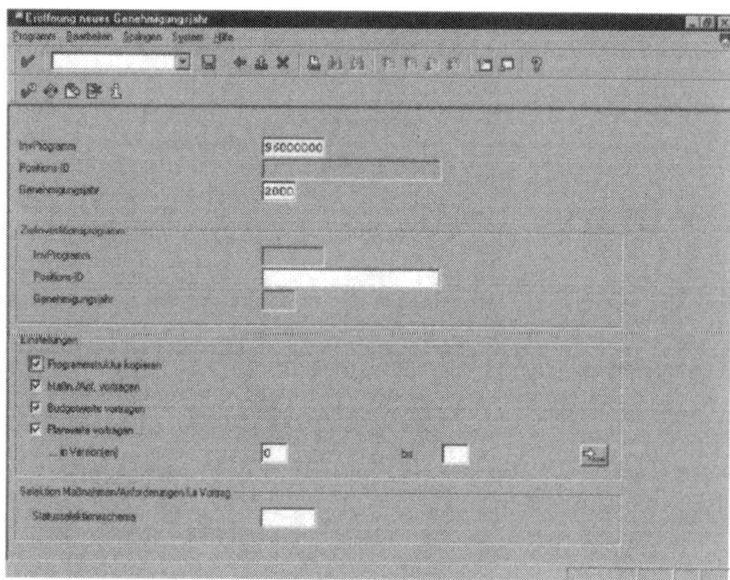

Abb. 5.73 Fenster Eröffnung Genehmigungsjahr

Bitte geben Sie den Namen des Investitionsprogramms und das Genehmigungsjahr ein. Anschließend haben Sie verschiedenen Einstellmöglichkeiten für den Jahreswechsel. Klicken Sie die entsprechenden Felder an. Anschließend bestätigen Sie die Eingabe.

Es erscheint das Fenster ***Protokoll***.

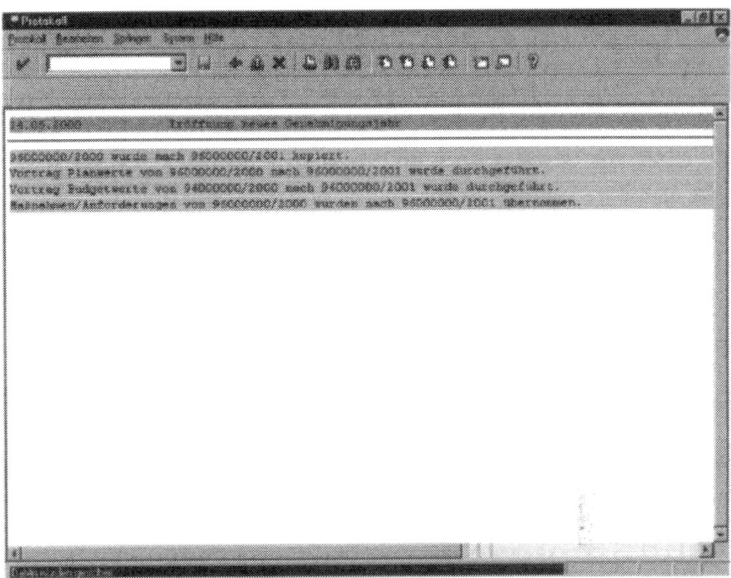

Abb. 5.74 Protokoll

Tipps und Tricks

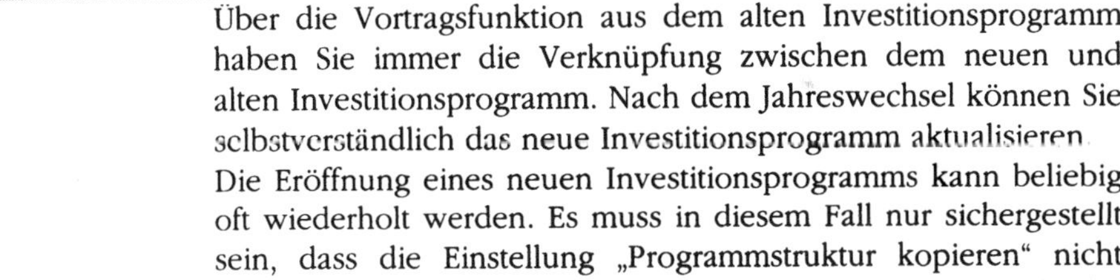

Über die Vortragsfunktion aus dem alten Investitionsprogramm haben Sie immer die Verknüpfung zwischen dem neuen und alten Investitionsprogramm. Nach dem Jahreswechsel können Sie selbstverständlich das neue Investitionsprogramm aktualisieren.

Die Eröffnung eines neuen Investitionsprogramms kann beliebig oft wiederholt werden. Es muss in diesem Fall nur sichergestellt sein, dass die Einstellung „Programmstruktur kopieren“ nicht gesetzt ist. Es ist sinnvoll, wenn zu einem früheren Zeitpunkt das neue Investitionsprogramm eröffnet wird und zum späteren Zeitpunkt die Maßnahmen übernommen werden sollen.

Es wird empfohlen, im Vorfeld nicht verbrauchte Maßnahmenbudgets und Obligos vorzutragen und anschließend den Jahreswechsel im IM durchzuführen.

6 Integration

Das SAP R/3 Integrationsmodell schafft die Voraussetzungen, Daten zwischen den einzelnen SAP R/3-Anwendungen online zu übertragen bzw. redundanzfrei vorzuhalten. Dies bedeutet, dass bei der Erfassung von Daten diese sofort auf ihre Richtigkeit überprüft und die Informationen bei Bedarf in verschiedene Datentabellen und Darstellungen, die zu unterschiedlichen R/3-Modulen gehören, fortgeschrieben werden können.
Die Integration des Projektsystems mit dem internen Rechnungswesen ist aus kaufmännischer Sicht am ausgeprägtesten. Dies wird dadurch verdeutlicht, dass das Projektsystem ohne den Einsatz des CO-Moduls nicht genutzt werden kann. Aber auch die Integration des Projektsystems mit dem IM-Modul ist sehr bedeutsam. Für die Durchführung von Investitionsmaßnahmen im eigenen Unternehmen setzt SAP R/3 das IM-Modul ein. Dabei werden nicht nur Investitionen im buchhalterischen Sinne verstanden. Im Investitionsmanagement werden alle Maßnahmen abgebildet, die zuerst Kosten verursachen und erst zu einem späteren Zeitpunkt Erträge erzielen. Solche Maßnahmen können Instandhaltungsprojekte, aber auch Projekte aus dem Bereich Forschung und Entwicklung betreffen. Zur Durchführung dieser Investitionsmaßnahmen benutzt die Anwendung über die Integration die Komponenten

PSP-Elemente

Innenaufträge

Instandhaltungsaufträge

Durch die Integration mit der Anlagenbuchhaltung werden die aktivierungspflichtigen Kostenteile auf den Konten im Bau korrekt verbucht, während die nicht aktivierungsfähigen Kosten auf Kostenstellen abgerechnet werden.

6.1 Investitionsmaßnahmen

Investitionsmaßnahmen dienen dazu, die Plan- als auch Istkosten bzw. Ausgaben nach controllingorientierten – und abrechnungstechnischen Gesichtpunkten von den übrigen Kosten eines

Unternehmens zu separieren. SAP bietet die Option, Investitionsvorhaben über Projekte und/oder Innenaufträge abzubilden. Die Unterschiede beider Alternativen liegen in der Strukturierungsmöglichkeit und in den projektspezifischen Funktionalitäten.

6.1.1 Innenaufträge

Innenaufträge können hierarchisch nicht strukturiert werden, sondern eine Zusammenfassung ist nur über eine Auftragshierarchie möglich. Sie dienen als Sammelstelle für die anfallenden Kosten.

6.1.2 Investitionsprojekte

Die Funktionalitäten der Ressourcen-, Kapazitäts- und Terminplanung werden nur für Projekte angeboten. Ein großer Vorteil gegenüber Innenaufträgen liegt in der hierarchischen Strukturierungsmöglichkeit innerhalb eines Projekts. Komplexe Investitionsvorhaben können somit besser geplant, gesteuert und überwacht werden.
Innenaufträge dienen für einfache, übersichtliche und mit weniger Risiko behaftete Investitionsmaßnahmen, die ein geringes Volumen beanspruchen.
Die Abbildung über Investitionsprojekte sollte zur Anwendung kommen, wenn lang laufende, risikobehaftete und umfangreiche Vorhaben durchgeführt werden, die betriebswirtschaftlich einer besonderen Überwachung unterliegen.

6.2 Zuordnung von Investitionsmaßnahmen zum Investitionsprogramm

Die unternehmensweite Steuerung und Überwachung von Investitionsmaßnahmen wird durch die Zuordnung der einzelnen Projekte oder Innenaufträge zu einer oder mehreren Investitionsprogrammpositionen ermöglicht. Bei der Zuordnung werden die Investitionsmaßnahmen mit der untersten Hierarchieebene (Investitionsprogrammposition IPP) des Investitionsprogramms verknüpft. Die Zuordnung kann über die Stammdatenpflege der Investitionsmaßnahme als auch von der IPP hergestellt werden. Innerhalb eines Projektes können neben den Top-PSP-Elementen auch die untergeordneten PSP-Elemente

zugeordnet werden. SAP gewährleistet, dass innerhalb eines Teilbaumes nicht PSP-Elemente der 1. und 2. Stufe gleichzeitig zugeordnet werden können. Dies würde zu Inkonsistenzen führen.
SAP bietet Ihnen auch die Möglichkeit, das Projekt auf verschiedene IPP prozentual zu verteilen. Dies kommt häufig vor bei mischfinanzierten Projekten, die von verschiedenen IPP Budget erhalten.
Ziel der Verknüpfung ist eine Klassifikation der Investitionen nach unterschiedlichen Klassifikationsmerkmalen. Häufig sind organisatorische oder produktbereichsorientierte Merkmale in der Praxis anzutreffen.

6.3 Maßnahmenbasierte Bottom-Up-Planung

Bei einer maßnahmenbasierten Investitionsplanung liegen konkrete Vorschläge der geplanten Vorhaben vor. Die Investitionsplanung auf der Stufe der Maßnahmen unterscheidet sich durch den Detaillierungsgrad von der programmbasierten Planung und wird im Modul Projektsystem für Projekte oder Controlling im Falle von CO-Innenaufträgen durchgeführt. Mit Hilfe der Module PS und CO ist eine weitreichende Genauigkeit und Strukturierung der Kosten bzw. Ausgaben möglich. Im Modul PS als auch in CO stehen folgende Detaillierungsgrade für die Planung zur Auswahl.
Je nach Bedeutung können die o. g. Planungsalternativen maßnahmenspezifisch zur Anwendung kommen. Durch den hohen Detaillierungsgrad wird die Kostenzusammensetzung der Investitionsmaßnahme sichtbar. Die Kostenartenplanung und die Gesamtplanung laufen parallel nebeneinander und sind nicht miteinander verknüpft. Sie werden additiv vom System unterstützt. Es ist von Bedeutung, dass die Gesamtplanung ihre Werte nicht verändert, wenn eine detaillierte Kostenartenplanung durchgeführt wird.
Nach der Durchführung der Maßnahmenplanung können die Planwerte der einzelnen Investitionsmaßnahmen durch die vorhandene Verknüpfung zum IM als Vorschlagswerte in die zugehörigen Programmpositionen übernommen werden. Dies ist im Vergleich zur programmbasierten Planung eine erweiterte Bottom-Up-Planung, da sie auf Investitionsprojekten oder –aufträgen basiert und die Planwerte bis zur höchsten Ebene im Investitionsprogramm verdichtet werden. Hervorzuheben ist,

dass ab Release 4.0 verschiedene Arbeitspakete (PSP-Elemente) innerhalb eines Projekts mit verschiedenen Programmpositionen verknüpft werden können.

6.3.1 Programmbasierte Budgetierung mit separater Maßnahmenbudgetierung

Die Investitionsprogrammbudgetierung erfolgt top-down, d. h. die genehmigten Werte werden von den übergeordneten Programmpositionen an die nächsten Hierarchiestufen verteilt bis die untersten Programmpositionen erreicht werden.
Die Budgetierung wird durch verschiedene Hilfsmittel erleichtert. Drei Alternativen sind in der Praxis häufig anzutreffen:

a) Übereinstimmung der bottom-up Planwerte mit den top-down Budgetwerten

Die Budgetierung wird mit einer Kopierfunktion der Planwerte durchgeführt.

b) Prozentualer/absoluter Abschlag auf die Planwerte

Durch die Umwertungsfunktion können die Planwerte mit einem relativen bzw. absoluten Abschlag als Budgetwerte übernommen werden.

c) Separate Budgetierung

In diesem Fall tragen Sie manuell die entsprechenden Budgetwerte ein.
Grundsätzlich ist eine Kombination aller Alternativen durchaus denkbar. Bei der programmbasierten Budgetierung werden die zugeordneten Maßnahmen nicht automatisch zum gleichen Zeitpunkt budgetiert. Es erfolgt eine chronologische und funktionale Separierung der Programm- und Maßnahmenbudgetierung. Die Maßnahmenbudgetierung kann, z. B. bei pauschalen Budgets, erst bei der Konkretisierung eines Investitionsvorhabens erfolgen. In diesem Fall werden im Berichtswesen die Maßnahmenbudgets dem Programmpositionsbudget gegenübergestellt. Wichtig ist hierbei zu erwähnen, dass bei der o. g. Vorgehensweise eine systemtechnisch unterstützte Verfügbarkeitskontrolle im Investitionsprogramm nicht vorhanden ist, d. h. es kann auf Maßnahmenebene mehr Budget verteilt werden als für diese Programmposition genehmigt wurde. Eine Verfügbarkeitskontrolle kann nur über das Berichtswesen visuell erzielt werden.

Diese Variante ist in Betracht zu ziehen, wenn eine Voraussage über die Budgetverteilung auf Maßnahmen nicht möglich oder nicht gewollt ist.

6.3.2 Maßnahmenbasierte Budgetierung mit Budgetverteilung

Bei der maßnahmenbasierten Budgetierung durch Budgetverteilung wird wie in der obigen Erläuterung, das Investitionsbudget top-down bis auf die unterste Hierarchie im IM verteilt. Anschließend werden die Investitionsmaßnahmen, im Gegensatz zur separaten Budgetierung, aus der Programmposition heraus durch die Funktionalität Budgetverteilung budgetiert. Die durchgängige Budgetierung gewährleistet, dass nicht mehr Programmbudget auf die Maßnahmen verteilt wird als vorhanden ist (passive Verfügbarkeitskontrolle). Bei Überschreitungen des Programmbudgets muss das Programmbudget über die Funktionalität Programmbudgetumbuchung von einer anderen Programmposition umgebucht werden, damit eine Maßnahmenbudgetierung durchgeführt werden kann.
Die Anwendung der Budgetverteilung ist über das Customizing einstellbar.

6.4 Abschreibungsvorschau

Investitionen in Sachanlagen haben meist langfristige Auswirkungen auf die Kostenstruktur und Flexibilität eines Unternehmens. Eine frühzeitige Berücksichtigung der Kostenauswirkungen ist für ein vorausschauendes Investitions-Controlling unabdingbar. Für die frühzeitige Kostenplanung wurde mit der Abschreibungssimulation ein Instrument entwickelt, das diesen Anforderungen Rechnung trägt.

6.4.1 Funktionsumfang

In die Abschreibungssimulation können sowohl geplante Investitionen als auch das aktive Anlagevermögen einbezogen werden. Die Resultate können anschließend in das Modul CO-Kostenartenrechnung übernommen werden.
Abhängig vom Genauigkeitsgrad und der Konkretisierungsphase der Investitionsplanung ist eine Abschreibungssimulation auf drei Ebenen durchführbar:

1. Ebene Investitionsprogrammposition
   Eine Abschreibungssimulation auf Investitionsprogrammpositionen ist zu präferieren, wenn
   a) eine pauschale Investitionsplanung ohne eindeutige Konkretisierung der Maßnahmen vorliegt,
   b) eine Reduzierung des Zeitaufwands für die Stammdatenpflege von Projekten oder Innenaufträge zum Planungszeitpunkt angestrebt wird.
2. Ebene Projekt

   Die Durchführung der Abschreibungssimulation auf Projektebene ist zu favorisieren, wenn konkrete Investitionsmaßnahmen bekannt sind.

3. Ebene Innenauftrag
   Bei großen Investitionsmaßnahmen ist es möglich, Projekte als auch Innenaufträge innerhalb eines Investitionsvorhabens einzusetzen. In diesem Fall wird die Projektstruktur meist zur Abbildung der technischen Struktur herangezogen, während die Ausführungsebene auf CO-Innenaufträge abgebildet wird.

Die Abschreibungssimulation kann auch unter Berücksichtigung der drei Ebenen und dem aktiven Anlagenbestand erfolgen.
Es ist darauf hinzuweisen, dass sich die Module IM, PS oder CO im Rahmen der Abschreibungssimulation auf die Funktionalitäten der Anlagenbuchhaltung zurückgreifen. So sehen beispielsweise die Eingabemasken für die Abschreibungsparameter in allen Modulen gleich aus.

6.4.2 Abschreibungsparameter

Die Eingabe der Abschreibungsparameter ist zwingende Voraussetzung für die Durchführung der Simulation. Hierbei müssen die Plan-/Budgetwerte auf der jeweiligen Ebene mit Abschreibungsparameter ergänzt werden. Die Plan-/Budgetwerte können auf verschiedene Kostenstellen, Inbetriebnahmedaten und Anlagenklassen prozentual aufgeteilt werden. Mit dem Bezug zur Anlagenklasse werden alle Stammdaten der Anlagenklasse bezüglich der Abschreibungsparameter aus der Anlagenbuchhaltung herangezogen: Bewertungsbereiche, Nutzungsdauer, Schichtfaktor, Abschreibungsarten etc. Zukünftig ist neben der prozentualen Aufteilung der Plan-/Budgetwerte auch eine Aufteilung nach Äquivalenzziffern geplant.

6.5 Abrechnung und Aktivierung von Investitionsmaßnahmen

Die Gestaltung der Abrechnung und Aktivierung von Investitionsmaßnahmen steht im engen Zusammenhang mit der Gesamtabbildung des Vorhabens im SAP R/3. Neben der Direktaktivierung für einfache Anschaffungsvorgänge stehen für die Abwicklung von komplexeren Investitionsvorhaben vielfältige Abrechnungsvarianten zur Verfügung. Die Abrechnungsparameter finden Sie im Modul PS für Projekte bzw. im Modul CO für Innenaufträge. Bei der Direktaktivierung wird im eigentlichen Sinne keine Abrechnung durchgeführt.

6.5.1 Direktaktivierung

Im Folgenden wird der Prozess der Direktaktivierung in groben Zügen erläutert und auf die wesentlichen Teilprozesse aufmerksam gemacht.
Der Prozess der Direktaktivierung wird für einfache Beschaffungsvorgänge (z. B. Hardware, Maschinen etc.) herangezogen. Hierbei wird in der Bestellanforderung die von der Anlagenbuchhaltung zuvor generierte Anlagennummer eingetragen. Parallel wird das Kontierungsobjekt (Investitionsprojekt oder Innenauftrag) in der Bestellanforderung angegeben. Der bewertete Wareneingang wird anschließend mit Bestellbezug im System erfasst. Bei Übereinstimmung des Bestellwerts mit dem Warenwert wird die in der Bestellung hinterlegte Anlage mit dem Warenwert bebucht. Gleichzeitig wird das Kontierungsobjekt (Investitionsprojekt oder Innenauftrag) statistisch mitgebucht.

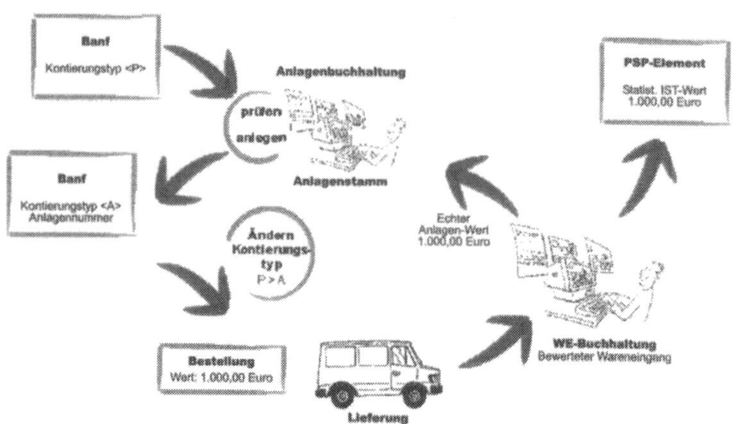

6.5.2 Abrechnung und Aktivierung auf Anlage im Bau

Die Anwendung der Anlage im Bau als Kostensammler wird für komplexe Investitionsvorhaben herangezogen, dessen Erstellung sich u. a. über eine längere Periode erstreckt und ein korrekter bilanzieller Ausweis der Gesamtkosten notwendig ist.

Über Customzing-Einstellungen können Sie definieren, dass bei der Anlage und Freigabe der Investitionsmaßnahme (Investitionsprojekt oder Innenauftrag) automatisch eine Anlage im Bau (AiB) erzeugt wird. Es wird darauf hingewiesen, dass diese AiB erst nach der ersten Abrechnung in den Abrechnungsparametern als Abrechnungsempfänger vom System automatisch eingetragen wird, obwohl die AiB schon im Vorfeld bei der Freigabe generiert wurde.

Die auf Projekte oder Aufträge gesammelten Kosten werden nach ihrer Aktivierungsfähigkeit unterschieden. Aktivierungspflichtige Anteile der Investitionsmaßnahme werden auf Anlage im Bau abgerechnet, nicht aktivierungspflichtige werden auf CO-Empfänger (Kostenstelle, CO-Innenauftrag) abgerechnet. SAP stellt die Funktionalität bereit, Prozentsätze für die zu aktivierenden Anteile von Kostenarten oder Kostenartengruppen anzugeben. Die Prozentsätze können zeitraumabhängig festgelegt werden. Auch innerhalb der individuellen Kostenarten kann nach verschiedenen Bewertungssätzen (SAP: Aktivierungsversionen) differenziert werden. Die periodische als auch die Gesamtabrechnung kann einzelpostengenau oder pauschal durchgeführt werden. Analog zu den Abrechnungsansätzen für die AiB können für nicht aktivierungsfähige Kostenarten pauschale oder individuelle Aufteilungsregeln definiert werden.

Dies ist unter anderem sinnvoll, wenn eine Kostenart auf verschiedene Empfänger zu verteilen ist.
Nach Fertigstellung der Anlage wird die Anlage im Bau an die korrespondierende Anlage abgerechnet.

Periodische Abrechnung auf CO-Empfänger und Anlage im Bau

Das Ziel der periodischen Abrechnung ist die perioden- und verursachungsgerechte Ermittlung und Verrechnung der Kosten von Investitionsmaßnahmen. Sie kann für einen frei wählbaren Zeitraum durchgeführt werden. In der Praxis ist häufig die monatliche Abrechnung anzutreffen. Abrechnungsempfänger können CO-Empfänger (Kostenstellen, Projekte oder Innenaufträge) und AiB sein. Die Abrechnung auf AiB erfolgt zeitgleich mit der Abrechnung auf CO-Empfänger.

Gesamtabrechnung

Die Gesamtabrechnung wird bei Fertigstellung der Investitionsmaßnahme durchgeführt, wenn der Systemstatus „technisch abgeschlossen" gesetzt wurde. Teilaktivierungen sind vorher auch schon möglich. Analog zu der periodischen Abrechnung werden die auf Investitionsmaßnahmen gebuchten Belastungen nach ihrer Aktivierungsfähigkeit abgerechnet. Die Funktionalitäten innerhalb der Gesamtabrechnung entsprechen denen der periodischen Abrechnung.
Wenn eine periodische Abrechnung schon durchgeführt wurde, wird vom System sichergestellt, dass nur noch die zwischenzeitlich angefallenen Belastungen abgerechnet werden. Korrekturen bezüglich der Buchung von nicht aktivierbaren Belastungen oder von schon aktivierten Kosten auf AiB sind dennoch möglich.

6.6 Verfügbarkeitsüberwachung

Die Steuerung und Überwachung von Investitionsbudgets ist eine der wichtigen Aufgaben des Investitions-Controllings. Sie wird ergänzt um die inhaltliche und zeitliche Steuerung und Überwachung der Investitionsmaßnahmen. In der Praxis werden diese Aufgaben auch dem Projekt-Controlling zugeordnet. SAP unterscheidet für die Budgetüberwachung zwischen der aktiven und passiven Verfügbarkeitskontrolle.

6.6.1 Aktive Verfügbarkeitskontrolle

Die aktive Verfügbarkeitskontrolle greift auf der Maßnahmenebene ein. Sie prüft bei jeder Bestellanforderung, Bestellung oder FI-Buchung, ob diese Maßnahme Budget für die Transaktion zur Verfügung hat. Die Aktivierung der Verfügbarkeitskontrolle kann bei Bugdetvergabe automatisch oder durch manuelle Aktivierung erfolgen. Dabei kann eine prozentuale und wertmäßige Toleranzgrenze für Budgetüberschreitungen angegeben werden. Erst bei Überschreitung dieser Toleranzgrenze wird ein Hinweis erfolgen. Hinweise für Budgetüberschreitungen können nach zwei Alternativen ausgewiesen werden:

Warning mit optionaler Benachrichtigung

Beim Warning wird die betroffene Maßnahme (bei Projekten auch PSP-Elemente) in Auswertungen rot hervorgehoben und der Anwender erhält bei jeder Transaktion automatisch eine Nachricht.

Fehlermeldung

Bei Überschreitungen wird eine Fehlermeldung ausgegeben, die erst berichtigt werden muss.

Es ist durchaus möglich, Toleranzgrenzen innerhalb des Budgets einzugeben, d. h. der Anwender kann einstellen, dass bei Verfügungen in Höhe von z. B. 80% des Maßnahmenbudgets eine frühzeitige Meldung an den Maßnahmenverantwortlichen ergeht.

Bei der Budgetierung durch Budgetverteilung aus der Programmposition auf die zugeordneten Maßnahmen ist auch eine aktive Verfügbarkeitskontrolle im Einsatz, d. h. es kann nur das verfügbare Programmbudget verteilt werden.

6.6.2 Passive Verfügbarkeitskontrolle

Die passive Verfügbarkeitskontrolle ist nur auf Programmebene einsetzbar. Unter der Annahme, dass keine Budgetverteilung vorgenommen wird, erhält der Anwender keine Mitteilung, wenn die Summe der Maßnahmenbudgets oder die Verfügungen (ohne Einsatz der aktiven Verfügbarkeitskontrolle) größer als das IPP-budget ist.

6.7 Informationssystem

Das Berichtswesen im IM unterstützt das Investitionsmanagement von der Investitionsplanung-, über die Durchführung- bis hin zur Abrechnungs- und Aktivierungsphase. Durch die Integration innerhalb des Moduls IM und innerhalb des SAP R/3-Systems sind flexible Darstellungen mit Hilfe der Recherche-Technik von SAP R/3 und aktuelle Informationsauswertungen möglich. Innerhalb des Berichtswesens bietet SAP neben den Standardreports die Möglichkeit, kundenindividuelle Berichte zu generieren.

Der Berichtsbaum ist nach den Komponenten Investitionsprogramme, Investitionsmaßnahmen und Anlagen strukturiert. Innerhalb dieser Strukturierung lassen sich die Berichte nach folgenden Kriterien einteilen:

a) Planwertorientierte Berichte

Bei den planwertorientierten Berichte sind Periodenvergleiche und Gegenüberstellungen von Programmplanung und Maßnahmenplanung möglich.

b) Budgetorientierte Berichte

Bei den budgetorientierten Berichte sind Periodenvergleiche und Gegenüberstellungen von Programmbudget und Maßnahmenbudget möglich. Des weiteren können Sie auch Budgethistorien sowohl für Programme als auch für Maßnahmen auswerten

c) Verfügbarkeitsorientierte Berichte

Die verfügbarkeitsorientierten Berichte sind wichtiger Bestandteil der Abwicklung von Investitionen. In diesen Berichten sind Informationen über die genehmigten Mittel auf Programm- und Maßnahmenebene vorhanden. Denen werden die Ist-Ausgaben und offene Banf bzw. Bestellungen von Maßnahmen als Obligo gegenübergestellt.

Die Berichtsauswertungen können jederzeit mit dem aktuellen Stand gespeichert werden. Bei erneutem Abruf des Berichts mit den gleichen Selektionen können Sie entscheiden, ob aktuelle Daten oder der zuvor gesicherte Datenbestand erscheinen sollen.

6.7.1 Informationssystem Investitionsprogramm

Auf der Ebene des Investitionsprogramms sind Analysen von Plan- und Budgetwerten sowie den zugeordneten Maßnahmen nach verschiedenen Kriterien möglich. Für die Budgetüberwachung unterscheidet das Modul IM zwischen Original-, Nachtrags- und Vortragsbudget. Es wird Ihnen die Möglichkeit geboten, eine Budgethistorie aufzubauen, so dass Sie jede Budgetaktualisierung analysieren können. Die Budgethistorie kann auch innerhalb von Budgetarten analysiert werden.

6.7.2 Informationssystem Investitionsmaßnahmen

Die Investitionsmaßnahmen können durch Projekte oder Innenaufträge abgebildet werden. Falls sie über Projekte abgewickelt werden, stehen die Auswertungsmöglichkeiten des PS zur Verfügung. Im anderen Falle bedient sich das IM der Berichtsmöglichkeiten des Auftragswesens.

Das Informationssystem des Moduls IM basiert auf der Recherchetechnik des SAP R/3–Systems. Hierdurch haben Sie die Möglichkeit, eine Analyse der Investitionswerte mit unterschiedlichem Detaillierungsgrad durchzuführen. Beispielsweise können Sie schrittweise von der Unternehmens- über die Bereichs- und Kostenstellensicht auf die untergeordneten Investitionsprojekte verzweigen. Für eine weitere Detaillierung springen Sie in die strukturorientierten Berichte des Moduls PS. Über die Einzelpostenliste gelangen Sie bis zum Originalbeleg der Finanzbuchhaltung.

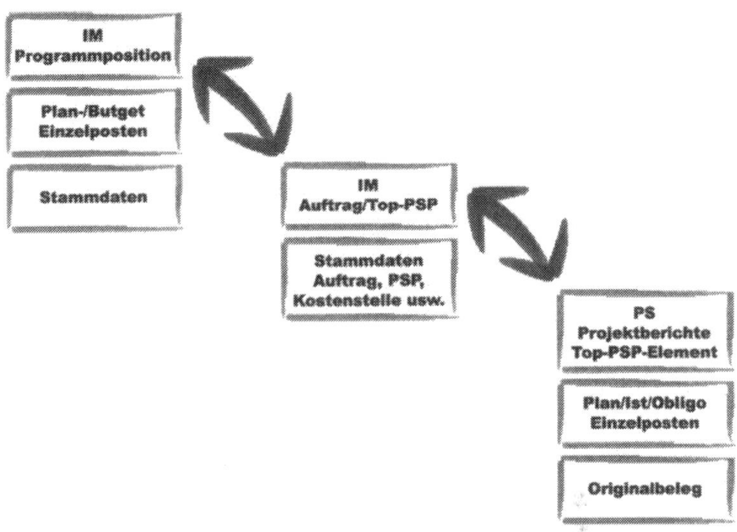

Es ist oft notwendig, beispielsweise zur Kontrollzwecken, auf die der Buchhaltung zugrunde liegenden Rechnungsbelege zugreifen zu können. SAP R/3 bietet die Möglichkeit, direkt vom Arbeitsplatz aus zu jedem Einzelposten den Originalbeleg aufzurufen. Dazu müssen die Belege bei der Erfassung eingescannt und in einem Archivierungspool abgelegt werden. Sie können über eine Standardfunktion jeden gewünschten Beleg am Bildschirm aufrufen und ausdrucken. Im Folgenden wird der Weg ausgehend vom Investitionsprogramm zum Originalbeleg dargestellt und erläutert.

In unserem Beispiel wurde zur bestehenden Programmstruktur das zu analysierende PSP-Element markiert, um mit Hilfe der Schaltfläche in den dazugehörenden Maßnahmenbericht (Projektbericht) zu verzweigen.

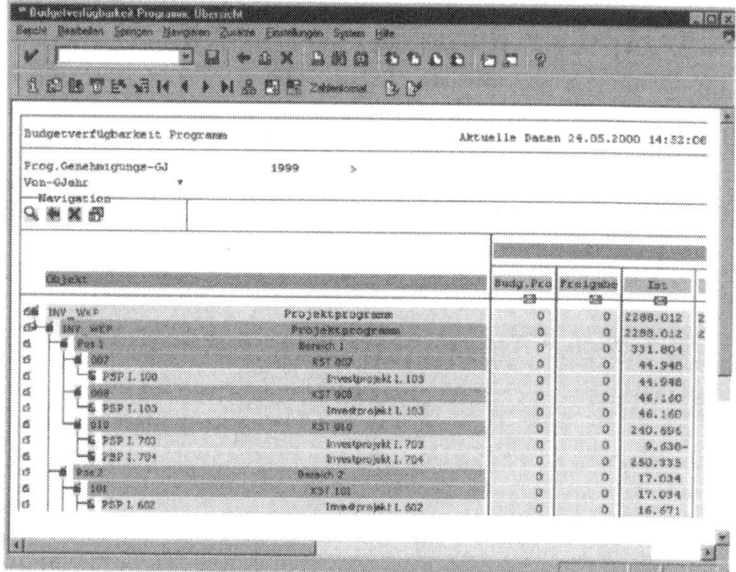

Abb. 6.1 Strukturorientierte Budgetverfügbarkeit

Es erscheint das Fenster mit dem Projektbericht. Um die gewünschten Einzelposten anzeigen zu lassen, markieren Sie die Ist-Kosten und wählen Sie die Menüfunktion ***Springen / Bericht aufrufen / Einzelposten***.

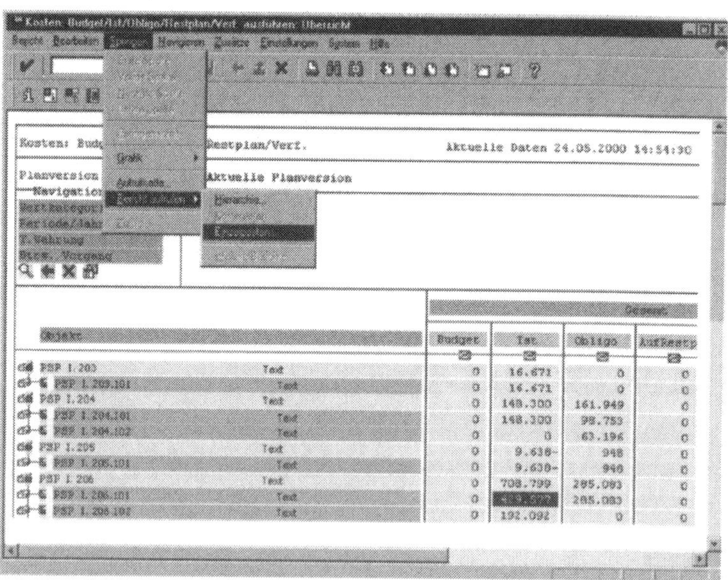

Abb. 6.2 Strukturbericht PS

Es erscheint eine Übersicht mit den einzelnen Buchungsbelegen. Von hier aus können Sie sich noch zu den einzelnen Buchungsbelegen die Originalbelege anzeigen lassen.

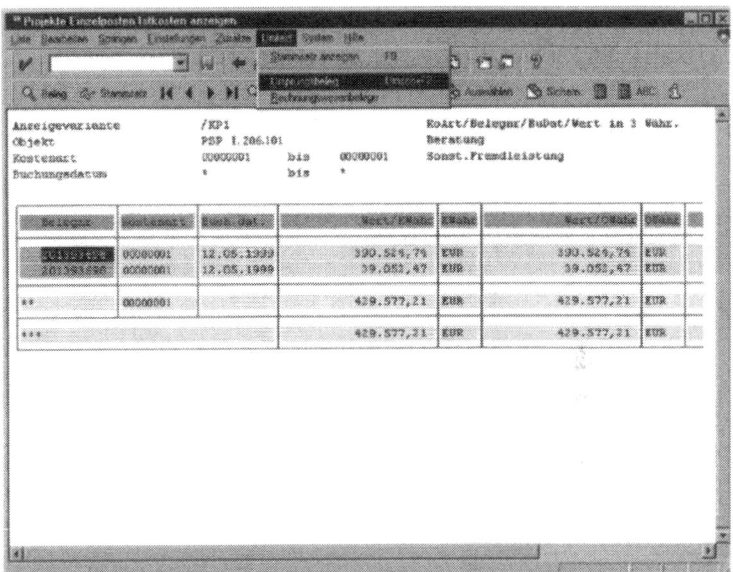

Abb. 6.3 Einzelpostenbericht PS

7 Customizing

Das Customizing umfasst die unternehmensspezifischen Anpassungen des SAP R/3-Systems ohne Programmierung. Das Customizing erfolgt über dialogorientierte Einstellungen in Tabellen. Das Ziel des Customizings ist ein SAP R/3-System, das auf das jeweilige Unternehmen abgestimmt ist. Das Customizing von SAP R/3 wird durch bestimmte Werkzeuge unterstützt. Hierzu gehören beispielsweise die Implementation-Guides (IMG). Die Implementation-Guides grenzen den Umfang an Funktionen ein, die direkt in R/3 eingestellt werden müssen. Dabei wird die zeitlich-logistische Reihenfolge des Verfahrensablaufs von diesen mitberücksichtigt. Jeder Implementations-Guide kann kundenspezifisch konfiguriert werden. Dadurch kann jeder Anwender nur die Teile des Implementation-Guides aktivieren, die für ihn relevant sind. So können beispielsweise im Rahmen der Projektsteuerung durch den Implementation-Guide die jeweiligen Ressourcen zugeordnet werden.

7.1 Allgemeines zum Customizing

Um in das Customizing zu gelangen, mussen Sie im SAP R/3 Einstiegsbild über die Menüfunktion ***Werkzeuge / Business Engineer / Customizing*** einsteigen und Doppelklicken.

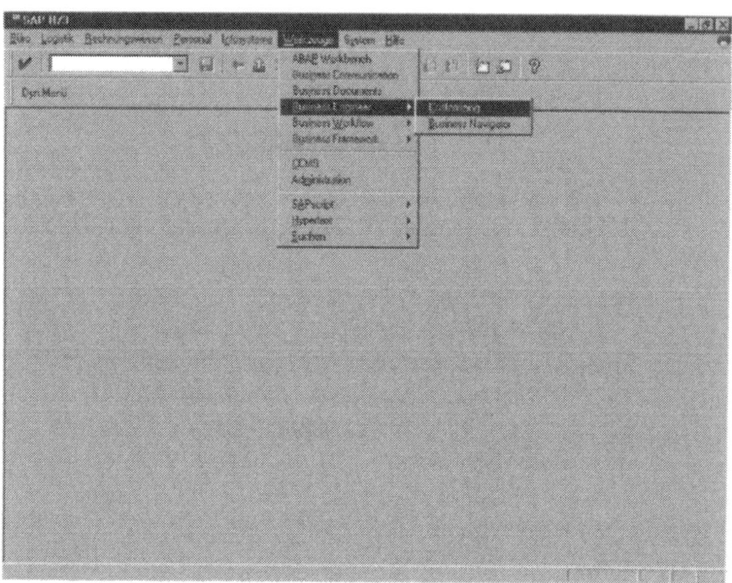

Abb. 7.1 Einstiegsfenster SAP R/3

Dadurch gelangen Sie in das Fenster ***Customizing*** mit der Bemerkung: ***Erste Schritte im Customizing***. Um vollständig in das Customizing zu gelangen, klicken Sie auf die Schaltfläche .

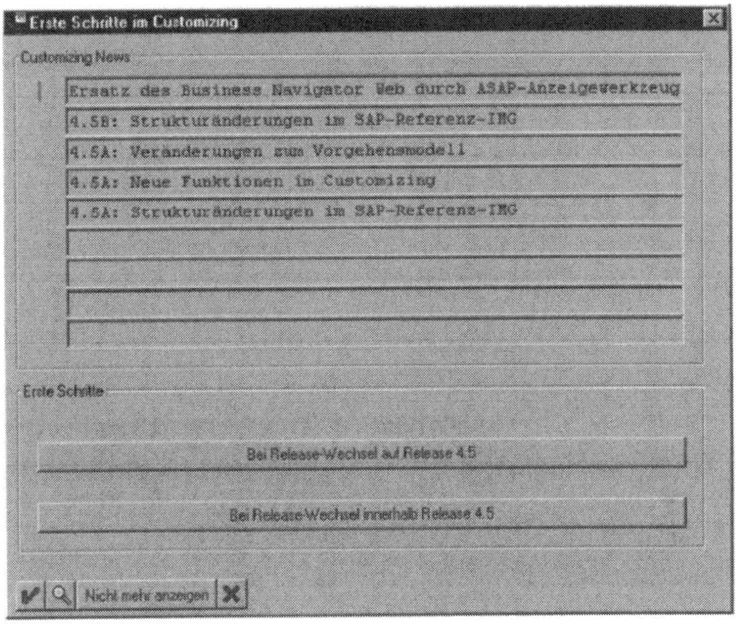

Abb. 7.2 Customizing News zum Release

Es erscheint nun das Fenster für das Customizing im R/3-System.

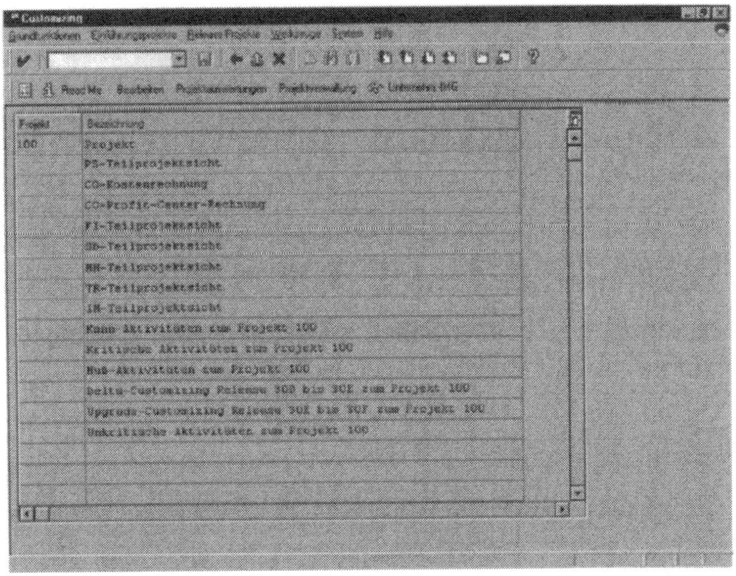

Abb. 7.3 Einstiegsfenster Customizing

Im Customizing können Sie nun die unternehmensspezifischen Anpassungen für das SAP R/3-System vornehmen. Sie haben auch die Möglichkeit, den Implementation-Guide aufzurufen, um diesen anwenderspezifisch zu konfigurieren. Sie haben außerdem die Möglichkeit, direkt in das betreffende Modul für die jeweiligen Customizingeinstellungen zu springen.
Um direkt in das Customizing des PS–Moduls von SAP R/3 zu gelangen, müssen Sie einen Doppelklick auf PS-Teilprojektsicht ausführen.
Es erscheint das Fenster ***Struktur anzeigen: Projekt: 100 Sicht: PS-Teilprojektsicht***

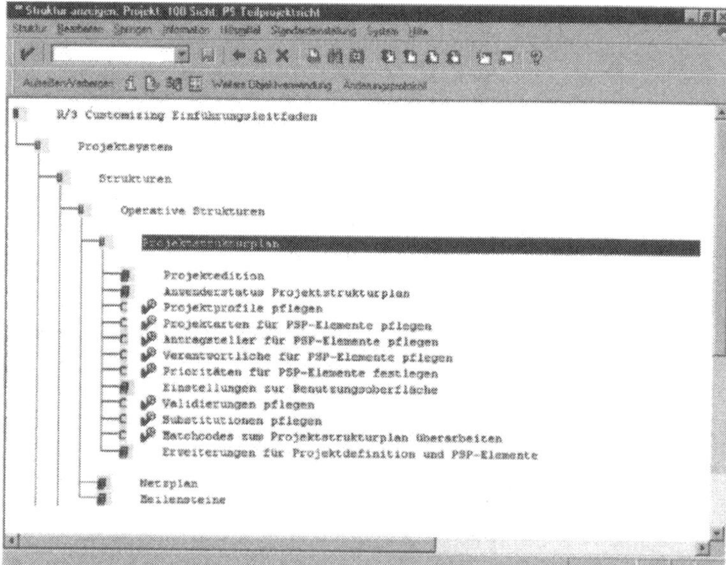

Abb. 7.4 Implementation-Guide

7.2 Übergreifende Customizingeinstellungen

7.2.1 Buchungskreis

Die oberste Organisationsebene eines Unternehmens stellt die Firma dar, die rechtlich eine selbständige Einheit gegenüber der Steuerbehörde ist. Im SAP R/3-System wird die Firma als Buchungskreis implementiert. Im R/3 Einführungsleitfaden gelangen Sie über die Verzweigung ***R/3 Customizing***

Einführungsleitfaden / Unternehmensstruktur / Buchungskreis pflegen zum Buchungskreis.
Um in den Buchungskreis zu gelangen führen Sie einen Doppelklick auf Buchungskreis pflegen aus. Es erscheint das Fenster, in dem Sie eine Übersicht der angelegten Werke sehen und neue Werke anlegen können.

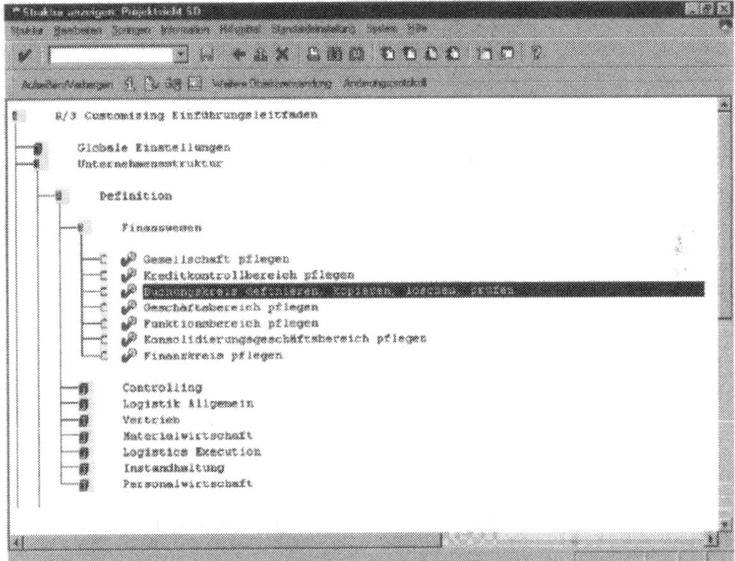

Abb. 7.5 Implementation-Guide

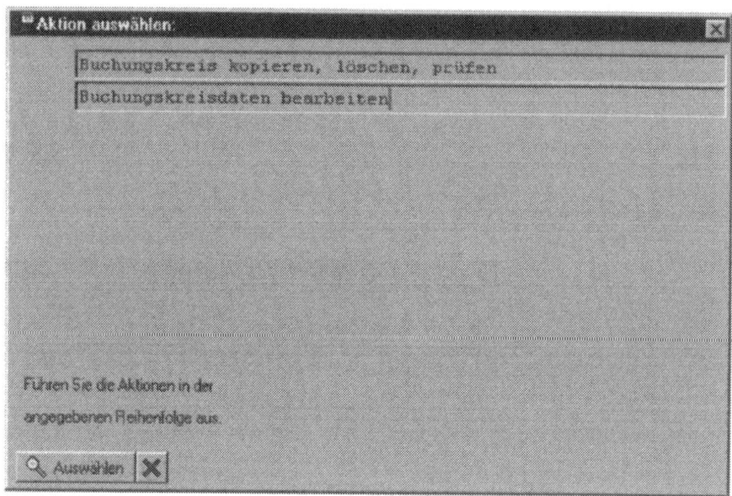

Abb. 7.6 Aktionen für die Pflege Buchungskreises

Sie haben nun die Möglichkeit, sich die bestehenden Buchungskreise anzeigen zu lassen oder aber diese zu ändern oder zu löschen. In diesem Beispiel wurde die Option Buchungskreis-Zuordnungen anzeigen ausgewählt. Es erscheint das Fenster ***Buchungskreis anzeigen: Zuordnung Gesellschaft***.

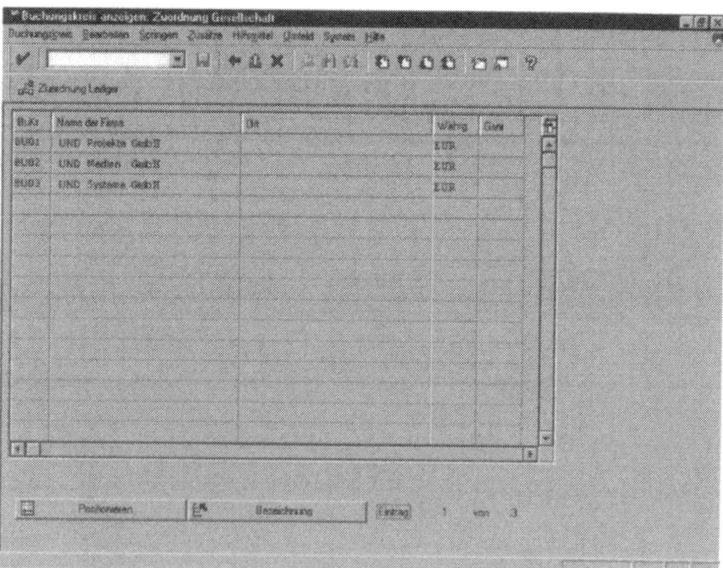

Abb. 7.7 Buchungskreis

Die Firma wird als Buchungskreis in das R/3-System implementiert. Hierzu müssen alle wesentlichen Daten der Finanzbuchhaltung eines Unternehmens einem bestimmten Buchungskreis eindeutig zugeordnet werden. Somit stellt der Buchungskreis einen Teil des externen Rechnungswesens dar, auf den eine vollständige und in sich abgeschlossene Buchhaltung abgebildet werden kann. Der Buchungskreis stellt somit das rechtlich selbständige Unternehmen einer Unternehmensgruppe bzw. eines Konzerns dar.

7.2.2 Kostenrechnungskreis

Im R/3 Einführungsleitfaden gelangen Sie über die Verzweigung ***R/3 Customizing Einführungsleitfaden / Controlling / Organisation / Kostenrechnungskreis pflegen*** zum Kostenrechnungskreis.

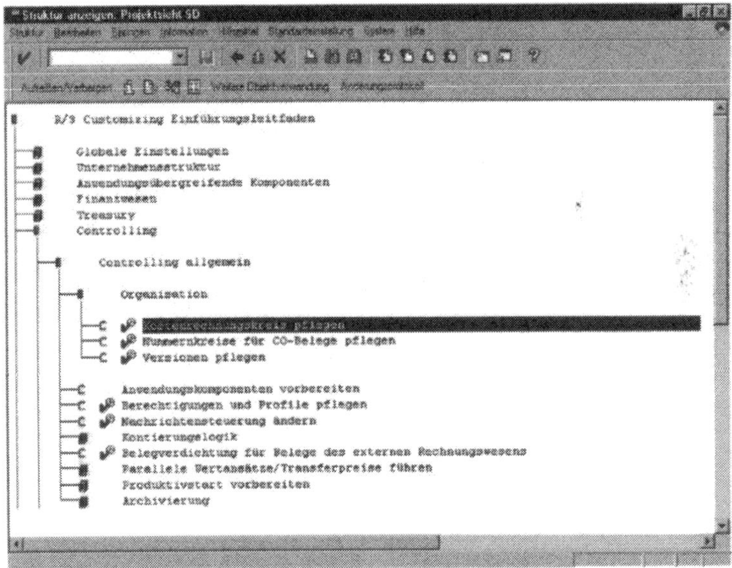

Abb. 7.8 Implementation-Guide

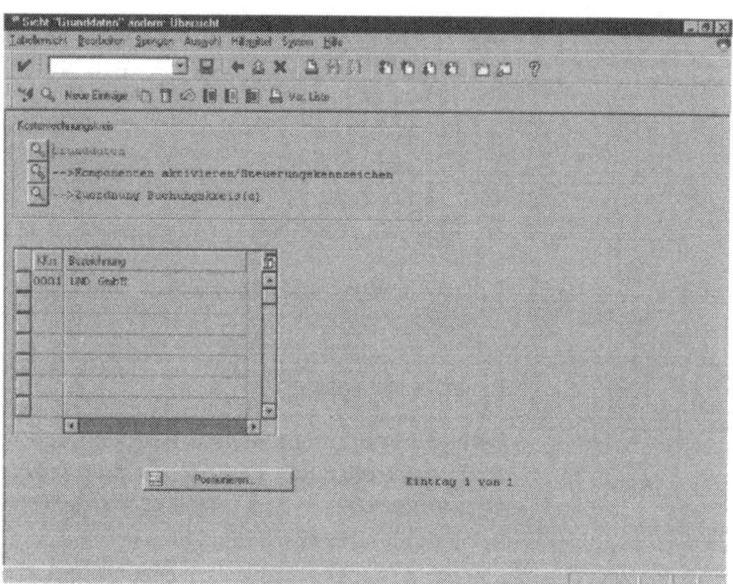

Abb. 7.9 Übersicht der Kostenrechnungskreise

Der Kostenrechnungskreis bietet für eine Unternehmensgruppe die Möglichkeit eines konzernweiten Kosten- und Erlös-Controllings. Dies setzt allerdings voraus, dass ein zentrales, konzernweites Controlling etabliert ist, denn nur dann wird ein Kostenrechnungskreis wiederum mehreren Buchungskreisen zugeordnet. Sie haben auch die Möglichkeit, neue Kostenrechnungskreise anzulegen. Hierzu klicken Sie auf die Schaltfläche Neue Einträge.

Es erscheint das Fenster: ***Sicht „Grunddaten ändern": Detail***.

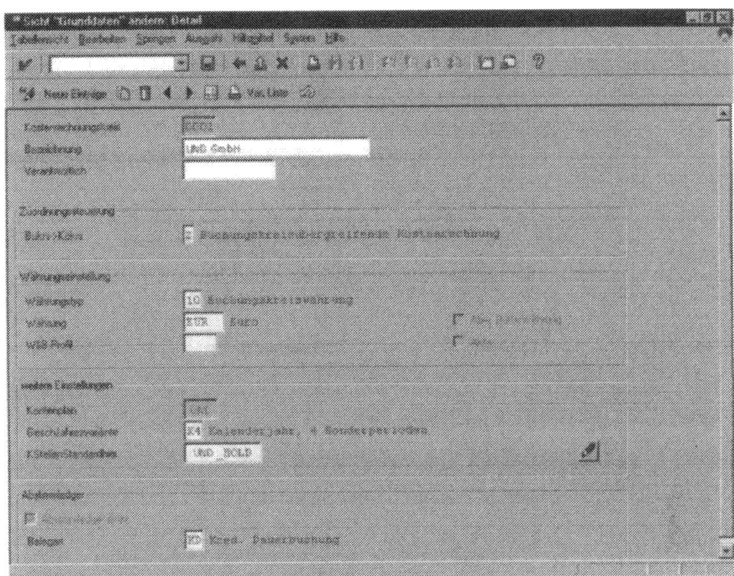

Abb. 7.10 Stammdaten zum Kostenrechnungskreis

In diesem Fenster haben Sie nun die Möglichkeit, einen neuen Kostenrechnungskreis anzulegen. Für das Anlegen eines neuen Kostenrechnungskreises muss eine eindeutige Bezeichnung angegeben werden. Anschließend müssen dem Kostenrechnungskreis ein oder mehrere Buchungskreise zugeordnet werden. Nach dieser Zuordnung muss der Kostenrechnungskreis um die Kostenrechnungsattribute (Währung, Kontenplan, Geschäftsjahresvariante, Kostenstellenstandardhierarchie) ergänzt werden. Es ist zwingend notwendig, dass der Kostenrechnungskreis sich auf den gleichen Buchungskreis wie der Kontenplan bezieht.

7.2.3 Werk

Im R/3 Einführungsleitfaden gelangen Sie über die Verzweigung ***R/3 Customizing Einführungsleitfaden / Unternehmensstruktur / Logistik / Grundeinstellungen / Werk pflegen*** in die Übersicht mit dem Werk.

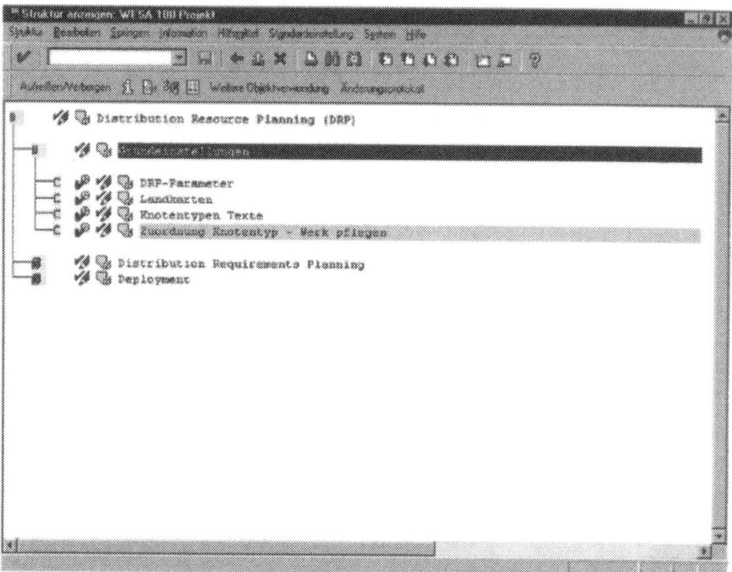

Abb. 7.11 Implementation-Guide

Um in die Werke zu gelangen, klicken Sie auf die Schaltfläche . Es erscheint das Fenster, in dem Sie eine Übersicht der angelegten Werke sehen und auch neue Werke anlegen können.

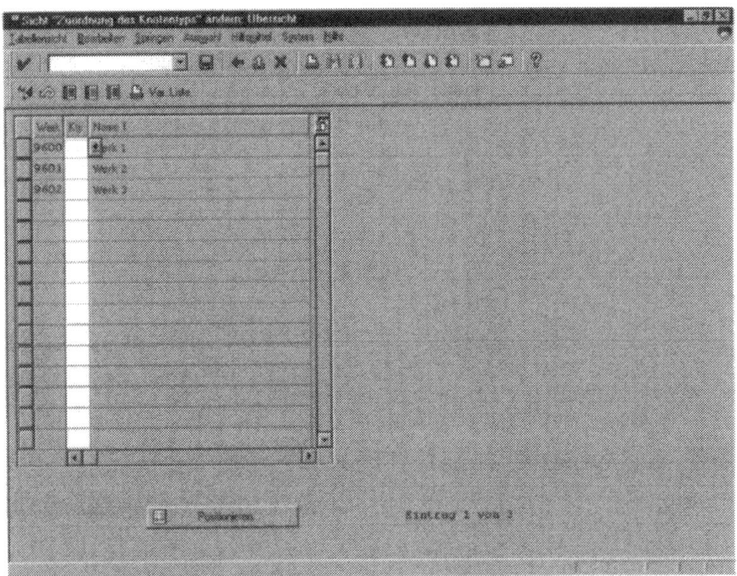

Abb. 7.12 Übersicht Werk

In dem Fenster ***Sicht „Zuordnung des Knotentyps"*** erhalten Sie eine Übersicht aller bereits angelegten Werke. Ein Werk stellt eine Betriebsstätte innerhalb eines Buchungskreises dar. Gleichzeitig ist das Werk auch eine dispositive Einheit der Logistik und kann daher auch später im Informationssystem bei Auswertungen verwendet werden. Um ein neues Werk anzulegen, klicken Sie auf die Schaltfläche .

7.2.4 Kostenstelle

Im R/3 Einführungsleitfaden gelangen Sie über die Verzweigung ***R/3 Customizing Einführungsleitfaden / Controlling / Gemeinkosten Controlling / Kostenstellenrechnung / Stammdaten / Kostenstellen / Kostenstellen anlegen*** in das Fenster mit der Kostenstelle.

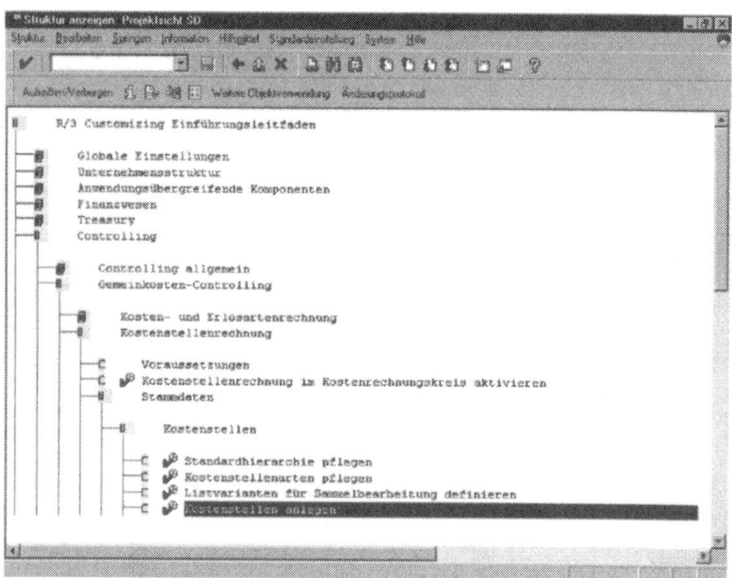

Abb. 7.13 Implementation-Guide

Um in die Kostenstellen zu gelangen, klicken Sie auf die Schaltfläche . Es erscheint ein Fenster, in dem Sie eine neue Kostenstelle anlegen können.

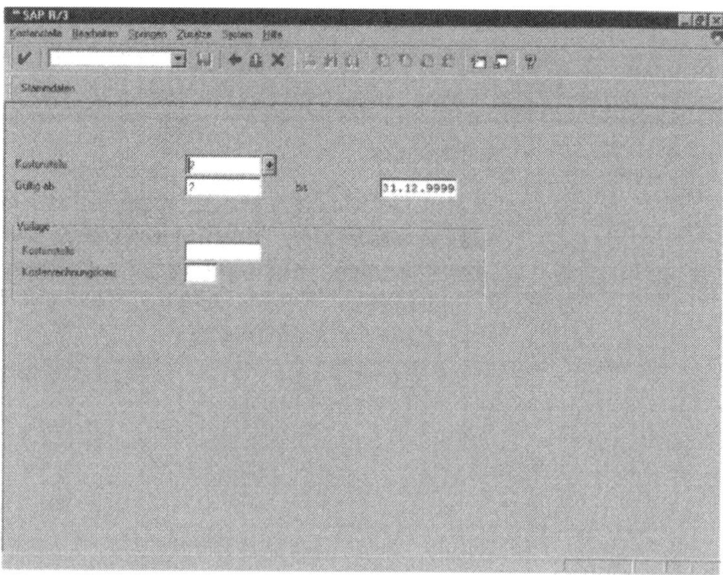

Abb. 7.14 Anlegen einer Kostenstelle

Sie müssen den Schlüssel der neu anzulegenden Kostenstelle eingeben und den Gültigkeitszeitraum festlegen. Um die jeweiligen Stammdaten zur Kostenstelle zu pflegen, klicken Sie auf die Schaltfläche Stammdaten damit Sie die Stammdaten der jeweiligen Kostenstelle eingeben können.

7.2.5 Kostenarten

Im R/3 Einführungsleitfaden gelangen Sie über die Verzweigung ***R/3 Customizing Einführungsleitfaden / Controlling / Gemeinkosten-Controlling / Kosten- und Erlösartenrechnung / Stammdaten / Kostenarten / Kostenarten anlegen*** in das Fenster mit den Kostenarten.

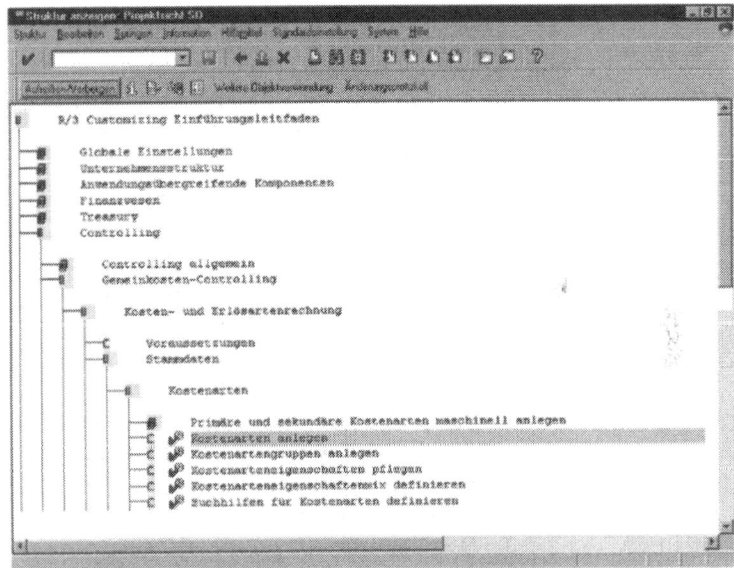

Abb. 7.15 Implementation-Guide

Um in die Kostenarten zu gelangen, klicken Sie auf die Schaltfläche . Es erscheint das Fenster, in dem Sie eine neue Kostenart anlegen können.

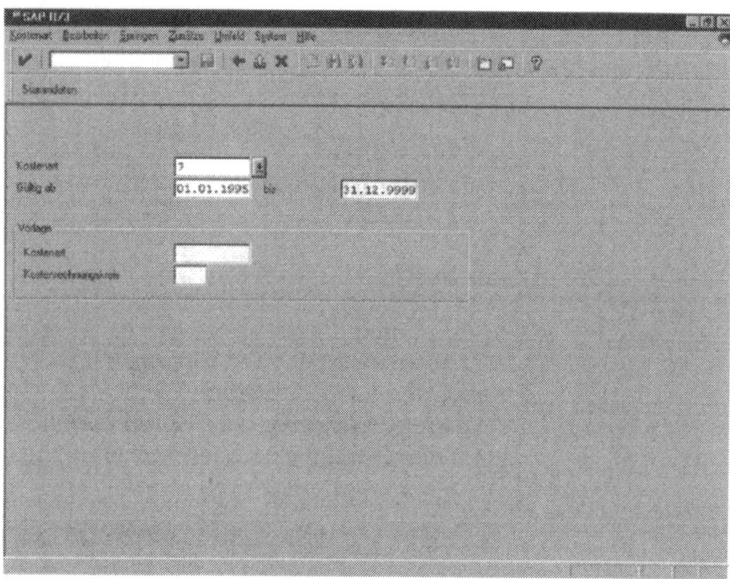

Abb. 7.16 Anlegen einer Kostenart

In diesem Fenster können nun die wesentlichen Angaben über die Bezeichnung und die Grunddaten zur Kostenart gemacht werden. Die Kostenarten sind eine Grundvoraussetzung für die Kostenstellenrechnung. Das Anlegen von Kostenarten ist notwendig, damit überhaupt festgestellt werden kann, was für Kosten angefallen sind und um Verrechnungen durchführen zu können. Bei den Kostenarten unterscheidet man zwischen primären und sekundären Kostenarten. Eine primäre Kostenart kann nur angelegt werden, wenn sie zuvor im Kontenplan als Sachkonto verzeichnet und in der Finanzbuchhaltung als Konto angelegt wurde. Primäre Kostenarten müssen also in der Finanzbuchhaltung eine Entsprechung haben. Das SAP R/3-System

überprüft beim Anlegen der primären Kostenarten, ob ein entsprechendes Konto in der Finanzbuchhaltung existiert. Die sekundären Kostenarten werden dagegen ausschließlich in der Kostenrechnung angelegt und verwaltet. Die sekundären Kostenarten dienen lediglich dazu, den innerbetrieblichen Wertefluss abzubilden.

7.2.6 Kontenplan

Im R/3 Einführungsleitfaden gelangen Sie über die Verzweigung ***R/3 Customizing Einführungsleitfaden / Finanzwesen / Hauptbuchhaltung / Sachkonten / Stammdaten / Anlegen der Sachkonten / Manuell/Maschinell einstufig / Kontenplanverzeichnis pflegen*** in das Fenster mit dem Kontenplan.

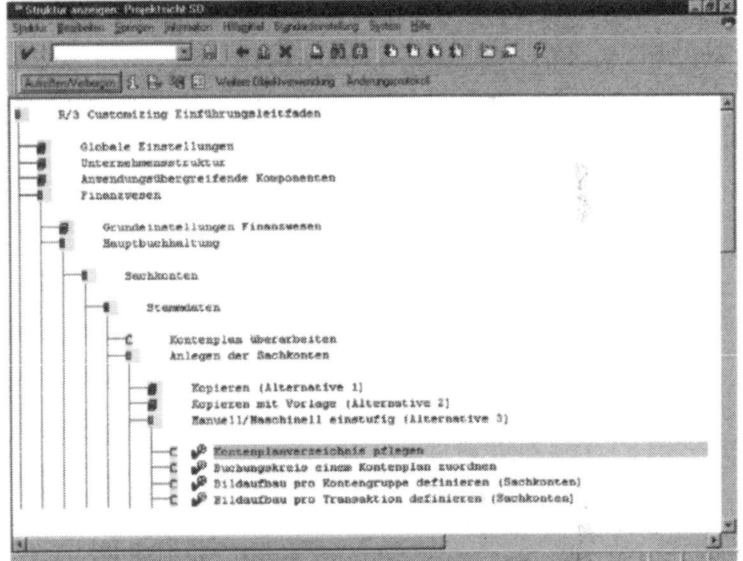

Abb. 7.17 Implementation-Guide

Um in das Kontenplanverzeichnis zu gelangen, klicken Sie auf die Schaltfläche . Es erscheint das Fenster: ***Verzeichnis aller Kontenpläne***.

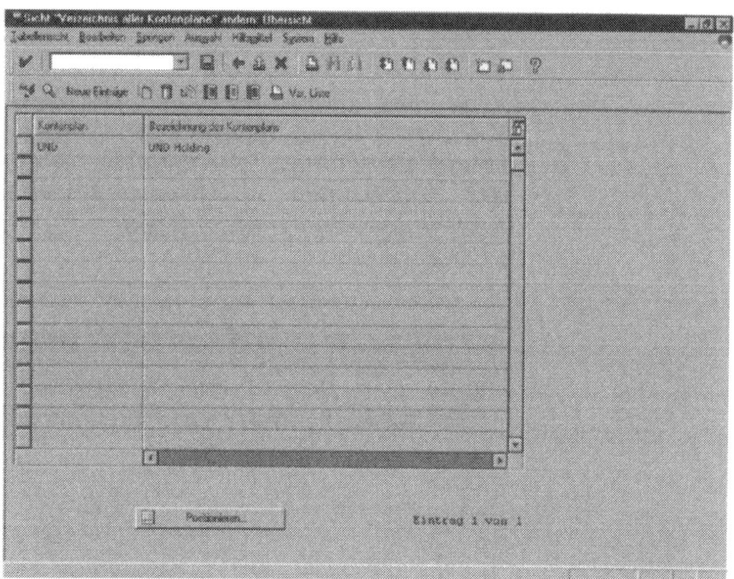

Abb. 7.18 Übersicht Kontenpläne

Sie erhalten eine Liste aller bereits angelegten Kontenpläne. Der Kontenplan ist ein vom Rechnungswesen definiertes Gliederungsschema für die genaue Erfassung von Werten bzw. Wertströmen. Der Kontenplan ist somit eine Aufstellung aller Konten, die im Buchhaltungssystem eines Unternehmens geführt werden. Ein Kontenplan stellt also das Verzeichnis aller Konten dar, die innerhalb eines Buchungskreises verfügbar sind. Jeder Buchungskreis und jeder Kostenrechnungskreis muss daher genau einem Kontenplan zugeordnet werden. Dieser Kontenplan muss in den jeweils zusammengehörenden Buchungs- und Kostenrechnungskreisen identisch sein. Um einen neuen Kontenplan anzulegen, klicken Sie auf die Schaltfläche Neue Einträge.

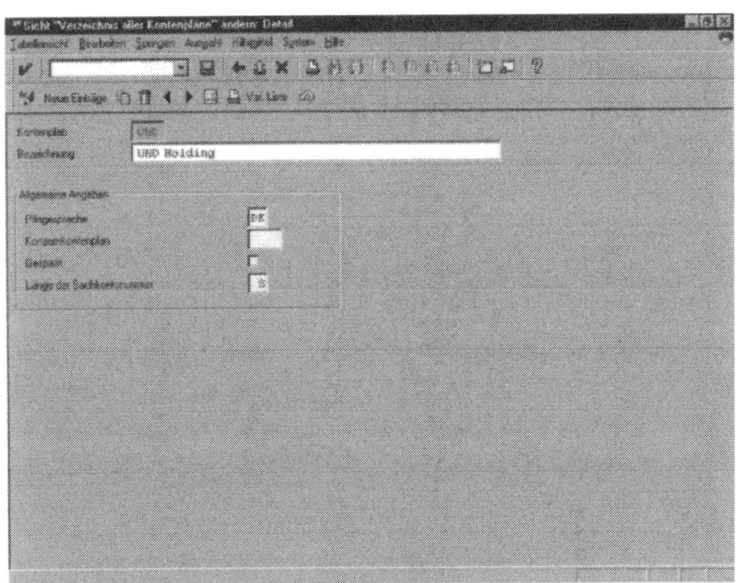

Abb. 7.19 Anlegen eines Kontenplans

In dem Fenster ***Sicht „Verzeichnis aller Kontenpläne" ändern*** haben Sie nun die Möglichkeit, neue Kontenpläne anzulegen.

7.2.7 Leistungsart

Im R/3 Einführungsleitfaden gelangen Sie über die Verzweigung ***R/3 Customizing Einführungsleitfaden / Controlling / Gemeinkosten Controlling / Kostenstellenrechnung / Stammdaten / Leistungsarten / Leistungsarten anlegen*** in das Fenster mit den Leistungsarten.

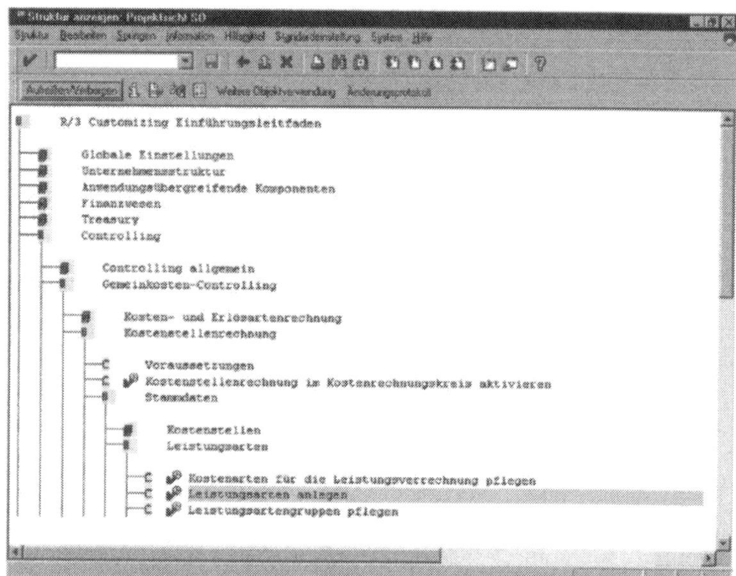

Abb. 7.20 Implementation-Guide

Um in die Leistungsarten zu gelangen, klicken Sie auf die Schaltfläche . Es erscheint das Fenster, in dem sie eine neue Leistungsart anlegen können.

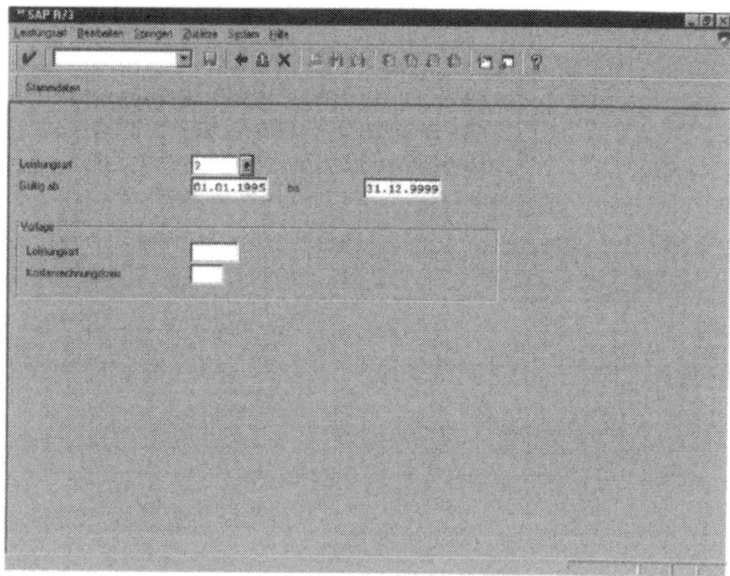

Abb. 7.21 Anlegen einer Leistungsart

Tragen Sie hierzu die entsprechende neu anzulegende Leistungsart und deren Gültigkeitszeitraum ein. Anschließend sollten die Stammdaten, wie Leistungseinheit, Kostenstellenart etc. eingetragen werden. Klicken Sie hierzu auf die Schaltfläche Stammdaten.

Die Leistungsart stellt die Kapazität dar, die von einer Kostenstelle erbracht wird. Die Kapazität kann hierbei in verschiedenen Einheiten (Stunden, Stück, Meter etc.) erbracht werden. Die Leistungsart stellt somit eine Messgröße für die Kostenverursachung dar, mit deren Hilfe sich der Output einer Kostenstelle beschreiben lässt. In der Kostenstellenrechnung werden Leistungsarten zur Soll-Kostenermittlung und zur innerbetrieblichen Leistungsverrechnung benötigt.

7.3 Customizingeinstellungen im Modul PS/IM

7.3.1 Projektprofil

Das Projektprofil enthält die jeweiligen Vorschlagswerte und die Steuerungsparameter, die bei der späteren Bearbeitung des Projekts zugrunde gelegt werden. Im R/3 Einführungsleitfaden gelangen Sie über die Verzweigung ***R/3 Customizing Einführungsleitfaden / Projektsystem / Strukturen / Operative Strukturen / Projektstrukturplan / Projektprofil pflegen*** zum Projektprofil.

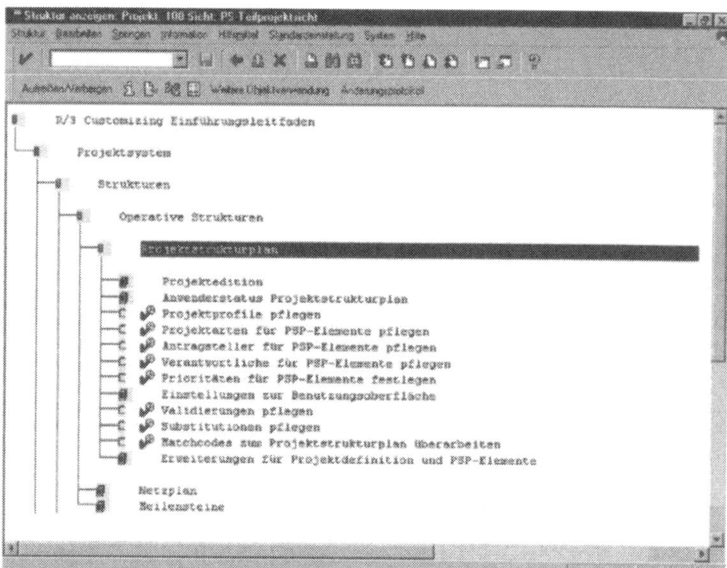

Abb. 7.22 Implementation-Guide

Um in das Projektprofil zu gelangen, klicken Sie auf die Schaltfläche [Symbol]. Es erscheint das Fenster ***Profil Projekt ändern***.

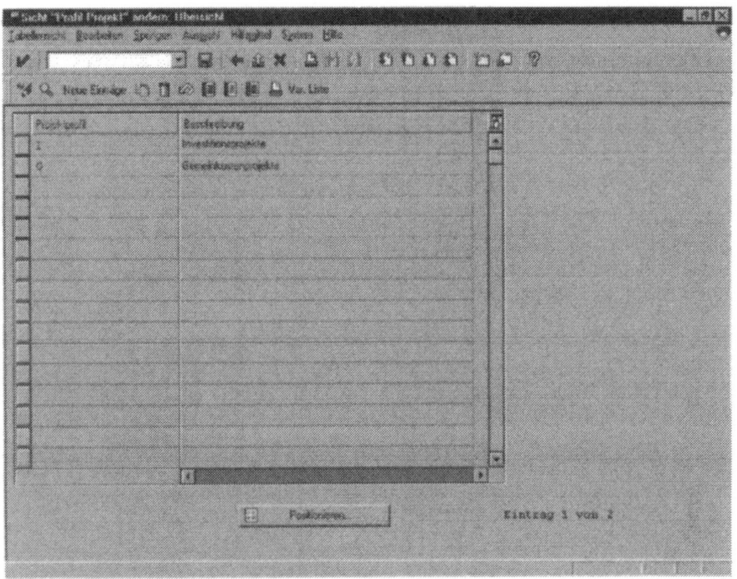

Abb. 7.23 Übersicht Projektprofil

Das Projektprofil wird beim Anlegen eines neuen Fensters gemeinsam mit der Projektdefinition hinterlegt. Durch das Projektprofil wird ein verbindlicher Rahmen für alle Elemente des angelegten Projekts festgelegt. Wird im Rahmen der Projektdefinition das Projektprofil einmal festgelegt, so ist dieses Projektprofil verbindlich und kann nicht mehr durch ein anderes Projektprofil ersetzt werden. Die einzige Möglichkeit einer nachträglichen Änderung ist über das Customizing möglich. Allerdings kann auch im Customizing lediglich eine inhaltliche Änderung des Projektprofils, d. h. der Parameter des Projektprofils, vorgenommen werden. Im Fenster ***Sicht „Profil Projekt" ändern: Übersicht*** werden alle bisherigen Projektprofile in Listenform dargestellt. Die linke Spalte enthält die Kennung, die rechte Spalte eine Beschreibung des Projektprofils. Um sich die Parameter eines bestimmten Projektprofils genauer anzusehen markieren Sie zuerst das jeweilige Projektprofil und klicken auf die Schaltfläche .

Es erscheint das Fenster ***Sicht „Profil Projekt" ändern: Detail***. Hier können Sie nun die Parameter des jeweiligen Projektprofils sehen.

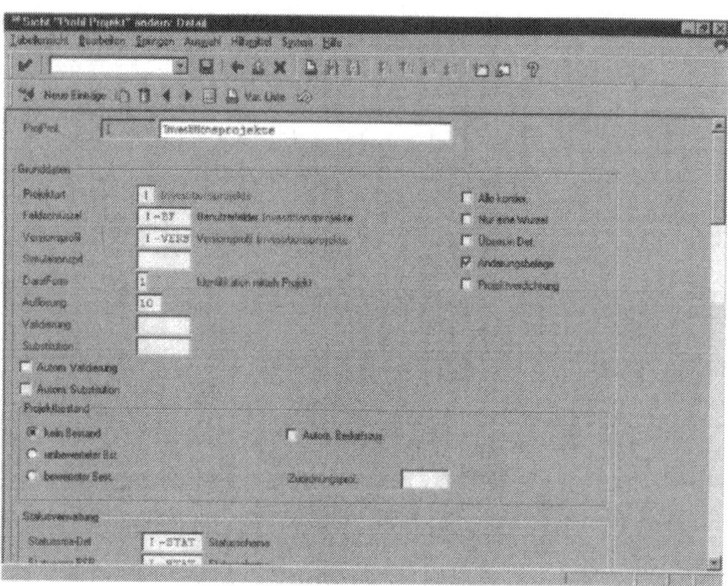

Abb. 7.24 Stammdaten Projektprofil

Sie haben auch die Möglichkeit, ein völlig neues Projektprofil anzulegen. Um ein neues Projektprofil anzulegen, klicken Sie auf die Schaltfläche Neue Einträge.

Sie müssen nun die wesentlichen Parameter und eine eindeutige Kennung für das neue Projektprofil eingeben.

7.3.2 Projektart

Im R/3 Einführungsleitfaden gelangen Sie über die Verzweigung ***R/3 Customizing Einführungsleitfaden / Projektsystem / Operative Strukturen / Projektstrukturplan / Projektarten für PSP-Elemente pflegen*** in das Fenster mit den Projektarten.

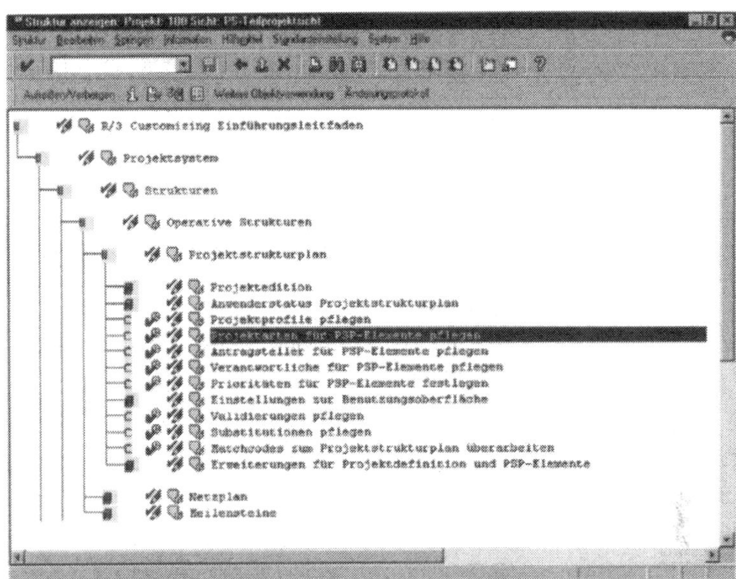

Abb. 7.25 Implementation-Guide

Um in die Projektarten zu gelangen, klicken Sie auf die Schaltfläche . Es erscheint das Fenster ***Sicht „Projektarten" ändern: Übersicht***.

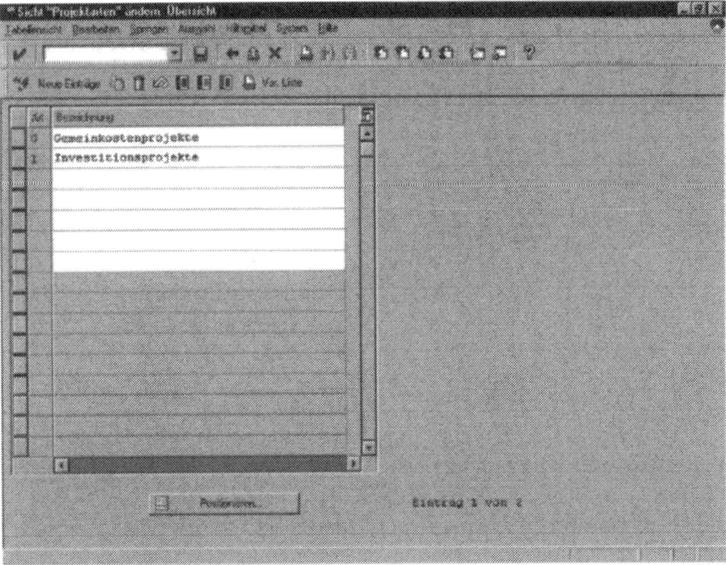

Abb. 7.26 Übersicht Projektart

Die bisher angelegten Projektarten werden in Listenform dargestellt. Um ein neues Projekt anzulegen, klicken Sie auf die Schaltfläche Neue Einträge. Anschließend haben Sie die Möglichkeit, eine neue Projektart anzulegen. Durch die Projektart können Sie die einzelnen PSP-Elemente in bestimmte Kategorien einordnen, wie beispielsweise Forschungs- oder Entwicklungsprojekte. Durch diese Einteilung haben Sie später die Möglichkeit, über das Informationssystem eine Auswertung bezüglich der Projektverdichtung vorzunehmen. Über die Projektart lassen sich außerdem Einschränkungen bezüglich der Berechtigung vornehmen.

7.3.3 Projektverdichtung

Im R/3 Einführungsleitfaden gelangen Sie über die Verzweigung ***R/3 Customizing Einführungsleitfaden / Projektsystem / Informationssystem / Bereichscontrolling / Projektverdichtung / Verdichtungshierarchie definieren*** in die Projektverdichtung.

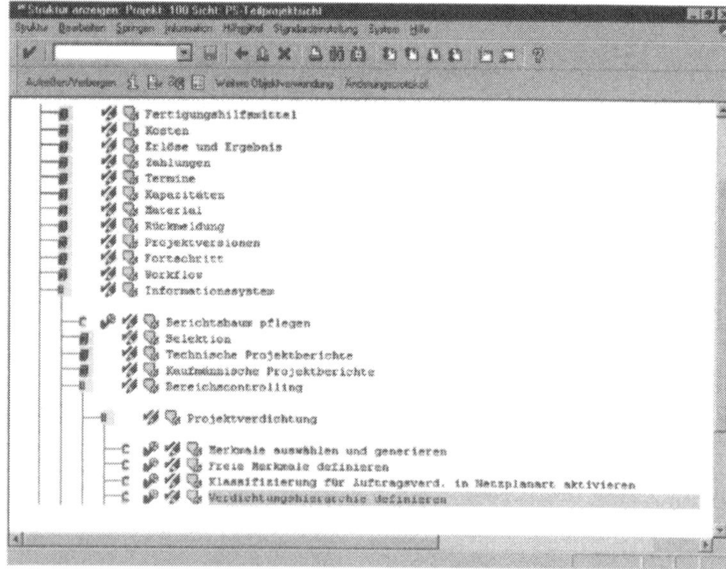

Abb. 7.27 Implementation-Guide

Mit Hilfe der Projektverdichtung können Sie im Informationssystem Auswertungen projektübergreifend durchführen. Hierbei werden strukturorientierte und kostenartenorientierte Projektwerte anhand gleichwertiger Merkmale zu einem Oberbegriff summiert und können dann ausgewertet werden. Über die Projektverdichtung haben Sie unter anderem die Möglichkeit, Referenzmerkmale auszuwählen, freie Merkmale zu definieren oder Verdichtungshierarchien aufzubauen. Im Folgenden wird die Projektverdichtung anhand einer Verdichtungshierarchie erläutert. Um in die Verdichtungshierarchie zu gelangen, klicken Sie auf die Schaltfläche . Es erscheint das Fenster ***Verdichtungshierarchien ändern***.

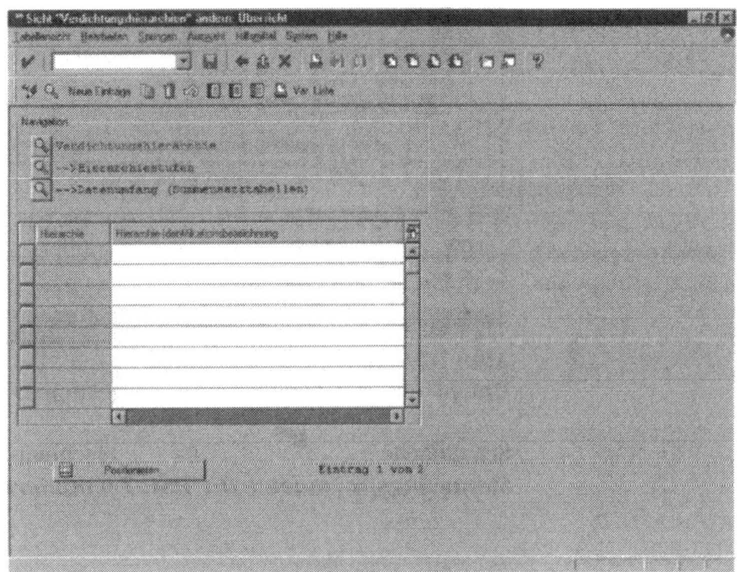

Abb. 7.28 Übersicht der Verdichtungshierarchie

Über die Schaltfläche Neue Einträge haben Sie nun die Möglichkeit, eine neue Hierarchie anzulegen. Sie können dann die Hierarchiestufen ändern. Nach der Sicherung der neuen Hierarchie kann eine Projektverdichtung durchgeführt werden. Beim Verdichtungslauf werden die Projekte bezüglich der in der Hierarchie definierten Merkmale selektiert und die Werte kumuliert. Bei mehreren Verdichtungshierarchien kann ein Projekt auch in mehreren Auswertungen vorkommen.

7.3.4 PSP-Terminierung

Im R/3 Einführungsleitfaden gelangen Sie über die Verzweigung ***R/3 Customizing Einführungsleitfaden / Projektsystem / Termine / Terminplanung im Projektstrukturplan / Parameter für PSP-Terminierung festlegen*** in die PSP-Terminierung.

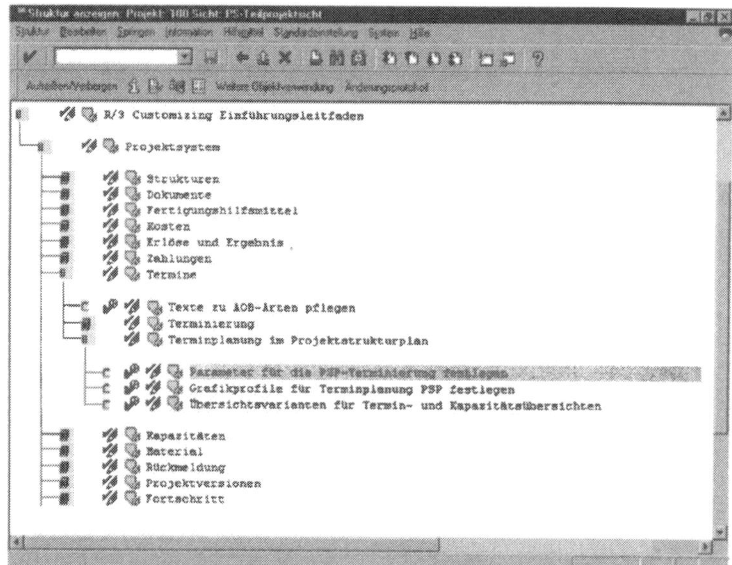

Abb. 7.29 Implementation-Guide

Um in die PSP-Terminierung zu gelangen, klicken Sie auf die Schaltfläche . Es erscheint das Fenster ***Steuerungsparameter für PSP-Terminierung ändern***.

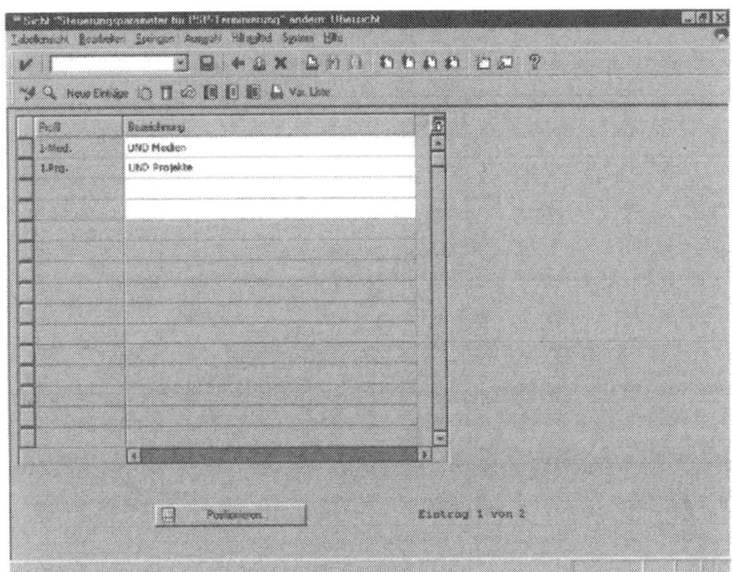

Abb. 7.30 PSP-Terminierungsprorfile

In diesem Fenster sehen Sie eine Liste der bereits angelegten PSP-Terminierungsprofile. Um ein neues Profil anzulegen, klicken Sie auf die Schaltfläche Neue Einträge. In dem anschließend erscheinenden Fenster: ***Neue Einträge: Detail Hinzugefügte*** haben Sie die Möglichkeit, ein neues Profil anzulegen.

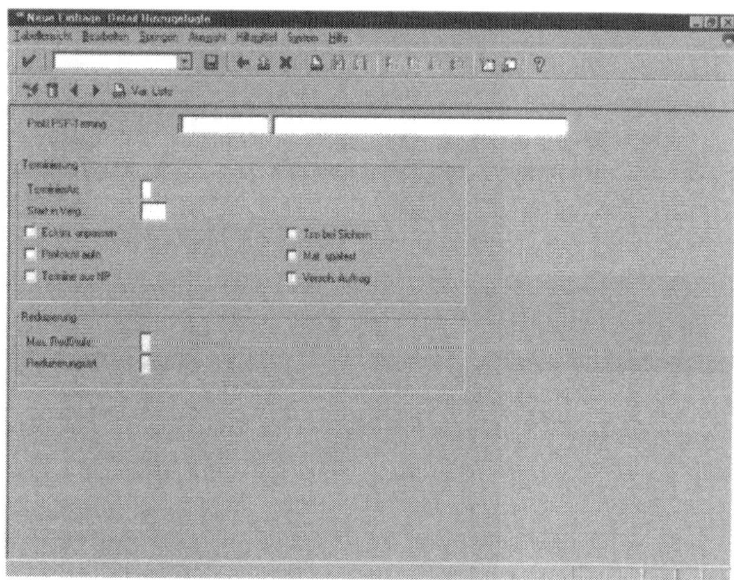

Abb. 7.31 Anlegen eines Terminierungsprofils

Sichern Sie die Eingabe zum Schluss mit der Schaltfläche .

7.3.5 Anwenderstatusschema

Im R/3 Einführungsleitfaden gelangen Sie über die Verzweigung ***R/3 Customizing Einführungsleitfaden / Projektsystem / Strukturen / Operative Strukturen / Projektstrukturplan / Anwenderstatus Projektstrukturplan / Statusschema anlegen*** in das Anwenderstatusschema.

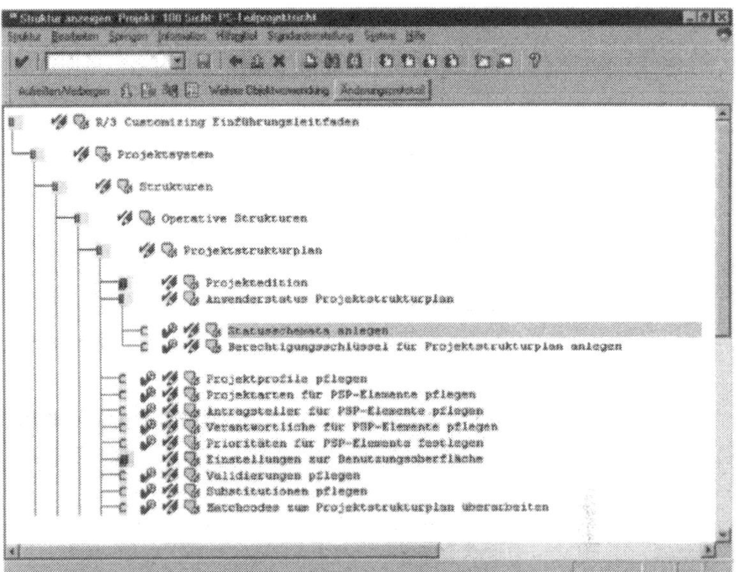

Abb. 7.32 Implementation-Guide

Um in das Statusschema zu gelangen, führen Sie einen Doppelklick auf Statusschema anlegen aus. Es erscheint das Fenster mit den Anwenderstatusschemata.

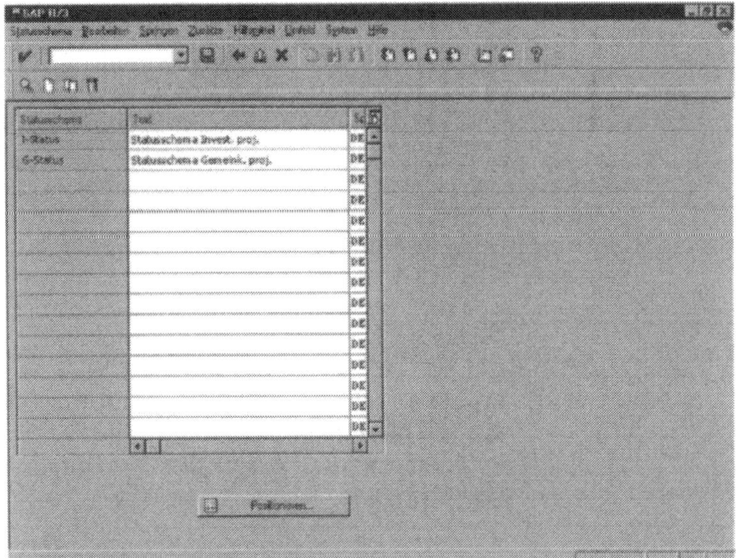

Abb. 7.33 Übersicht Statusschema

Sie sehen eine Liste der Statusschemata. Jedem Statusschema können ein oder auch mehrere Anwenderstatus zugewiesen werden. Einem Anwenderstatus sind wiederum betriebswirtschaftliche Vorgänge zugeordnet. Wollen Sie einen neuen betriebswirtschaftlichen Vorgang zuordnen, so markieren Sie das jeweilige Statusschema und drücken die Schaltfläche

Sie gelangen dann in das Fenster ***Statusschema ändern: Anwenderstatus***. Hier haben Sie die Möglichkeit, betriebswirtschaftliche Vorgänge zuzuordnen.

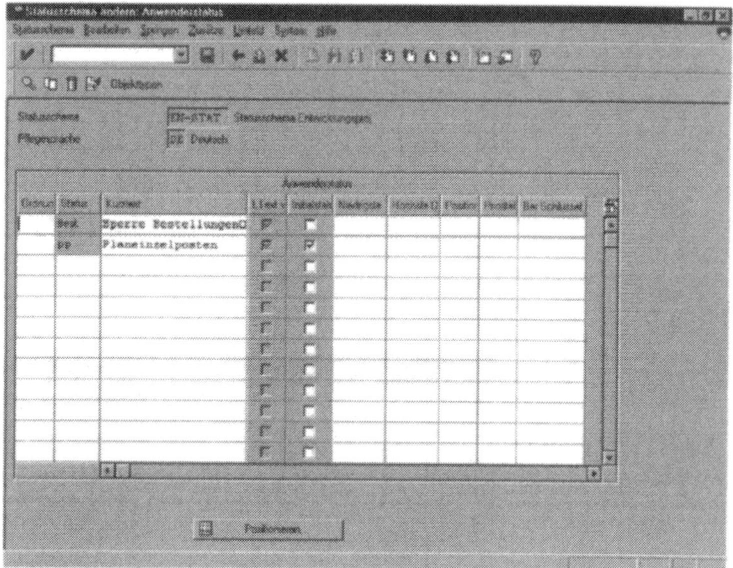

Abb. 7.34 Anlegen eines Statusschemas

7.3.6 Versionsprofil

Im R/3 Einführungsleitfaden gelangen Sie über die Verzweigung ***R/3 Customizing Einführungsleitfaden / Projektsystem / Projektversion / Profil für Projektversion pflegen*** in das Versionsprofil.

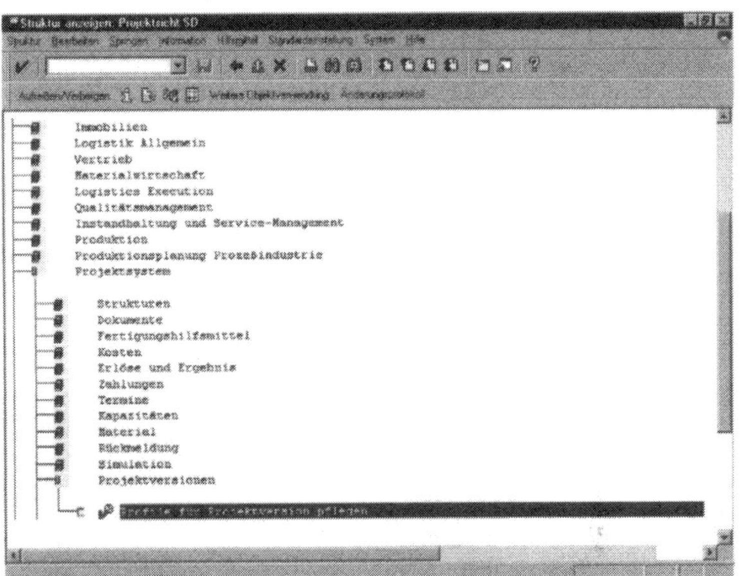

Abb. 7.35 Implementation-Guide

Um in das Versionsprofil zu gelangen, klicken Sie auf die Schaltfläche [icon]. Es erscheint das Fenster mit der Sicht ***"Versionsprofil" ändern: Übersicht***.

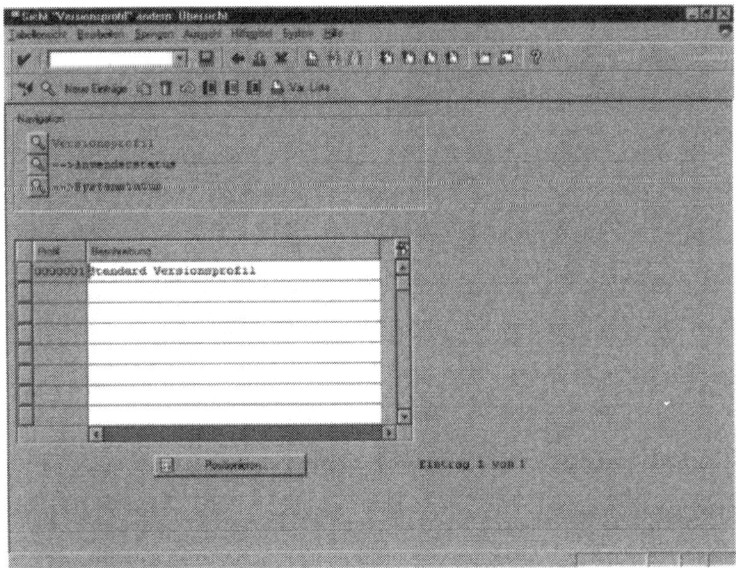

Abb. 7.36 Übersicht Versionsprofil

Sie erhalten eine Übersicht der bereits angelegten Versionsprofile, die in Listenform dargestellt werden. Mit Hilfe der Versionsprofile bestimmen Sie, welche Daten bei der Erstellung eines Projekts abgespeichert werden. Die Projektversion ist die Ausgangsbasis für statistische Auswertungen und ermöglicht den Vergleich unterschiedlicher Planstände. Der Projektverlauf kann dadurch vollständig und lückenlos dokumentiert werden. Sie haben die Möglichkeit, über den Navigationsbereich das betreffende Versionsprofil einem Anwenderstatus oder Systemstatus zuzuordnen.

Abb. 7.37 Navigation Versionsprofil

7.3.7 Plantafelprofil

Im R/3 Einführungsleitfaden gelangen Sie über die Verzweigung ***R/3 Customizing Einführungsleitfaden / Projektsystem / Strukturen / Projektplantafel / Profil für die Projektplantafel anlegen*** in das Plantafelprofil.

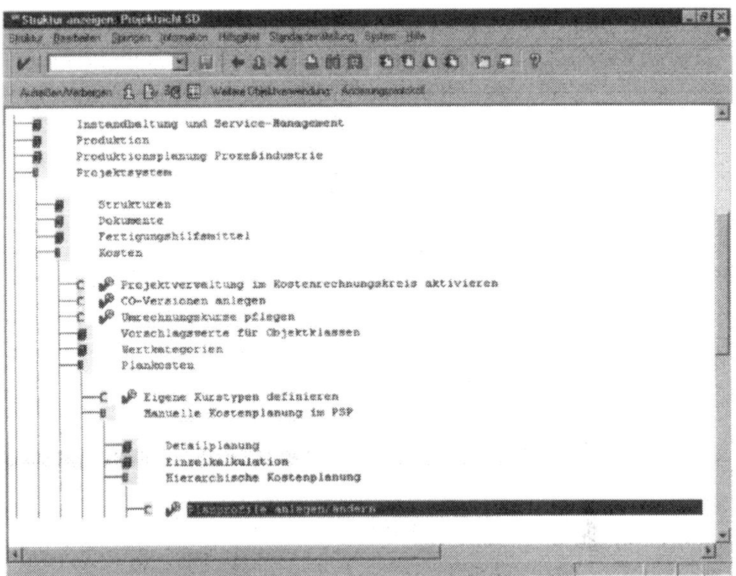

Abb. 7.38 Implementation-Guide

Um in das Plantafelprofil zu gelangen, klicken Sie auf die Schaltfläche . Es erscheint das Fenster ***Sicht „Projektplantafel: Einstellungen" ändern: Übersicht.***

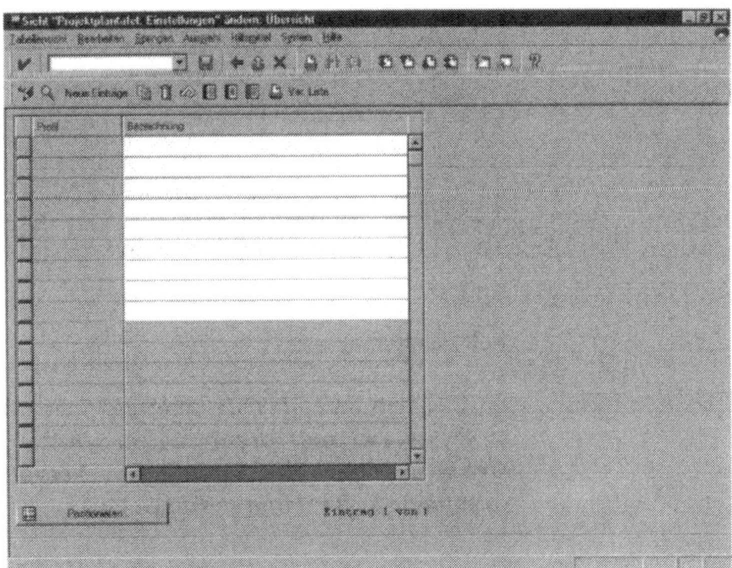

Abb. 7.39 Übersicht Plantafelprofil

Alle bisher angelegten Plantafelprofile werden in Listenform dargestellt. Mit Hilfe des Plantafelprofils legen Sie das Erscheinungsbild bzw. die Oberfläche der Projektplantafel fest. Über das Plantafelprofil haben Sie z. B. die Möglichkeit, die Zeitskala oder die Feldauswahl festzulegen. Sie haben auch die Möglichkeit, ein neues Plantafelprofil anzulegen. Klicken Sie hierzu auf die Schaltfläche Neue Einträge.
Es erscheint das Fenster ***Neue Einträge: Detail Hinzugefügte***. In diesem Fenster können Sie ein neues Plantafelprofil anlegen. Mit Hilfe des Plantafelprofils bestimmen Sie dann das spätere Erscheinungsbild der Projektplantafel.

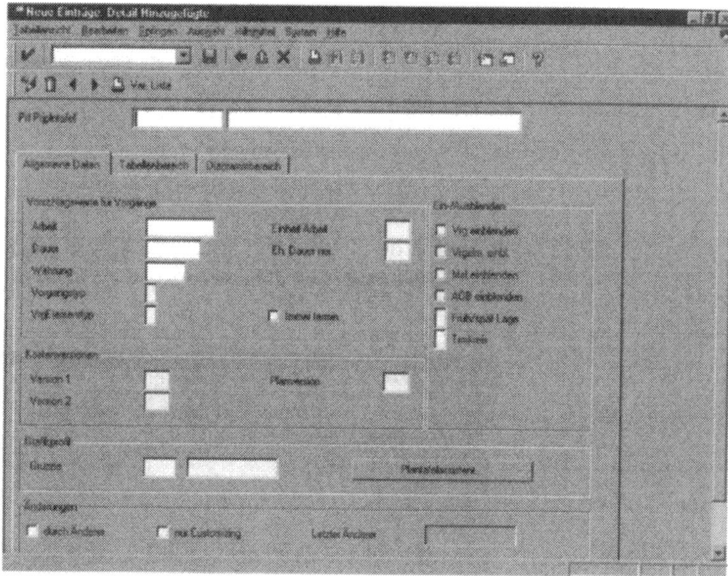

Abb. 7.40 Anlegen eines Plantafelprofils

7.3.8 Netzplanprofil

Im R/3 Einführungsleitfaden gelangen Sie über die Verzweigung ***R/3 Customizing Einführungsleitfaden / Projektsystem / Struktur / Operative Strukturen / Netzplan / Steuerung für Netzpläne / Netzplanprofil pflegen*** in das Netzplanprofil.

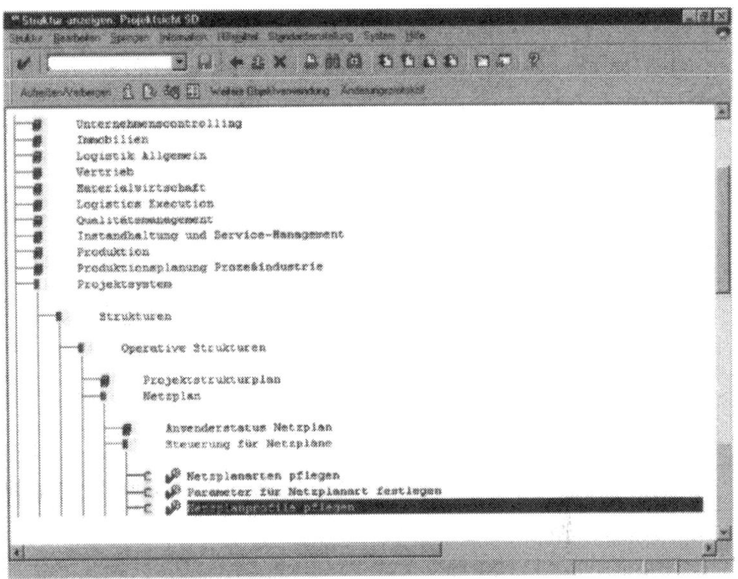

Abb. 7.41 Implementation-Guide

Um in das Netzplanprofil zu gelangen, klicken Sie auf die Schaltfläche . Es erscheint das Fenster ***Sicht „Vorschlagswerte für Netzpläne" ändern: Übersicht.***

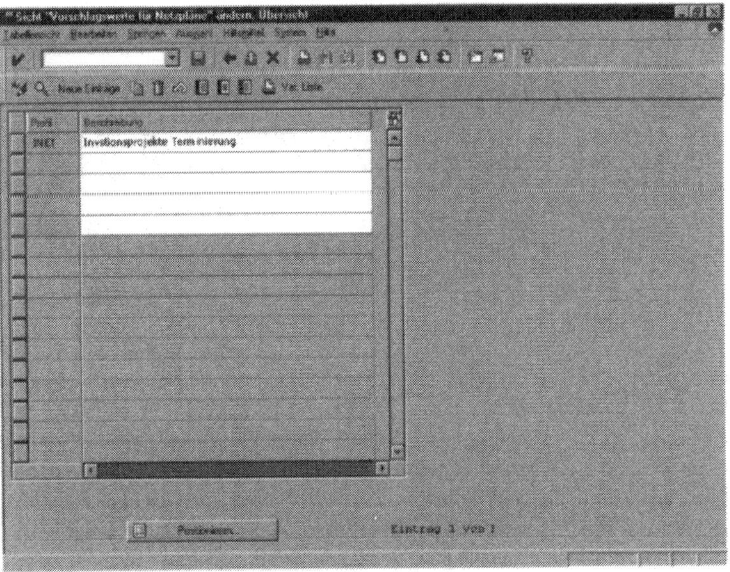

Abb. 7.42 Übersicht Netzplanprofil

Sie erhalten eine Übersicht der bisher angelegten Netzplanprofile in Listenform. Das Netzplanprofil enthält die Parameter und die Vorschlagswerte für die Bearbeitung und den Aufbau eines Netzplans. Sobald im Projektprofil einmal ein Netzplan gesetzt wurde, kann dieser später nicht mehr durch ein anderes Netzplanprofil ersetzt werden. Sie haben auch die Möglichkeit, ein neues Netzplanprofil anzulegen. Klicken Sie hierzu auf die Schaltfläche Neue Einträge.

Es erscheint das Fenster mit der Sicht ***Neue Einträge: Detail Hinzugefügte***. Hier haben Sie nun die Möglichkeit, ein neues Netzplanprofil anzulegen.

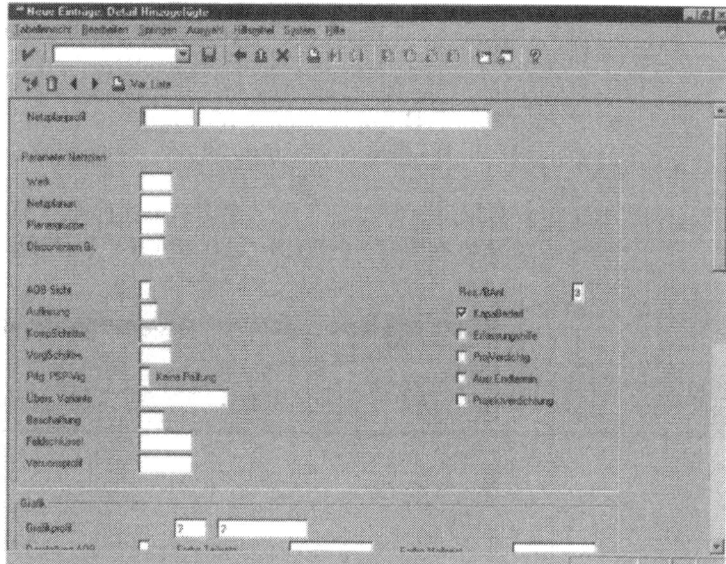

Abb. 7.43 Anlegen eines Netzplanprofils

7.3.9 Planprofil PS

Im R/3 Einführungsleitfaden gelangen Sie über die Verzweigung ***R/3 Customizing Einführungsleitfaden / Projektsystem / Kosten / Plankosten / Manuelle Kostenplanung im PSP / Hierarchische Kostenplanung / Planprofile anlegen/ändern*** in das Planprofil.

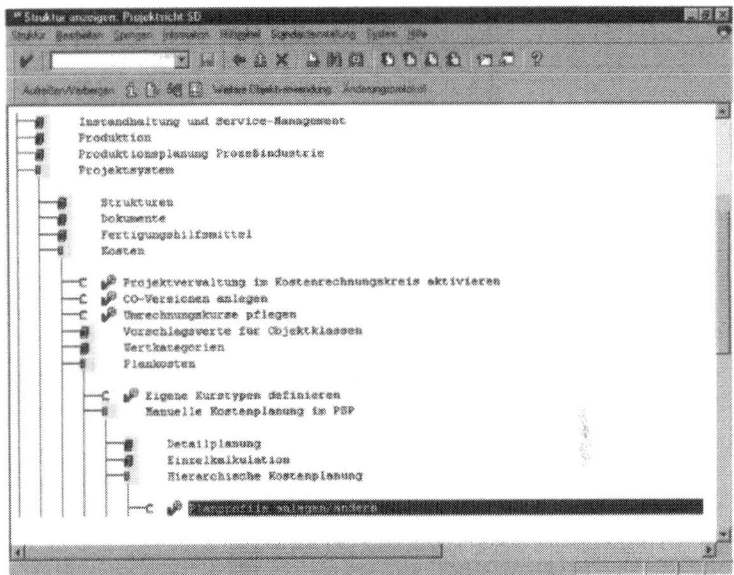

Abb. 7.44 Implementation-Guide

Um in das Planprofil zu gelangen, klicken Sie auf die Schaltfläche . Es erscheint das Fenster ***Sicht „Planprofil Kosten- /Erlösplanung Projekte" ändern: Übersicht***.

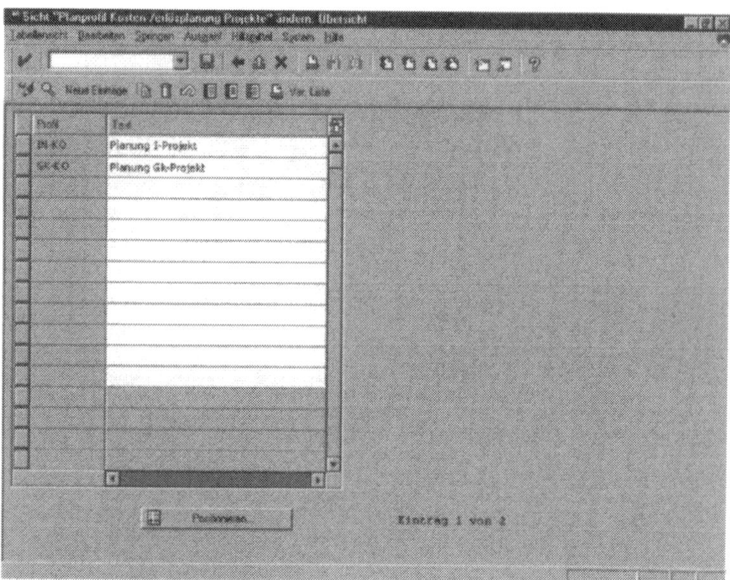

Abb. 7.45 Übersicht Planprofil

Sie erhalten einen Überblick aller bereits angelegten Planprofile. Das Planprofil enthält die Parameter und Vorschlagswerte für die Planung. Um ein neues Planprofil anzulegen, klicken Sie auf die Schaltfläche Neue Einträge.

Es erscheint das Fenster ***Neue Einträge: Detail Hinzugefügte***.

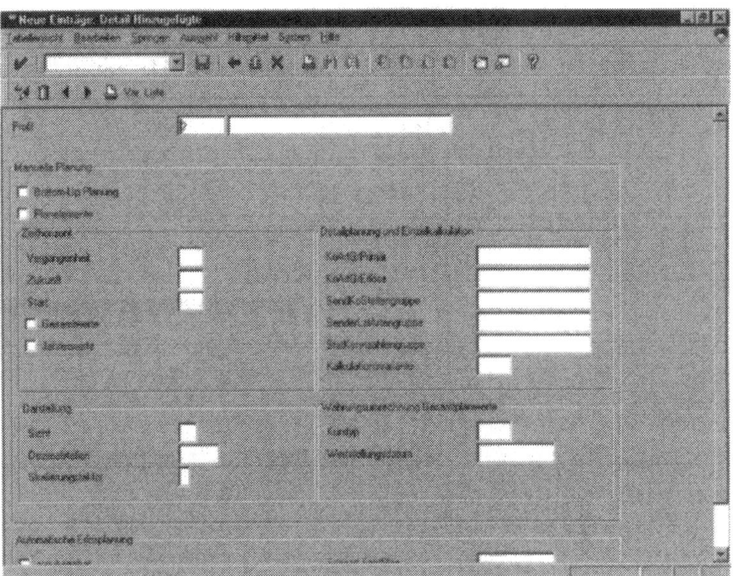

Abb. 7.46 Anlegen eines Planprofils

Sie haben nun die Möglichkeit, ein neues Planprofil anzulegen. Durch das Planprofil können Sie den Zeithorizont festlegen. Der Zeithorizont umfasst das Startjahr und die Möglichkeit, in die Zukunft oder die Vergangenheit zu planen. Das Startjahr ist hierbei der Bezugswert für Planungen in die Vergangenheit und die Zukunft.

7.3.10 Planprofil IM

Durch das Planprofil können Sie den Zeithorizont der Planung und Sichteinstellungen für die Planwerte in der Planungsmaske definieren.

Im R/3 Einführungsleitfaden gelangen Sie über die Verzweigung ***R/3 Customizing Einführungsleitfaden / Investitionsprogramme / Planung im Programm / Kostenplanung / Planprofile definieren*** in die Planprofildefinition.

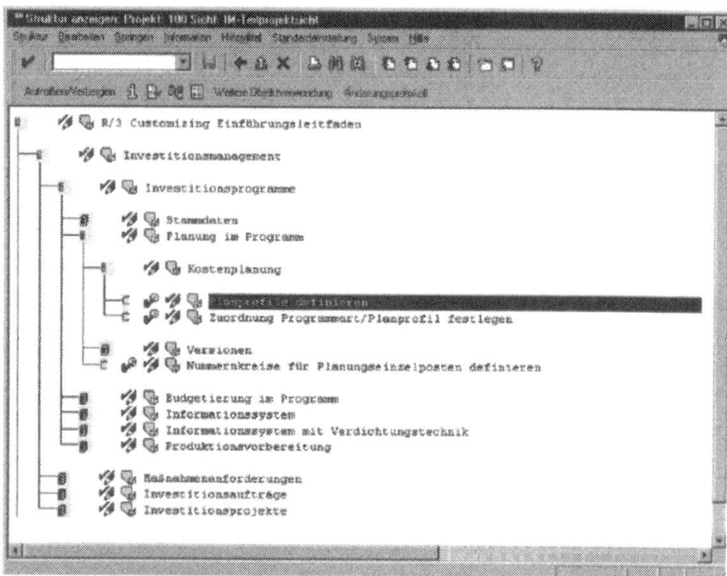

Abb. 7.47 Implementation-Guide

Um in das Planprofil zu gelangen, klicken Sie auf die Schaltfläche . Es erscheint das Fenster, in dem Sie eine Übersicht der angelegten Planprofile sehen und neue Planprofile anlegen können.

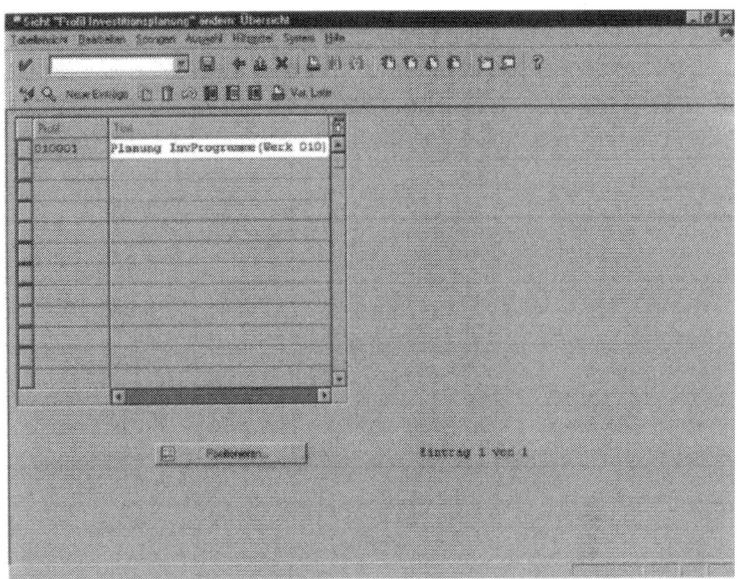

Abb. 7.48 Übersicht Planprofil

Durch Doppelklick auf ein bestehendes Planprofil gelangen Sie in die Detailsicht des gewählten Planprofils.

Über die Schaltfläche Neue Einträge haben Sie die Möglichkeit, neue Planprofile anzulegen. Es öffnet sich das Fenster ***Neue Einträge: Detail Hinzugefügte***. Es können neue Einträge hinzugefügt werden.

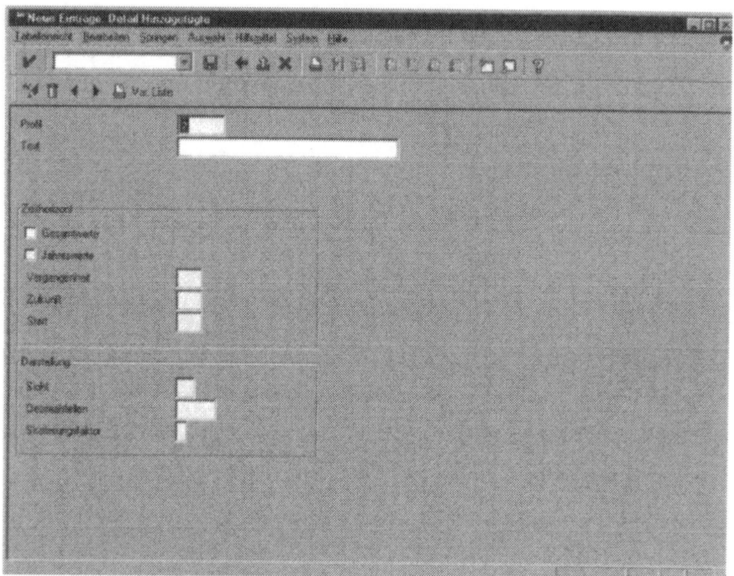

Abb. 7.49 Anlegen eines Planprofils

7.3.11 Budgetprofil PS

Im R/3 Einführungsleitfaden gelangen Sie über die Verzweigung ***R/3 Customizing Einführungsleitfaden / Projektsystem / Kosten / Budget / Budgetprofile anlegen/ändern*** in das Budgetprofil.

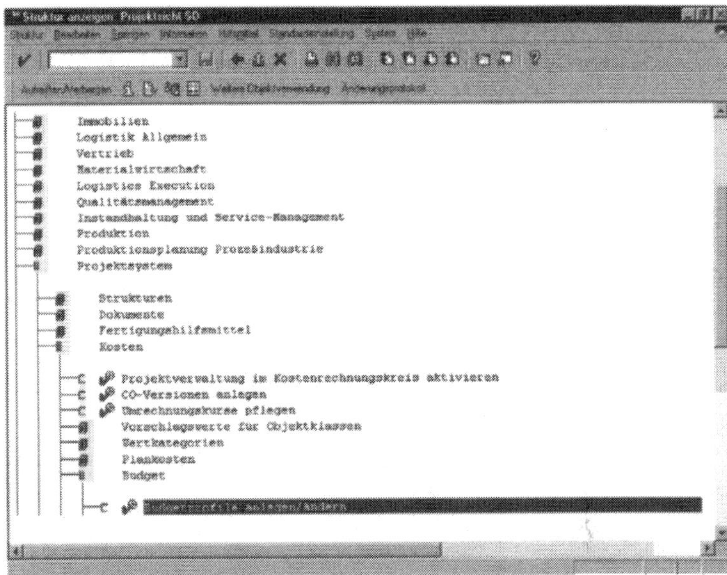

Abb. 7.50 Implementation-Guide

Um in das Budgetprofil zu gelangen, klicken Sie auf die Schaltfläche . Es erscheint das Fenster ***Sicht „Budgetprofil Projekte" ändern: Übersicht***.

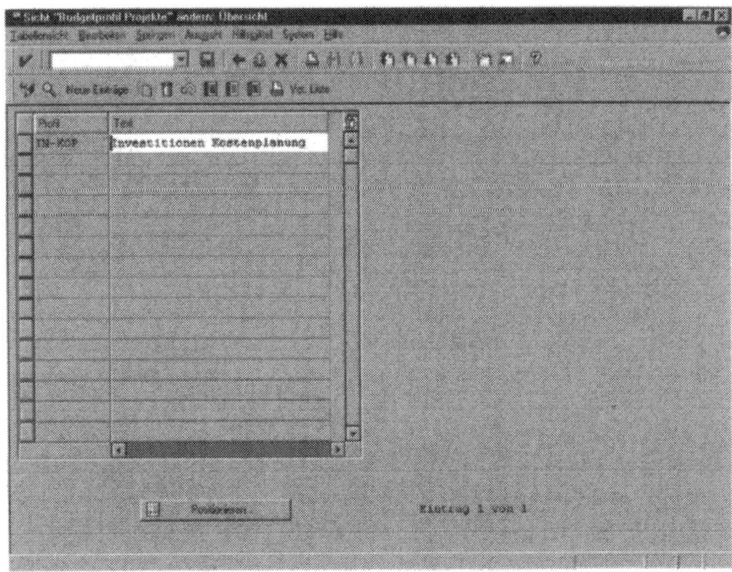

Abb. 7.51 Übersicht Budgetprofil

Die bisher angelegten Budgetprofile werden in Listenform dargestellt. Das Budgetprofil enthält die wesentlichen Parameter und Vorschlagswerte für die Budgetierung. Um ein neues Budgetprofil anzulegen. Klicken Sie auf die Schaltfläche Neue Einträge.

Es erscheint das Fenster ***Neue Einträge: Detail Hinzugefügte***.

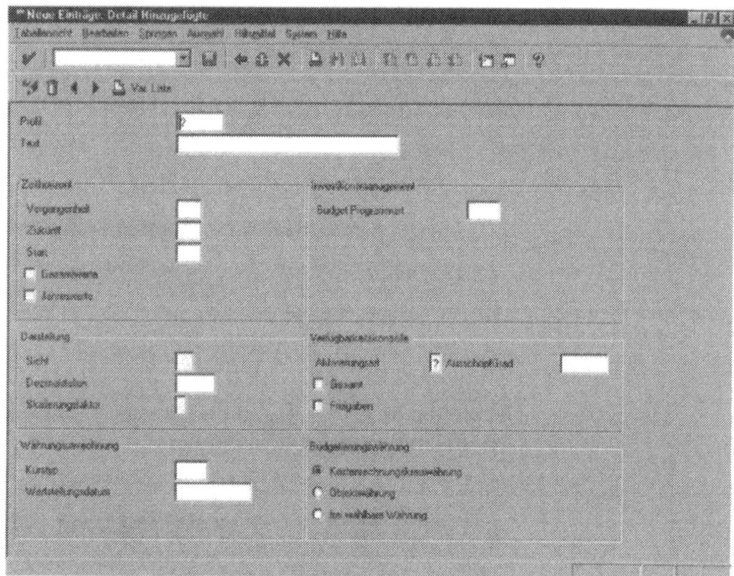

Abb. 7.52 Anlegen eines Budgetprofils

Sie haben nun die Möglichkeit, ein neues Budgetprofil anzulegen. Hier werden die wesentlichen Parameter eingestellt, wie beispielsweise das Startjahr für die Budgetierung, der Zeithorizont, der in die Vergangenheit hinein budgetiert ist und der Zeithorizont, der in die Zukunft budgetierbar ist.

7.3.12 Budgetprofil IM

Im R/3 Einführungsleitfaden gelangen Sie über die Verzweigung ***R/3 Customizing Einführungsleitfaden / Investitionsmanagement / Investitionsprogramme / Budgetierung im Programm / Budgetprofile für Investitionsprogramme*** definieren in die Budgetierungsprofilmaske.

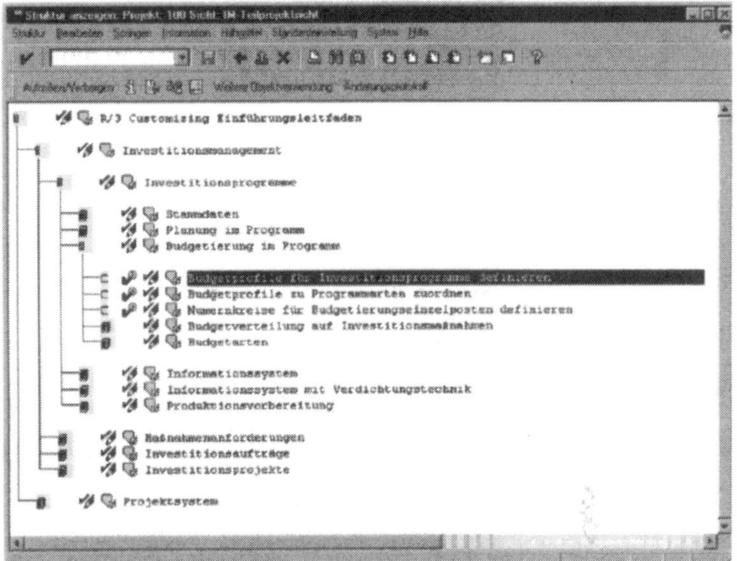

Abb. 7.53 Implementation-Guide

Um in das Budgetprofil zu gelangen, klicken Sie auf die Schaltfläche . Es erscheint das Fenster, in dem Sie eine Übersicht der angelegten Budgetprofile sehen und neue anlegen können.

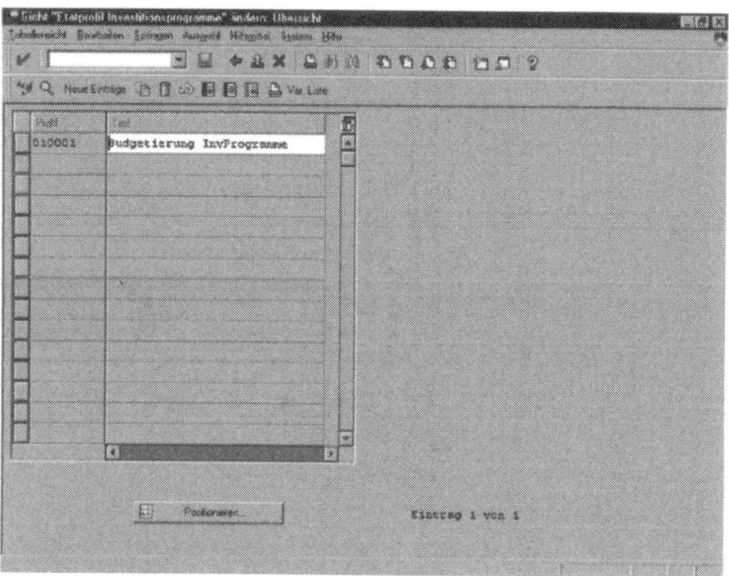

Abb. 7.54 Übersicht Budgetprofile

Durch Doppelklick auf ein bestehendes Budgetprofil gelangen Sie in die Detailsicht des gewählten Budgetprofils.

Über die Schaltfläche Neue Einträge haben Sie die Möglichkeit, neue Budgetprofile anzulegen. Es öffnet sich das Fenster ***Neue Einträge: Detail Hinzugefügte***. Es können neue Einträge hinzugefügt werden.

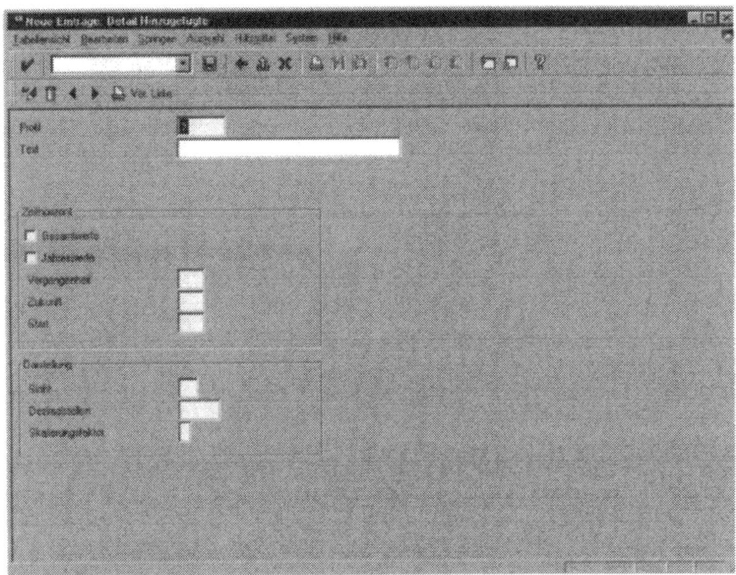

Abb. 7.55 Anlegen eines Budgetprofils

7.3.13 Programmart

Beim Anlegen eines Investitionsprogramms ist neben der Programmbezeichnung und dem Genehmigungsgeschäftsjahr auch die Programmart anzugeben. Die Programmart umfasst das zuvor angelegte Plan- und Budgetprofil. In der Programmart können Sie die Funktion der Budgetverteilung, die Darstellungsform des Investitionsprogramms und für das Konzernberichtswesen die Währung als Vorschlagswert definieren. Die Vorschlagswerte werden auf die hierarchisch untergeordneten Investitionsprogrammpositionen vererbt.

Im R/3 Einführungsleitfaden gelangen Sie über die Verzweigung ***R/3 Customizing Einführungsleitfaden / Investitionsmanagement / Investitionsprogramme / Stammdaten / Programmarten definieren*** in die Programmartendefinition.

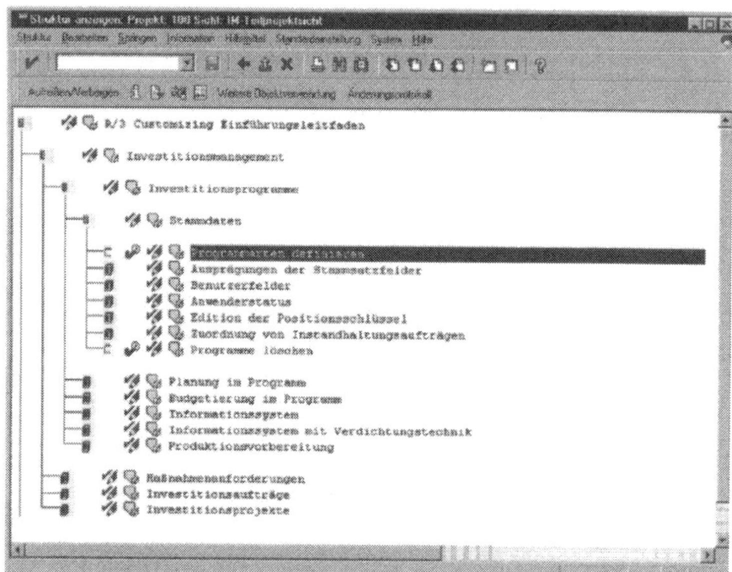

Abb. 7.56 Implementation-Guide

Um in die Programmart zu gelangen, klicken Sie auf die Schaltfläche . Es erscheint das Fenster, in dem Sie eine Übersicht der angelegten Programmarten sehen und neue Programmarten anlegen können.

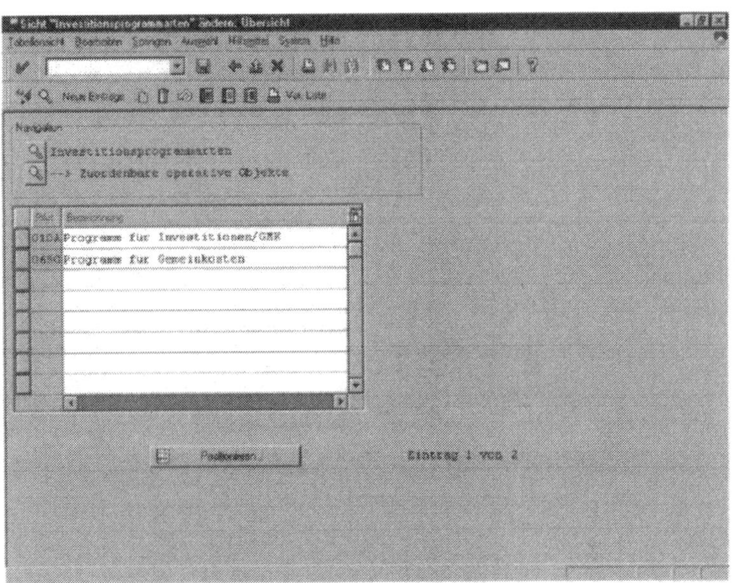

Abb. 7.57 Übersicht Investitionsprogrammart

Durch Doppelklick auf eine bestehende Programmart gelangen Sie in die Detailsicht der gewählten Programmart.

Über die Schaltfläche Neue Einträge haben Sie die Möglichkeit, neue Budgetprofile anzulegen. Es öffnet sich das Fenster ***Neue Einträge: Detail Hinzugefügte***. Es können neue Einträge hinzugefügt werden.

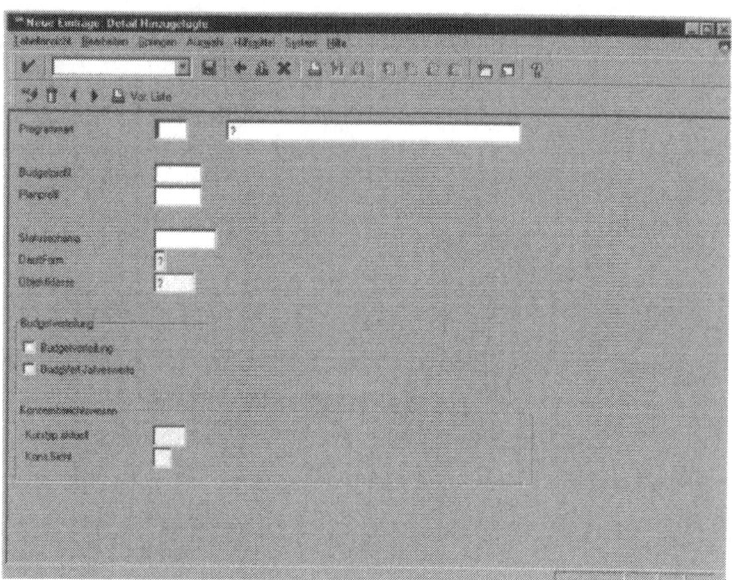

Abb. 7.58 Anlegen einer Programmart

7.3.14 Zuordenbare operative Objekte

Im R/3 Einführungsleitfaden gelangen Sie über die Verzweigung ***R/3 Customizing Einführungsleitfaden / Investitionsmanagement / Investitionsprogramme / Stammdaten / Programmarten definieren*** zu den operativen Objekten für die Festlegung dieser operativen Objekte.

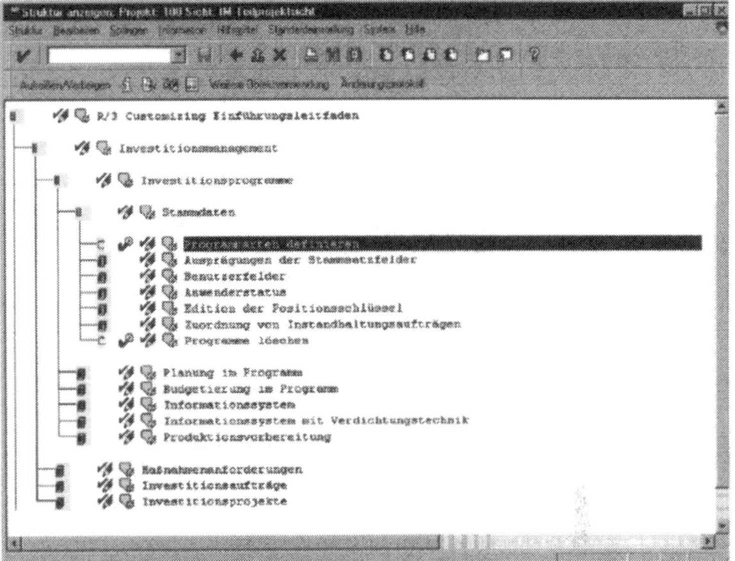

Abb. 7.59 Implementation-Guide

Um in die Programmart zu gelangen, klicken Sie auf die Schaltfläche . Es erscheint das Fenster, in dem Sie eine Übersicht der angelegten Programmarten sehen und neue Programmarten anlegen können.

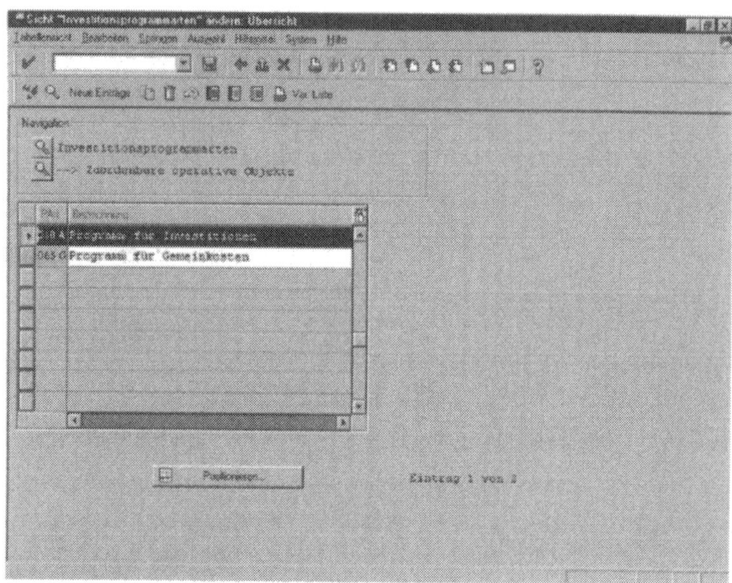

Abb. 7.60 Übersicht Investitionsprogrammart

Durch Markieren der entsprechend angelegten Programmart und dem Betätigen der Schaltfläche [Lupe] im Navigationsfeld, legen Sie fest, welche operativen Objekte dem Investitionsprogramm mit der entsprechenden Programmart zugeordnet werden dürfen. Es erscheint dann das Fenster ***Sicht Zuordenbare operative Objekte für Investitionsprogramme***.

Über die Schaltfläche [Neue Einträge] haben Sie die Möglichkeit, die zuordenbaren Objekte zu definieren.

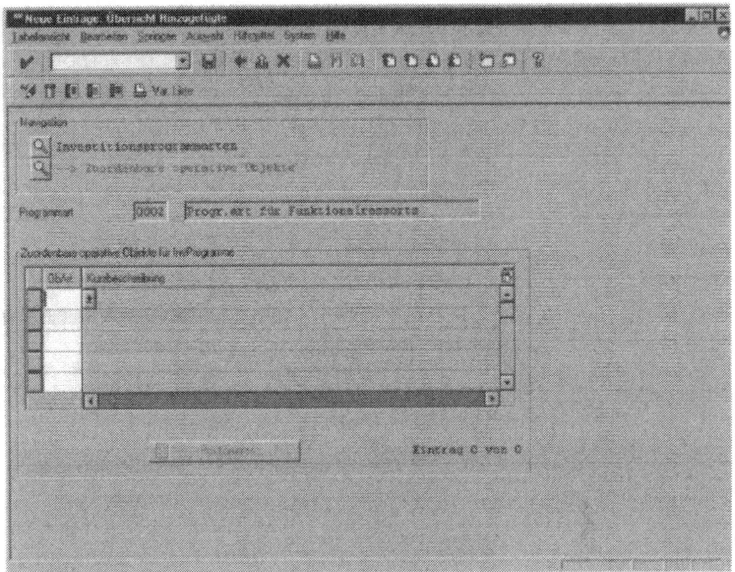

Abb. 7.61 Pflege der zuordenbaren Objekte

7.3.15 Versionsprofil

Im R/3 Einführungsleitfaden gelangen Sie über die Verzweigung ***R/3 Customizing Einführungsleitfaden / Investitionsmanagement / Investitionsprogramme / Planung im Programm / Versionen / Versionen definieren*** zur Definition der Versionen.

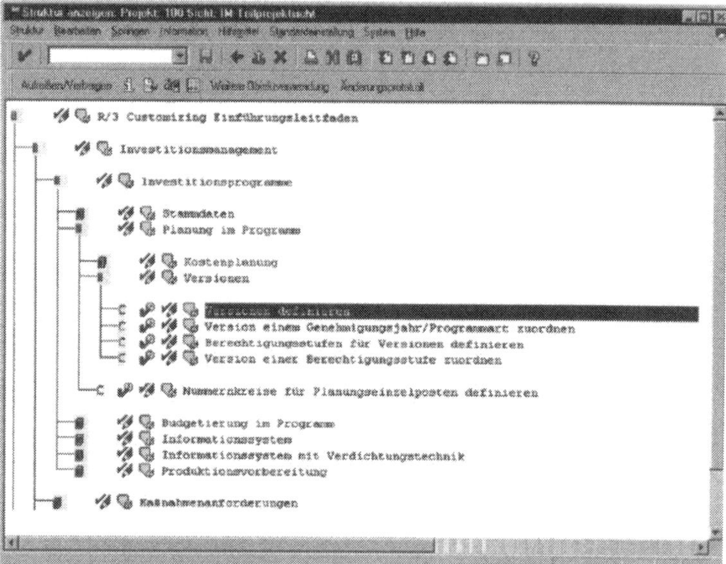

Abb. 7.62 Implementation-Guide

Um in das Versionsprofil zu gelangen, klicken Sie auf die Schaltfläche . Es erscheint das Fenster, in dem Sie eine Übersicht der angelegten Versionsprofile sehen und neue Versionsprofile anlegen können.

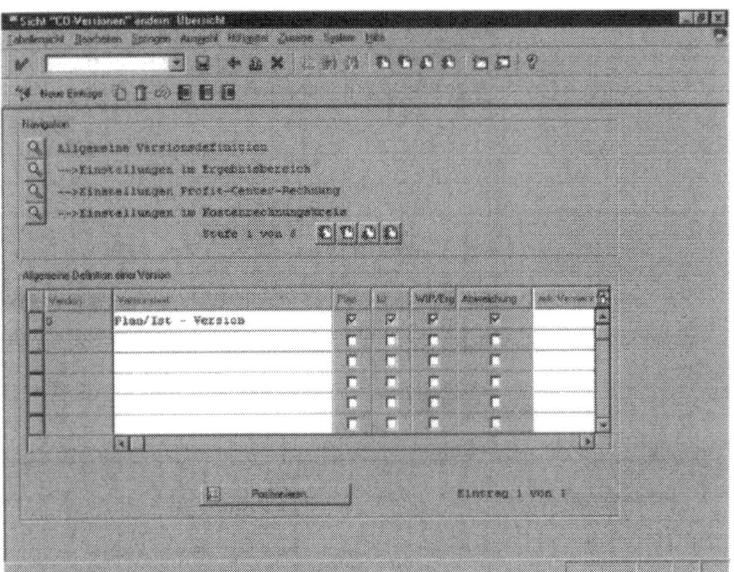

Abb. 7.63 Übersicht Versionsprofil

Die Planversionen werden im Modul CO definiert und gelten durch die Integration auch für das Modul IM. Sie müssen nun die zuvor im Modul CO festgelegte Version dem Genehmigungsjahr und der Programmart zuordnen. Hierzu gehen Sie folgendermaßen vor:

Im R/3 Einführungsleitfaden gelangen Sie über die Verzweigung ***R/3 Customizing Einführungsleitfaden / Investitionsmanagement / Investitionsprogramme / Planung im Programm / Versionen / Version einem Genehmigungsjahr / Programmart zuordnen*** zur Zuordnung Versionsprofil Programmart.

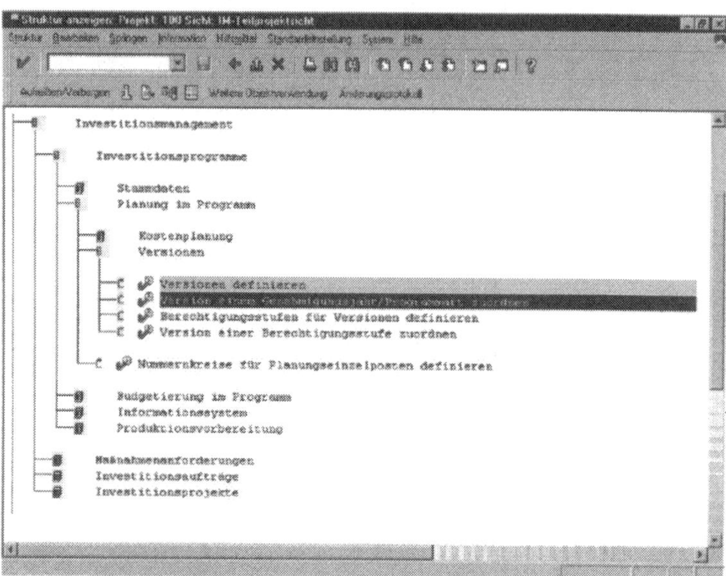

Abb. 7.64 Implementation-Guide

Um in die Versionen zu gelangen, klicken Sie auf die Schaltfläche [icon]. Es erscheint das Fenster ***Sicht „Versionen je Genehmigungsjahr und Programmart - IM" ändern: Übersicht***.

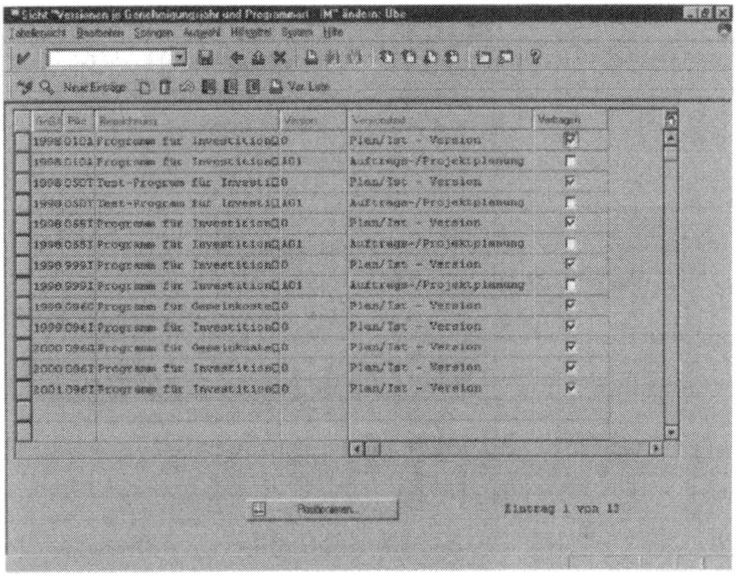

Abb. 7.65 Zuordnung der Planversion zur Programmart und Genehmigungsjahr

Über die Schaltfläche Neue Einträge haben Sie die Möglichkeit, neue Zuordnungen der Planversion zum Genehmigungsjahr und der Programmart vorzunehmen.

7.3.16 Benutzerfelder

Im R/3 Einführungsleitfaden gelangen Sie über die Verzweigung ***R/3 Customizing Einführungsleitfaden / Investitionsmanagement / Investitionsprogramme / Stammdaten / Benutzerfelder / Kurzbezeichnung der Benutzerfelder festlegen*** in die Definition der Benutzerfelder.

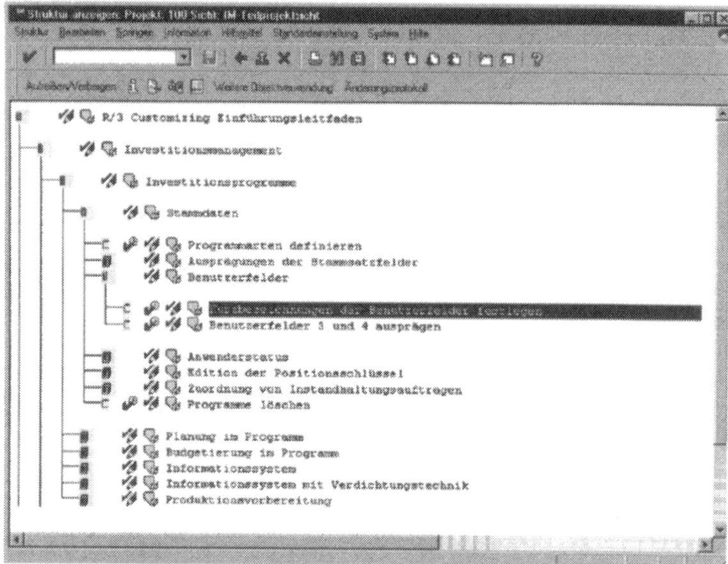

Abb. 7.66 Implementation-Guide

Um in die Benutzerfelder zu gelangen, klicken Sie auf die Schaltfläche . Es erscheint die Dialogbox ***Aktion auswählen***. Wählen Sie die entsprechende Aktion.

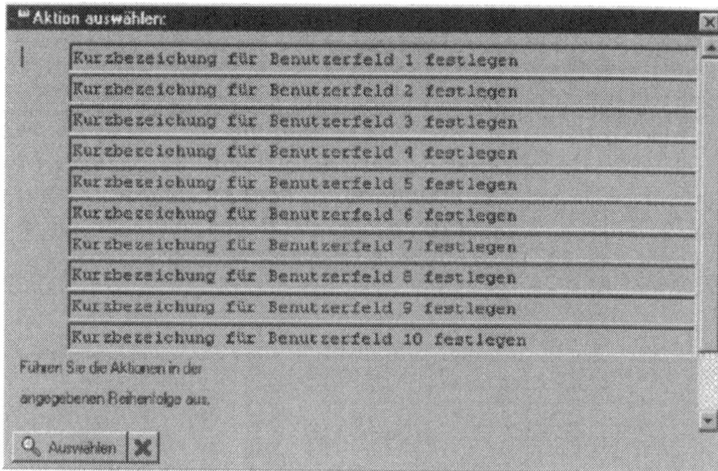

Abb. 7.67 Festlegung der Kurzbezeichnung der Benutzerfelder

7.3.17 Investitionsprofil

Im R/3 Einführungsleitfaden gelangen Sie über die Verzweigung ***R/3 Customizing Einführungsleitfaden / Investitionsmanagement / Investitionsprogramme / Stammdaten / Investi-tionsprofile definieren*** in die Investitionsprofildefinition.

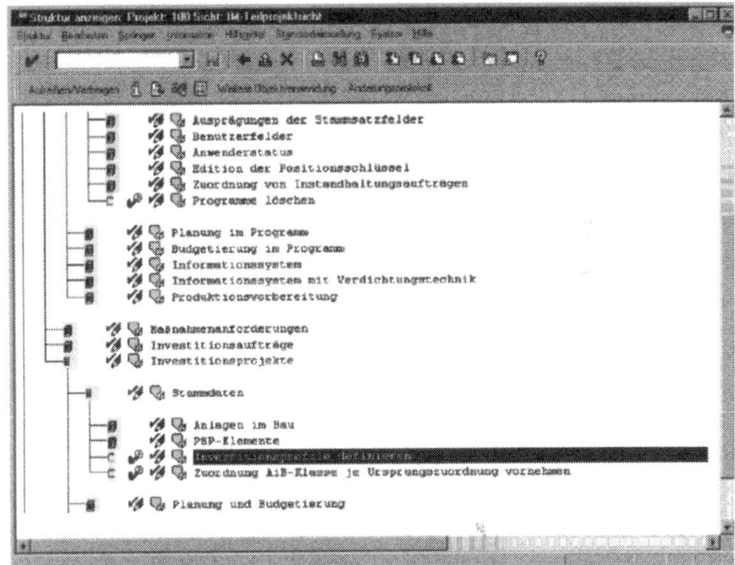

Abb. 7.68 Implementation-Guide

Um in die Investitionsprofile zu gelangen, klicken Sie auf die Schaltfläche . Es erscheint das Fenster, in dem Sie eine Übersicht der angelegten Investitionsprofile sehen und neue Investitionsprofile anlegen können.

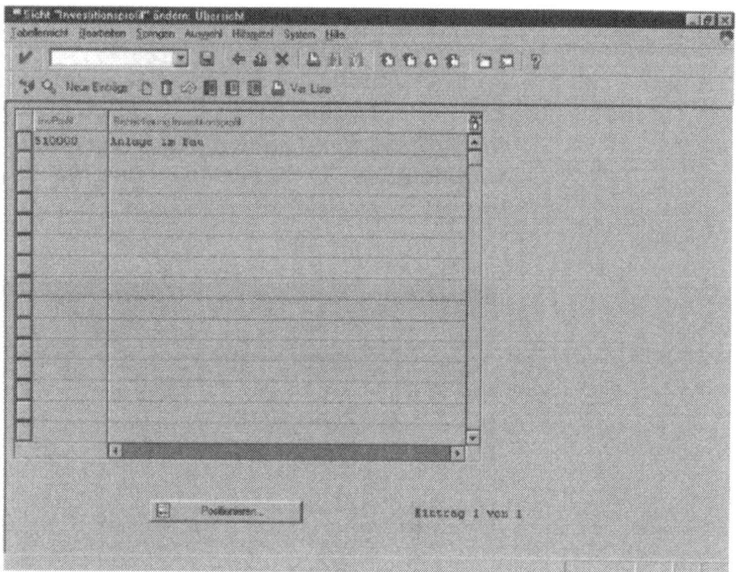

Abb. 7.69 Übersicht Investitionsprofile

Durch Doppelklick auf ein entsprechendes Investitionsprofil gelangen Sie in die Detailansicht des entsprechenden Investitionsprofils.

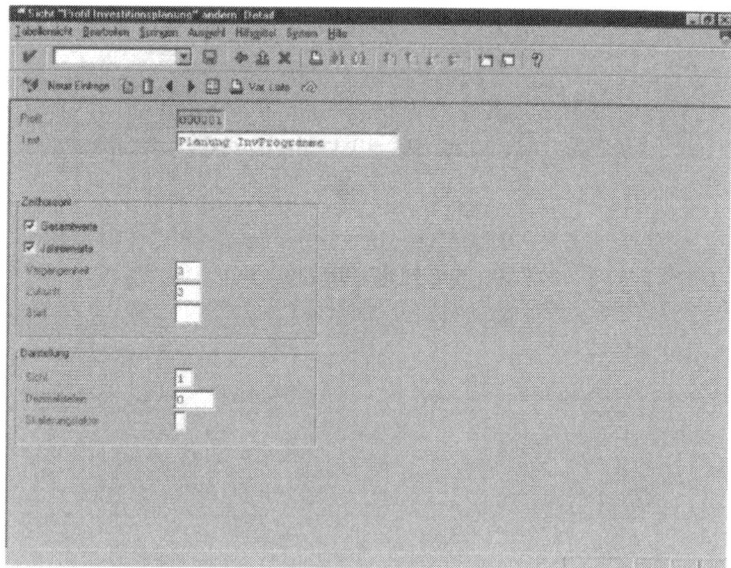

Abb. 7.70 Anlegen eines Investitionsprofils

Über die Schaltfläche **Neue Einträge** haben Sie die Möglichkeit, neue Investitionsprofile anzulegen.

7.3.18 Projektcodierung

Im R/3 Einführungsleitfaden gelangen Sie über die Verzweigung ***R/3 Customizing Einführungsleitfaden / Projektsystem / Strukturen / Operative Strukturen / Projektedition / Projektcodierung für Projekte festlegen*** in die Projektcodierung.

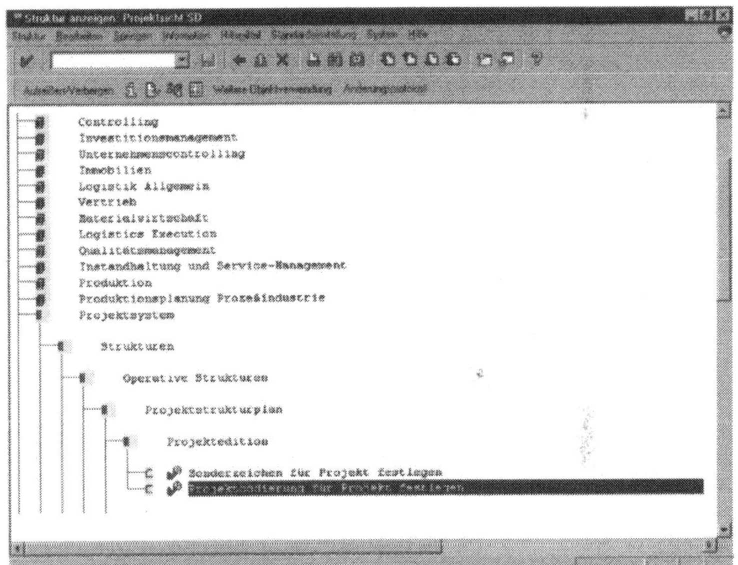

Abb. 7.71 Implementation-Guide

Um in die Projektcodierung zu gelangen, führen Sie einen Doppelklick auf ***Projektcodierung für Projekt festlegen*** aus. Es erscheint das Fenster ***Sicht „Edition Projektnummer" ändern: Übersicht***.

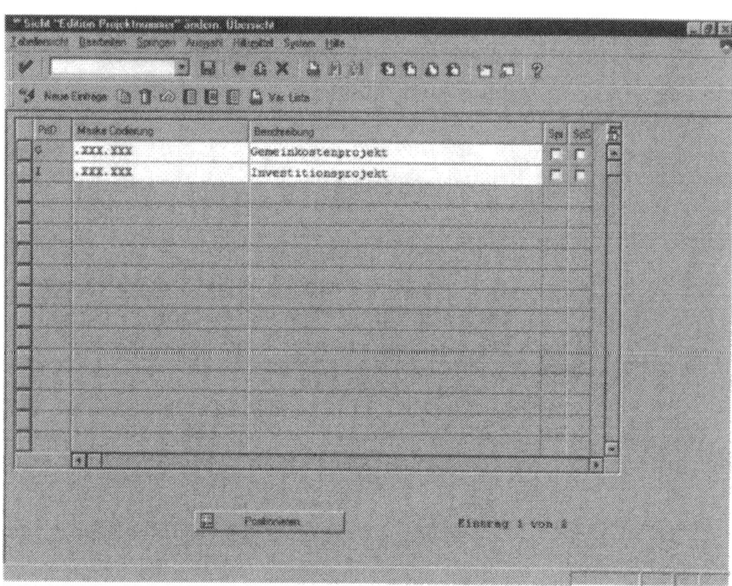

Abb. 7.72 Übersicht der Projektcodierung

Sie erhalten eine Übersicht der bereits angelegten Projektcodierungen. Die Projektcodierung stellt einen Schlüssel dar, der die Codierung der Projektdefinition festlegt. Um eine neue Projektcodierung anzulegen, klicken Sie auf die Schaltfläche Neue Einträge.

Es erscheint das Fenster ***Neue Einträge: Übersicht Hinzugefügte***.

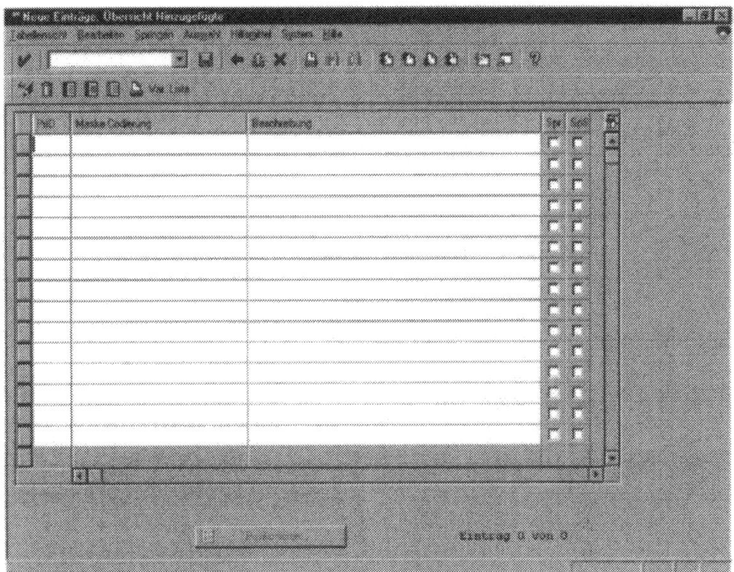

Abb. 7.73 Anlegen einer Projektcodierung

In diesem Fenster haben Sie nun die Möglichkeit, eine neue Projektcodierung anzulegen. Die Maske Codierung schreibt die Form der späteren Eingabe der Projektnummer vor. Es können folgende Platzhalter verwendet werden: „X“ für alphanumerische Zeichen und „0“ für numerische Zeichen und Sonderzeichen. Zusätzlich müssen Sie den Schlüssel und die Beschreibung für die Projektcodierung festlegen.

7.3.19 Verantwortliche

Im R/3 Einführungsleitfaden gelangen Sie über die Verzweigung ***R/3 Customizing Einführungsleitfaden / Projektsystem / Strukturen / Operative Strukturen / Projektstrukturplan / Verantwortliche für PSP-Elemente pflegen*** zu den Verantwortlichen.

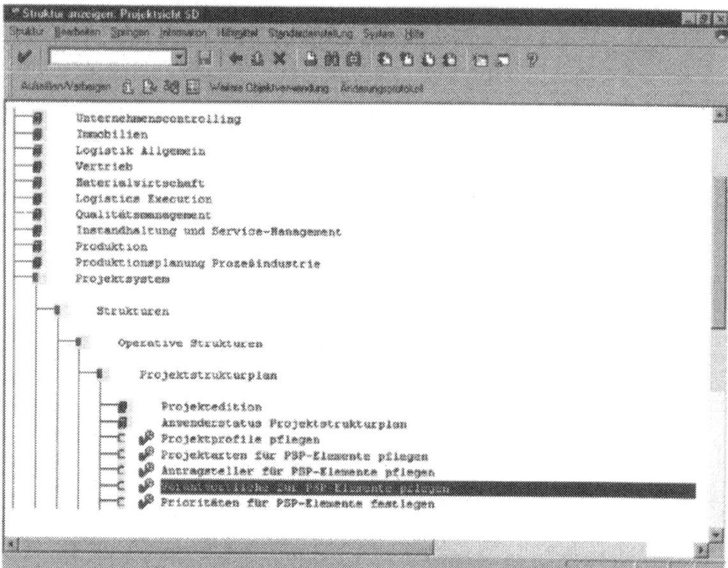

Abb. 7.74 Implementation-Guide

Um zu den Verantwortlichen zu gelangen, führen Sie einen Doppelklick auf Verantwortliche für PSP-Elemente pflegen aus. Es erscheint das Fenster ***Sicht „Verantwortliche für Projekte / Investitionsprogramm“ ändern: Übersicht***.

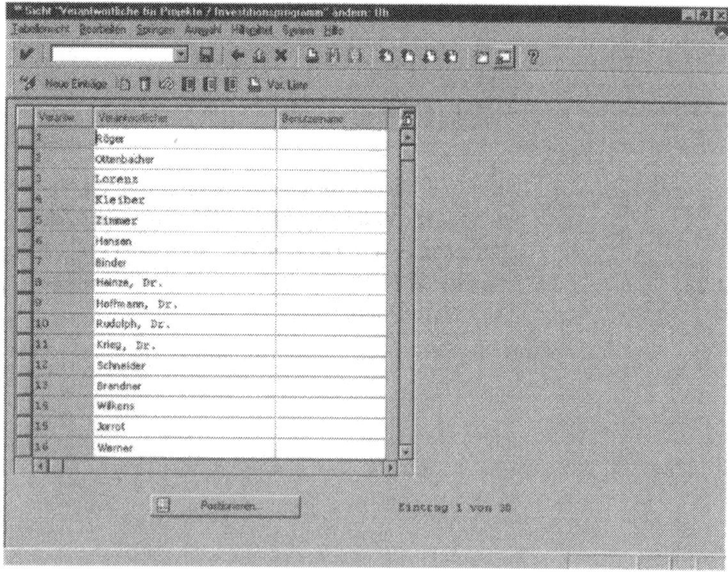

Abb. 7.75 Übersicht der Verantwortlichen

Sie sehen eine Übersicht aller bereits angelegten Verantwortlichen. Hierbei handelt es sich um die Namen der Projektverantwortlichen. Sie haben nun auch die Möglichkeit, einen neuen Verantwortlichen anzulegen. Klicken Sie hierzu auf die Schaltfläche Neue Einträge.
Es erscheint das Fenster ***Neue Einträge: Übersicht Hinzugefügte***.

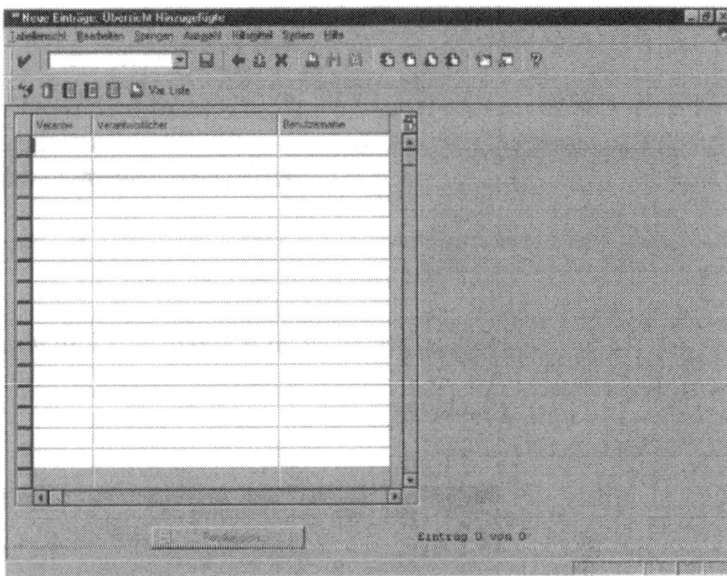

Abb. 7.76 Anlegen eines Verantwortlichen

Hier haben Sie nun die Möglichkeit, einen neuen Eintrag vorzunehmen. Geben Sie eine noch nicht belegte Nummer und den Namen des Projektleiters ein.

7.3.20 Feldschlüssel

Im R/3 Einführungsleitfaden gelangen Sie über die Verzweigung ***R/3 Customizing Einführungsleitfaden / Projektsystem / Strukturen / Operative Strukturen / Projektstrukturplan / Einstellungen zur Benutzeroberfläche / Benutzerfelder für PSP-Elemente definieren*** zum Feldschlüssel.

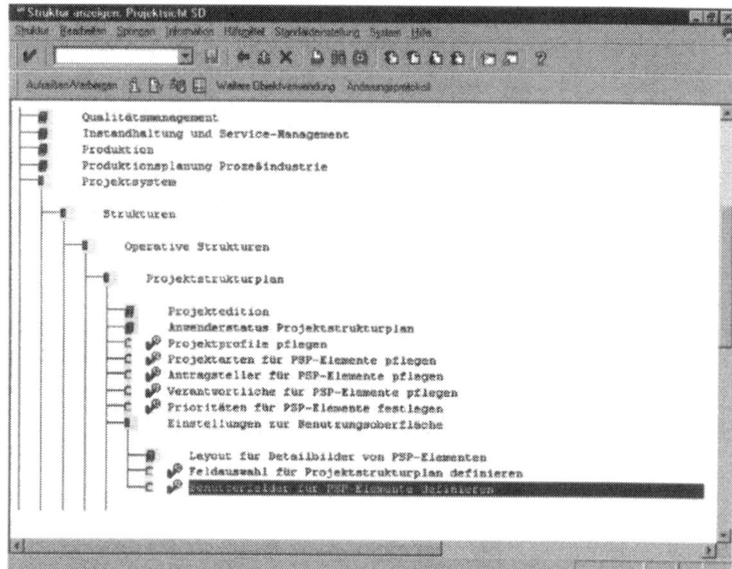

Abb. 7.77 Implementation-Guide

Um zum Feldschlüssel zu gelangen, führen Sie einen Doppelklick auf ***Benutzerfelder für PSP-Elemente definieren*** aus. Es erscheint das Fenster ***Sicht „Benutzerfelder" ändern: Übersicht***.

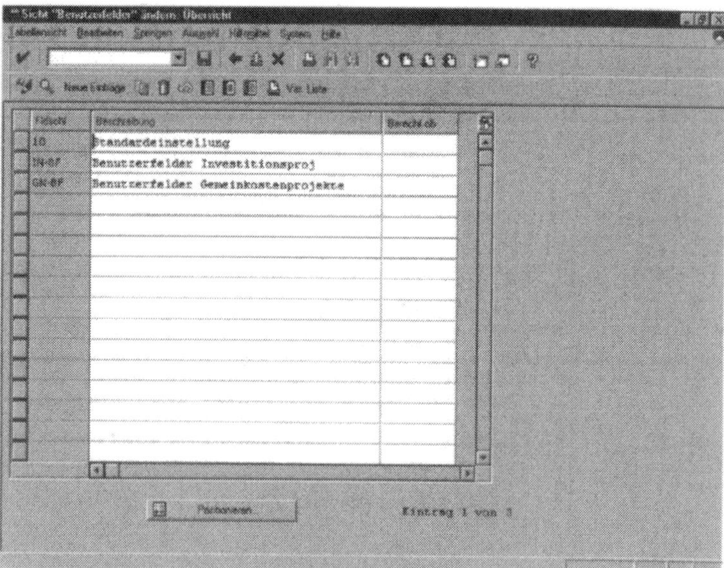

Abb. 7.78 Übersicht Feldschlüssel

Sie erhalten einen Überblick aller bereits angelegten Feldschlüssel. Mit Hilfe der Feldschlüssel können Benutzerfelder definiert werden. Bei den Benutzerfeldern handelt es sich um frei definierbare Eingabefelder, die jeweils zu bestimmten Vorgängen von PSP-Elementen gehören. Um einen neuen Feldschlüssel mit den jeweiligen Benutzerfeldern anzulegen, klicken Sie auf die Schaltfläche Neue Einträge.
Es erscheint das Fenster ***Neue Einträge: Detail Hinzugefügte***.

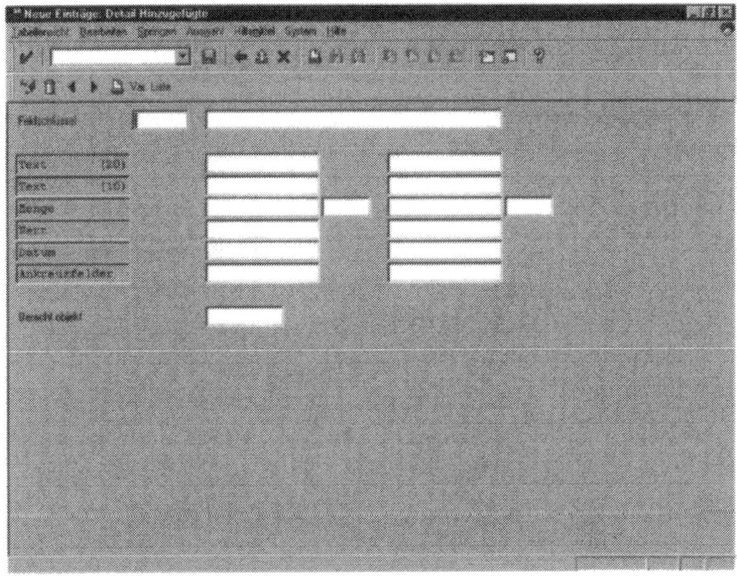

Abb. 7.79 Anlegen eines Feldschlüssels

Hier haben Sie nun die Möglichkeit, einen neuen Feldschlüssel anzulegen. Dazu müssen Sie eine eindeutige Kennung und eine textliche Beschreibung vornehmen.

7.3.21 Abrechnungsprofil / Verrechnungsschema / Ergebnisschema

Im R/3 Einführungsleitfaden gelangen Sie über die Verzweigung ***Werkzeuge / Business Engineer / Customizing*** in das ***Customizing***. Öffnen Sie folgende Ebenen: ***Projektsystem / Kosten / Automatische und periodische Verrechnung / Abrechnung / Abrechnungsprofile***.

Hier kann das Abrechnungsprofil, das Verrechnungsschema und das Ergebnisschema gepflegt werden. Um zu einem dieser

Profile zu gelangen, führen Sie einen Doppelklick auf den gewünschten Eintrag durch.

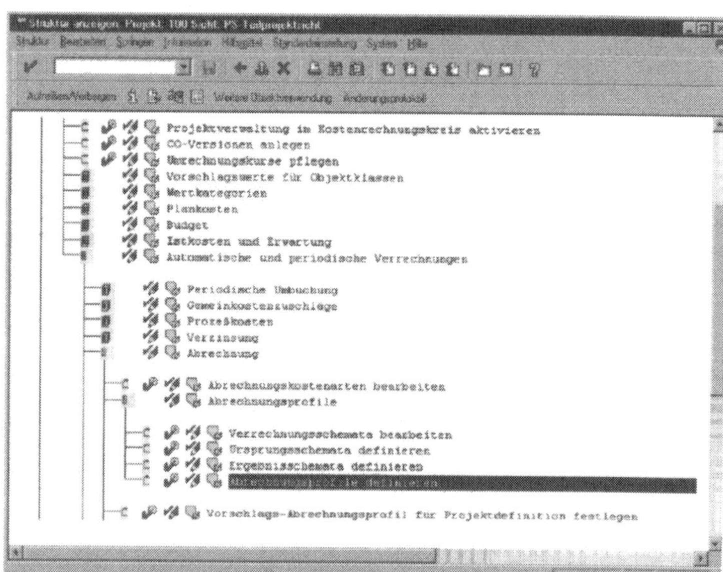

Abb. 7.80 Implementation-Guide

Sie erhalten einen Überblick aller bereits angelegten Abrechnungsprofile, Verrechnungsschemata und Ergebnisschemata. Um ein neues Profil anzulegen, klicken Sie auf die Schaltfläche Neue Einträge.

INDEX

F

G

I

J

K

W

Z

Zeitfracht Medien GmbH
Ferdinand-Jühlke-Straße 7
99095 Erfurt, Deutschland
produktsicherheit@kolibri360.de